听房龙讲人类的故事

人类简史

The story of mankind

[美] 亨德里克·威廉·房龙 ◎ 著 逸凡 ◎ 译

直立行走   原始文明   农业文明   法国大革命   工业文明

江西人民出版社
Jiangxi People's Publishing House
全国百佳出版社

图书在版编目（CIP）数据

听房龙讲人类的故事：人类简史 /（美）房龙著；

逸凡译. -- 南昌：江西人民出版社，2017.3

ISBN 978-7-210-09089-2

Ⅰ.①听… Ⅱ.①房… ②逸… Ⅲ.①人类学—通俗

读物②世界史—通俗读物 Ⅳ.①Q98-49②K109

中国版本图书馆CIP数据核字（2017）第019938号

听房龙讲人类的故事：人类简史

（美）房龙 / 著　逸凡 / 译

责任编辑 / 王华　钱浩

出版发行 / 江西人民出版社

印刷 / 北京柯蓝博泰印务有限公司

版次 / 2017年3月第1版

2019年12月第7次印刷

720毫米×1000毫米　1/16　22.25印张

字数 / 240千字

ISBN 978-7-210-09089-2

定价 / 42.80元

赣版权登字-01-2017-14

如有质量问题，请寄回印厂调换。联系电话：010-64926437

房龙的生平

亨德里克·威廉·房龙（Hendrik Willem van Loon），于 1882 年出生在荷兰的鹿特丹，从小家境较为富裕，兴趣爱好非常广泛，对历史、地理、船舶、绘画和音乐等都有所涉猎。1902 年在美国康奈尔大学读书，1905 年获学士学位。1911 年，又在德国慕尼黑大学学习，后获博士学位。

早年，房龙的生活并不好，经济也比较捉襟见肘。在上大学期间，先后从事过教师、编辑、记者和播音员的工作。因为经济的原因，他听说出书可以赚钱养家，便一头扎进出版圈。他热烈地期盼能出本畅销书维持生计，但一开始并不顺。他开始选择了一个大家都不看好的历史题材来写，他的的第一部著作《荷兰共和国的覆亡》，凭借其新颖的风格颇受书评界的欢迎，但读者却并不买账，销量非常不好，据统计销量只有不到 700 本。当时曾有出版商挖苦他说："恐怕公交车司机都比你这个写历史的赚得多。"由于图书销量惨淡，房龙梦想以出书改变自己的经济状况，现在也破灭了。但他并没有气馁，而是更加努力工作，努力赚钱。

1920 年，房龙应出版商的要求写作了《古人类》，销量比之前好了很多，但却并不足以扭转他的经济状况。这时，有书评家开始预言："要是历史都这么写的话，不久，历史书将名列畅销榜。"有位可以说改变房龙命运的出版商——霍雷斯·利弗奈特——独具慧眼，也认可了这一观点，并与房龙签约，开始撰写《文明的开端》。这本书可以说是一经出版，立即得到了市场的好评，销量大增。房龙的经济状况也得到了改善。自此，房龙便一发不可收拾，自1921年到1935年，陆续创作了多部畅销书，其中以《圣经的故事》《人类的故事》《宽容》等著名。

在房龙与出版商合作的这十年中，房龙可以说是达到了顶峰，写作也顺风顺水，经济状况也大为改善，分别在美国和欧洲购置房产。由于不再受经济的制约，房龙开始从事自由创作和参加各种社会活动了，直到逝世。

房龙这一生，结过三次婚。第一次是1906年，他与来自马萨诸塞州一位来自上流家庭的小姐结婚，育有两子。第二次是1920年，与第二任妻子（昵称"吉米"）结婚。之后，还有第三段婚姻，具体年份不祥。

房龙身高达2.08米，非常胖，所以有"大象"的绰号。因长期从事写作，房龙患有神经衰弱。此外，也因为他身体太胖，使得他的身体状况并不是很好，最后死于心脏病发作。

《听房龙讲人类的故事：人类简史》一书的出版说明

我们是谁？我们来自何方？我们要去向何处？上下五千年，纵横数万里。在人类数千年的文明发展史中，不同的眼睛、不同的视角会发现不一样的历史。

在《听房龙讲人类的故事：人类简史》（又译作《人类的故事》）这本书中，房龙以理性、睿智而宽容的眼睛带我们走进了波澜壮阔的历史长河。他用很小的篇幅展示了宏大的人类历史，从人性的角度来描述历史，用生动的语言来讲述艰深的内容，用普通的故事揭示人类的智慧。其中有节奏明快的"大历史"叙述，对于任何真正影响人类文明进程的事件和细节也细加讲述。无论是普通读者，还是专家学者，都可以从本书中获得启发和阅读的快感。

本书的版本很多，在全世界有近百个版本，涉及多种语言，至今畅销不衰，仅美国销量就高达一千多万册，这也显示出了这本书经久不衰的魅力。这本书是1921年在美国出版，可以说是房龙的成名之作。1925年被译介到中国来，由商务印书馆出版的，译者是沈性仁女士。著名历史学家曹聚仁先生读到这本书后爱不释手，称房龙对他的青年时代"影响极大"。此外，文学家郁达夫先生盛赞房龙的写作手法，他说："房龙的笔，有'一种魔力'，'干燥无味'的科学常识，经他那么的一写，无论大人小孩，读他书的人，都觉得娓娓忘倦了。"

我们本着严谨认真的态度出版了这本书，力图呈现给读者一个全新、全译的版本，在编辑的过程中加入了房龙的手绘版插图。

值得注意的是，房龙毕竟是生活在 20 世纪早期的美国作家，其思想和观点不可避免地会受到时代和历史的局限。如果读者能从中看到争议，产生疑问，对自身历史素养的提高也并非没有帮助。正如钱钟书论述："理论的大厦常常倒塌，再也住不得人，唬不得人了，但是其中的零砖碎瓦却依然可以为后人可用。"

编　者

2017.2

汉斯及威廉：

　　在我十二三岁的时候，我的叔叔引导我爱上书籍和绘画，并且承诺要带我进行一次难以忘记的探险。就这样，我跟他一同来到了鹿特丹圣劳伦斯教堂的顶楼。

　　在一个阳光明媚的日子里，教堂看门人拿着一把大钥匙，这把钥匙就像圣彼得的钥匙一般大，给我们打开了一扇神秘的大门。"等你们回来，要出这扇门的时候，"他说道，"按一下门铃就可以了。"随着生锈的铁链发出的吱呀的响声，他关上了门，把我们锁进一个新的世界，一下子将繁忙街道的喧嚣隔在我们身后，而这个世界充满了神奇和冒险。

　　在我生命的头一回，我感受到可以听得见的寂静。当我们爬上第一层楼梯时，在我有限的自然知识里又增加了一个新的经验——可触摸到的黑暗。我们点亮了一根火柴，照亮向上的路。我们爬上第二层、第三层、第四层……一层层不断往上爬，直到我自己也数不清是第几层，这时又上了一层，突然有了阳光的照射，仿佛走进一片巨大的光泽之中。这一层是储藏室，与教堂的顶部齐平。这里积满了厚厚的灰尘，散乱地堆放着多年前被市民们抛弃的神像。对我们的祖先来说，那些神像曾经意味着生与死，而现在却沦为了尘埃和垃圾。勤劳的耗子在这些雕像间筑起了自己的窝，警觉的蜘蛛还在一尊仁慈的圣像伸展的双臂间结起了网。

　　再上一层楼梯，我们发现光线射进来的方向。沉重的铁条嵌在巨大的窗户上，把这个荒芜的房屋变成上百只鸽子惬意的居所。空气中流动着一种令人欢愉的音乐，原来那是我们脚下城市传来的声音，但是经过了空间的过滤与净化而变得干净了。沉重的手推车发出吱呀吱呀的声响，叮当叮当的马蹄声，起重机和滑轮的转动声，还有通过不同方式为人类工作的蒸汽机发出的咝咝声——所有的声响都化成了温柔细语，混着鸽子咕咕的叫声形成了美妙的背景。

楼梯到这一层就没有了，再往上就要爬木质的梯子。爬上第一个梯子（梯子又旧又滑，我们必须小心翼翼地注意脚下每一级），迎接我们的是一个全新的、更为伟大的景象——城市的大钟。我仿佛看见了时间的心脏。我听见每一秒钟逝去时沉重的搏动声，一秒、两秒、三秒……直到六十秒，然后，随着一阵猛然的震颤声，所有的齿轮仿佛停止了转动，永恒的时间里又过去了一分钟。没有任何停顿，它又开始运转了，一秒、二秒、三秒……直到最后，许多齿轮的摩擦在我们的头顶上发出雷鸣一样的警报声，告诉这个世界，现在是正午时分。

再上一层都是钟。有优雅漂亮的小钟，还有体形巨大、令人害怕的兄弟姐妹。房中间的那口大钟，如果在半夜发出警报时，就是告知某一处发生了火灾或者水灾。听到这样的响声，我会被吓得毛骨悚然。而现在，大钟带着一种特有的庄严，仿佛正在回想过去600年里，它和鹿特丹人民一起经历的那些欢乐和哀愁。它的四周还整齐摆放着一些小钟，就像是老式药店里摆放的小瓶子一样。有些乡下人会到集市上赶集，顺便打听一下外面大世界正在发生的事情，这些小钟就会每周两次为这些乡下人演奏欢快的乐曲。在一个角落里，摆放着一口大黑钟，那么孤独、沉静、肃穆，那口大黑钟就是丧钟。

我们接着往上爬，又一次进入了一片黑暗之中。此时，梯子也比刚才的更陡峭、更危险。上去之后，便豁然开朗，我们呼吸到了广阔天地的清新空气。我们到达了塔楼的最顶层了。头顶上就是天空，脚下就是城市——一个玩具一样的小城市，人们像忙碌的小蚂蚁一样忙着自己的事情。远处，在一片乱石堆外，是乡间广阔的田野。

这是我对辽阔世界的最初一瞥。

从那以后，一有机会，我就会爬到塔楼顶端自得其乐。虽然这爬上去是一件很费力的事情，但是这体力的付出是值得的。

而且，我还知道我的回报是什么。我可以看到大地和天空，我可以从塔楼看守人那里听到许多的故事。他住在塔楼隐蔽角落的一间小屋里。他负责看护那些时钟，似乎是呵护大小钟的细心的父亲。他也负责火警，不过多数时候他是清闲的。于是，他会点燃烟斗，静静地思考。50年前，他曾经上过学，但是他几乎没有读过书，不过，他住在塔楼顶层这么多年，已经从四周广阔的世界中吸收了丰富的智慧。

他非常熟悉历史，对他而言，历史就是活生生的事情。"看那儿，"他会指着一处河湾对我讲道，"孩子，你看到那些树了吗？那是奥兰治亲王挖开堤坝，淹没大片田地，拯救莱顿城的地方。"他还给我讲古老的默兹河的故事，宽阔的河流是如何由便利的良港变成平坦的大道的，还有著名的德·鲁伊特和特龙普的船队就是从这里结束了他们最后的航行。他们为了探索未知的海域，让人们能自由航行于茫茫大洋之上，献出了自己的生命。

接着就是一些小村庄。它们环绕在教堂的四周，很多年前，教堂曾经是它们的守护神。远处还可以眺望到代尔夫特斜塔。它高耸的拱顶曾目睹了沉默者威廉遭暗杀的过程。格劳秀斯就是在这里开始了他最初的拉丁文语法分析的。再往远处看，就是那长而低的高达教堂，教堂里曾经住着一个人，他的智慧比许多国王的军队还要强大，这个人就是后来举世闻名的高达教堂收养的孤儿——伊拉斯谟。

最后银色的轮廓就是无边的海洋，同我们脚下的大片屋顶、烟囱、花园、学校、铁路等景色形成了鲜明的对比，而这些是被我们称为家的地方。塔楼却赋予了这旧家新的启示。街道、市场、工场和作坊组成的混乱画面，变成了人类能力和目标的完美展示。更重要的是，过去的辉煌仍然围绕在我们四周，能使我们带着新的勇气，回到日常生活中，面对未来的种种挑战。

历史就是一座雄伟威严的经验之塔，它是时间在逝去的岁月中搭建起来的。想要爬上这座古老建筑的顶端去一览众山并不是一件容易的事情。这里没有电梯，可年轻的步伐十分有力，能够完成这一艰苦的攀登。

现在，我就把打开世界之门的钥匙送给你们。

当你们回来的时候，就会理解我如此热情的原因了。

亨德里克·威廉·房龙

目 录

Contents

第一章

人类历史舞台的形成

人类生活在一个巨大问号的阴影之下

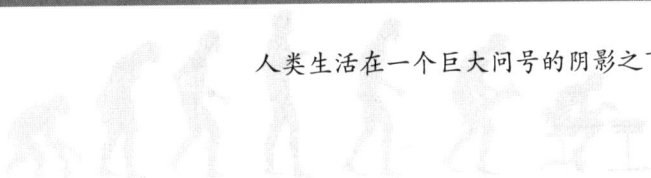

我们是谁？

我们从哪里来？

我们要到哪里去？

凭着坚韧的勇气与毅力，人类渐渐地将这个问题推向那遥远的边界，推向地平线之外，希望在那里，我们能够找到答案。

可是迄今为止，我们还未走远。

我们知道的仍然不多，但是我们能以相当精确的程度，推测出很多事情来。

在这一章，我要告诉你们，人类历史是如何搭建这个舞台的。如果我们以这样长的直线来代表动物生命存在于地球上的时间，那么在它下面的这条短线则表示人类（或多少类似人类的生物）在地球上生存的时间。

人类是最后出现在地球上的，却是最先学会用大脑去征服大自然的。这就是我们为什么研究的是人类，而非猪、狗、马或其他动物的原因。尽管在这些动物身后，同样也有许多非常有趣的历史发展进程。

最初，我们居住的星球（就目前所知），是一个燃烧着的巨大的火球。可相对于浩瀚无垠的宇宙，它只不过是小小的烟云。几百万年过去了，星球的表面发生了爆炸，并覆盖上了一层薄薄的岩石层。在这片生机全无的岩石之上，雨水如无尽的洪流一样无休无止地下着，将坚硬的花岗岩慢慢地磨蚀掉，并把碎石尘屑带入了藏在冒着热气的高崖间的峡谷里。

最后雨过天晴，太阳破云而出。就是这个可爱星球上的那些小水坑逐渐扩

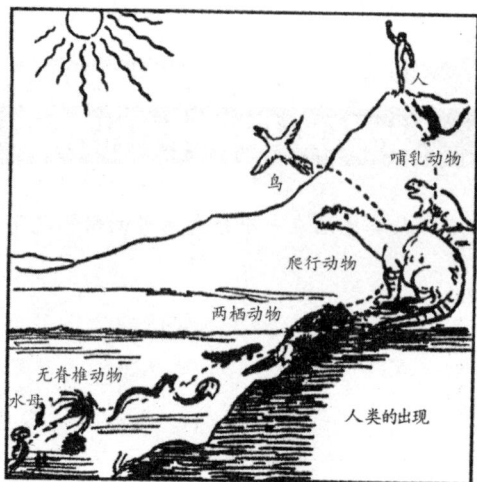

人类的出现

展成了东西半球的巨大海洋。

随后某一天，最美妙的奇迹出现了。这个死气沉沉的世界孕育着新的生命。第一个活着的细胞漂浮在海水之中。

它就一直毫无目的地随波逐流了几百万年，但是在此过程中，它慢慢地养成了自己的某些习性。这些习性使它在环境恶劣的地球上能够更好地存活下来。其中一些细胞觉得待在黑暗的湖泊和池塘的底部是最舒适的，于是它们在洪流从山上带下来的黏土中扎下根，成为植物。另外一些细胞则更喜欢四处游荡，它们长出了奇形怪状的像蝎子一样的腿，开始在海底爬行。在它们身边的是植物和白绿色的像水母一样的东西。还有一些细胞，身上覆着鳞片，它们凭借游泳似的动作四处游动，寻找食物。慢慢地，它们变成了海洋里繁若星辰的鱼类。

与此同时，植物的数量也在不断滋长，于是它们不得不寻找新的居住地，而在海底已经没有更多的空间了。为了生存，它们不得不开辟新的栖息地，在沼泽和山脚下的泥岸上安起了新家。每天早晚的潮汐浸泡着这些植物，让它们品尝到故乡的咸味。其他时候，它们只能学习如何适应不舒适的环境，争取在地球表面的稀薄空气里生存下去。经过几百年的磨炼，它们终于学会了如何在空气中生存，就像以前在水中一样。它们的体形也在长大，变成了灌木和树林。最后，它们还学会如何开出美丽的花朵，吸引忙碌的大黄蜂和小鸟儿来将自己的种子带到远方，使整个陆地都布满碧绿的原野和大树的浓荫。与此同时，一些鱼类也开始迁离海洋。它们学会如何用鳃和肺同时呼吸。我们称这些小动物为两栖动物，意思是，它们在水里和陆上都能自由地生存。你在路边看见的那只青蛙就可以告诉你有双重生存环境的两栖动物穿梭于水陆之间，是多么的快乐。

自从离开了水，这些动物越来越适应陆地上的生活环境。其中的一些成了爬行类动物（那些像蜥蜴一样爬行的动物）。它们与昆虫一起分享森林的寂静。后来，为便于更迅速地在松软的土壤上行走，它们的四肢不断进化，体形也相应地长大，直到整个世界到处都是它们庞大的身躯。它们的身体通常有9~12米左右长，如果它们跟大象一起玩耍，就如同体形壮硕的大猫逗弄小

植物离开了大海

猫仔一样。这些庞然大物在《生物学手册》中被称为鱼龙、斑龙、雷龙等，它们属于恐龙家族。

后来，这些爬行家族的一些成员开始选择在树顶上生活。它们的腿不再用来行走，而是帮助它们在树枝间快速跳跃。跳跃已经变成了树上生活的必须技能。于是，它们身体两侧和脚趾间的部分皮肤逐渐变成一种类似降落伞的肉膜，这些薄薄的肉膜上又长出了羽毛。它们的尾巴也变成了方向盘。它们可以在树林间自由地飞翔，最终进化成真正意义上的鸟类。

后来，一件神秘的事情发生了。所有这些庞大的爬行动物在短时间内全部灭绝了。我们不知道死亡的原因，也许是由于气候的突然变化，也许是因为它们的身体长得太大，以致行动困难，无法游泳、行走和爬行。它们只能眼睁睁地看着肥美的蕨类植物和树叶近在眼前，却无法吃到，活活饿死。不管是什么原因，统治地球数百万年的爬行动物王国就这样覆灭了。

现在，地球开始被完全不同的生物给占据了。这些生物属于爬行动物的后代，但其性情与体形与自己的先祖都不同。它们用乳房"哺育"自己的后代，因此现代科学管这些动物叫"哺乳动物"[①]。它们褪去了鱼类身上的鳞片，也不像鸟儿

---

① "哺乳动物"的英文"mammal"正是来源于此——译者注

那样长出翅膀，而是全身长满了毛发。而且，哺乳动物又形成了另外一些习性，使得它们的种族比别的动物具有更大的优势。比如雌性动物会将下一代的受精卵保留在身体内部，直至孵化；而同时期的其他动物还将自己的孩子暴露于严寒酷热和野兽袭击的危险之中。哺乳动物将下一代长时间留在身边，在它们无法应付各种天敌的脆弱阶段保护着它们。这样，哺乳动物的幼仔就能得到更好的生存机会，它们还能从母亲身上学习到很多东西。如果你曾经看过母猫是教小猫怎样照顾自己，怎样洗脸，怎样捉老鼠的话，你就能理解这一点了。

关于哺乳动物，不用我告诉你很多。因为它们就在你的周围，你早已熟悉。它们是你日常生活的同伴，出没于街道和你家的房屋。在动物园的铁栅栏后面，你还能看到你那些不太熟悉的远亲。

现在，我们来到了历史发展的分水岭。这时，人类突然脱离了沉默无言、毫无尽头的生物行列，开始运用大脑来创造自己种族的命运。

一只特别聪明的哺乳动物在觅食和寻找栖身之所的能力，远远超越了其他动物。它不仅学会用前肢捕捉猎物，并且通过长期不断的训练，它还长出类似手掌的前爪。又经过无数次的尝试，它还学会了如何用两条后腿站立，并保持身体的平衡（这是一个非常困难的动作，尽管我们人类已经直立行走了上百万年了，可每一个孩子在成长过程中都必须从头学起）。

这种半猿半猴，却比两者都要优越的生物，成了地球上最优秀的猎手，并且可以在各种气候中生存。为了更加安全，更便于相互照顾，它们常常群体行动。它们还学会了发出奇怪的咕哝声以此警告自己的孩子远离正在迫近的危险。可经过几十万年的发展，它竟然学会了如何用喉音来交流。

也许你觉得难以置信，这种生物就是我们最早"类人"的先祖。

第二章
人类最早的祖先

对于"真正"的人类最初是什么模样，我们了解的并不多。我们从来没有看过他们的照片和图画。不过在古代土壤的最深处，我们有时能找到他们的几根骨头。这些骨头与一些早已在地球表面消失的动物们散落的骨架静静地躺在一起。人类学家（知识渊博的科学家，终其一生将人类作为动物王国的一员来研究）拿到这些碎骨，现在已能相当精确地重构出我们最早祖先的模样来。

人类最早的祖先是外表丑陋、毫无吸引力的一种哺乳动物。他不仅身材没有现代人高大，而且长期的风吹日晒，把他的皮肤变成了难看的深棕色。他的头和身体的大部分，还有胳膊、腿上都长着粗而长的体毛。他的手指头细而有力，看起来像猴的爪子。他长着一个低陷的前额，下颚就像野兽的一样，习惯于把牙齿又当刀子又当叉。他赤身裸体，不穿衣服。除了偶尔看见隆隆的火山冒出的火焰，还有大地上到处弥散着的烟和火山熔岩外，他还不知道什么是火。

他生活在大森林的阴暗潮湿处。正如现在非洲的俾格米原始部落还住在这样的地方。当感觉到饥饿的时候，他就大吃生树叶和植物的根茎，或者从愤怒的鸟儿那里偷走鸟蛋来喂自己的孩子。运气不错时，经过长时间耐心的追逐，他能捉到一只松鼠、小野狗或老鼠什么的。他就将这些生吃下去，因为

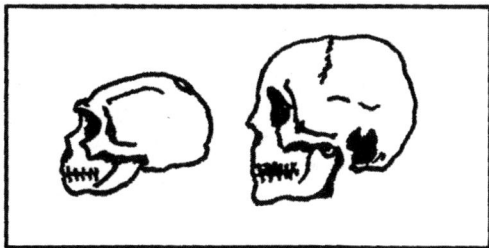

人类头骨的发展

他还未发现经火烤过的食物味道更好。

在白天的时候，这些原始人在莽莽林海中四处寻找食物果腹。夜幕降临的时候，他便把自己的妻子和孩子藏进空树干或大石头的后面。因为凶猛危险的野兽就在他的四周，它们习惯在夜间四处走动，为它们的同伴和幼仔寻找食物。它们很喜欢人类的味道。这时的世界，是一个要么你吃野兽，要么被野兽吃的世界。人类早期的生活一点儿也不快乐，充满了恐惧和痛苦。

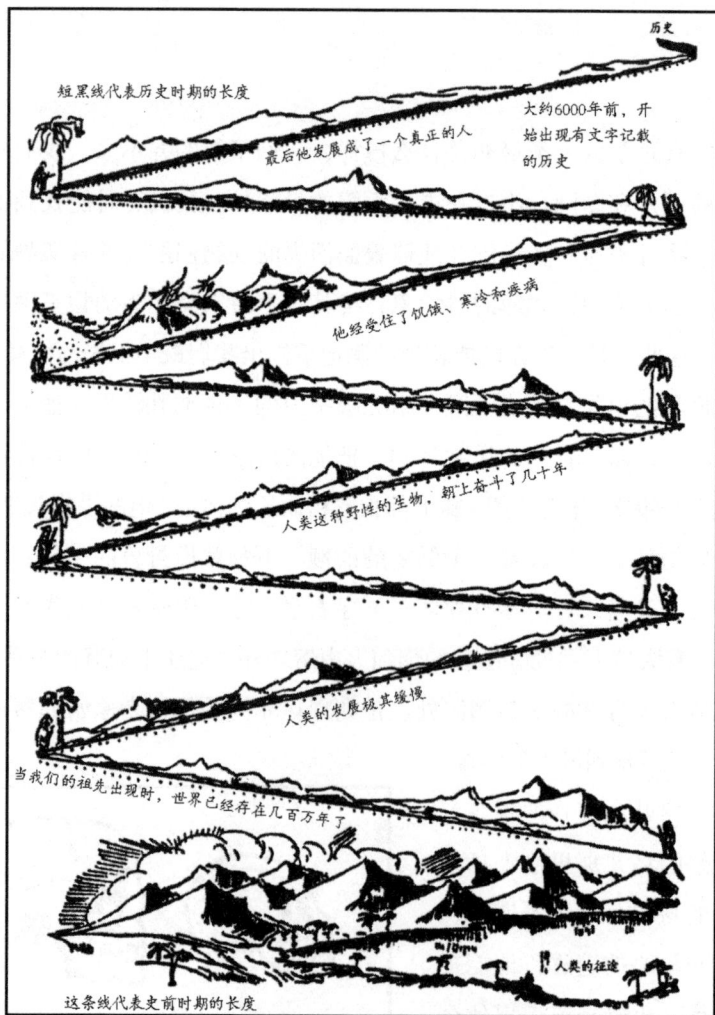

史前时期和历史时期

夏天，烈日炎炎，人类暴露在灼热的太阳下；而到了冬天，他们的孩子却会冻死在自己怀里。当他们受伤的时候（追猎野兽是很容易摔断骨头或者扭伤脚踝的），没有人可以照顾他们，结果他们只能在惊恐和疼痛中死去。

就像动物园会发出林林总总、稀奇古怪的声音一样，早期的人类也喜欢叫。其实他们不断地重复着一些相同的莫名其妙的声音，因为他们喜欢听见自己的声音。日久天长，他们突然意识到，当危险来临的时候，可以用这种喉部发出的声音来提醒同伴。他们也发出特定的尖叫声来表示"那儿有一只老虎"，或者"这里有五头大象"，接着其他人就会对他咕哝一些声音，好像在回应："我看到它们了"，或者"我们快跑，藏起来"。这极可能就是所有语言的起源。

正如我们刚才讲过的，对于这些起源我们知道的太少。早期的人类不会制造工具，无法为自己修建房屋。他们自生自灭，除了留下几块锁骨与头骨之外，再也没有其他线索可以追寻他们生存的痕迹。我们只知道在几百万年前，地球上曾生活着某种哺乳动物，而这种哺乳动物与其他所有的动物都截然不同。他们也许是由另外一支未知的类人猿进化而来的。后来他们学会了用下肢直立行走，前爪变成了手。他们很可能与我们的直系祖先有着某种联系。

总之，我们对人类祖先知道的就这些，剩下的就不得而知了。

第三章
史前人类

史前人类已经能够为自己制造简单的工具了

早期的人类不知道时间的含义，他们从不记录生日、结婚纪念日或者祭日，也没有日、月、年的概念，但是通过一种普遍的方法，他们总能注意到季节变迁的相互关系。他们发现，寒冷的冬天过后，必定是温暖惬意的春天；当树上的果实饱含浆汁，野麦穗迎风招展的时候，春天就变成炎热的夏天；当阵阵狂风卷光树上的叶子，一部分动物已准备好漫长的冬眠的时候，夏天也就结束了。

现在，一件不同寻常的可怕的事情发生了，它与气候有关。夏天暖和的日子姗姗来迟，果实也不长熟了，那些本来绿草如茵的山头，现在却压在一层厚厚的积雪之下。

随后的一天早上，一群野人突然从山上摇摇晃晃地冲下来。他们与住在山脚下的居民不一样。他们瘦弱干枯，看起来像是快要饿死了。没有人能听得懂他们唧唧咕咕的语言；可看样子，他们似乎是在说自己很饿想吃东西。但是，没有足够的食物同时养活老居民和新来者。当他们还赖着不走想多待些日子的时候，一场可怕的战斗发生了。人们相互撕咬，发疯般地肉搏。有的整个家族都被杀死，其他人则逃回山区，死于下一场袭来的暴风雪。可住在森林里的居民也吓坏了。现在，白昼变得一天比一天短，而夜晚却冷得异乎寻常。

最后，在两座高山的裂缝里，出现了星星点点的绿色小冰块。它们迅速地变大，长成巨大的冰川，沿山坡滑下来，大石块也被带进了山谷。随着几十声巨响，夹杂着冰块、泥浆和花岗岩的巨流呼啸着卷过森林，许多人在睡梦中就遭受了灭顶之灾，百年的老树被压碎成小片。

史前的欧洲

然后，大雪纷纷扬扬地下了起来。绵绵不绝的大雪下了好几个月。所有的植物都冻死了，大批动物逃往南方寻找阳光。人们肩挑手提，背起年幼的孩子，也向南方走去。可他们的速度不如用四肢奔跑的动物速度快，严寒却毫不留情地在身后紧紧追赶。他们要么当机立断，要么很快就会被冻死。事实证明，他们更情愿开动脑子。在冰河时期，有四种情形对地球上的人类构成了致命的威胁，可他们都一一想出了对付的办法，艰难地存活了下来。

这里最重要的问题是，人类必须穿衣服御寒，否则只能被冻死。于是，他们学会了挖洞，并且能够用树枝把洞口盖好——这就是他们用来捕捉狗熊和山鹿的陷阱。一旦这些可怜的家伙掉进他们挖好的洞里时，他们就大呼小叫地用大石头把它们给砸死，然后把它们的皮毛剥下来给自己和家人做衣服。

接下来，他们要考虑的是在什么地方居住会更安全和舒适。这很简单。许多动物都有睡黑乎乎的山洞的习性。现在，人类也效仿它们。他们把动物们赶出这些温暖的巢穴，把那里据为己有。

即便有毛皮大衣穿、有山洞住，天气对大部分人来说还是很恶劣的。老年人和小孩经受不住严寒而成批地死去。这时，人类中的一个天才想到使用火，他记得有一次森林起火差点儿被火烤死。那之前，火一直是人类的敌人，现在它成了人类的朋友。他把一根枯树拖进山洞，用燃烧着的树枝把它点着。熊熊的火焰不但将山洞变成了温暖的小屋，而且彻底改变了人类的命运。

接下来另一件同样重大的事件发生了。一天傍晚，一只死鸡不小心掉进了火堆。一开始，没人在意这事儿，直到烤熟的阵阵香味飘进人们的鼻孔。啃一口尝尝，人们发现，烤熟的肉食味道比生吃好上许多。从那以后，人类终于抛弃了长期以来与动物一样生吃食物的习惯，开始烧烤起可口的食物了。

就这样，几千年过去了。只有那些脑子最聪明、最肯动手的家伙们活了下来。他们必须日夜不停地与寒冷、饥饿作斗争，他们必须发明出种种工具。他们学会了怎样磨制锋利的石斧，制造石锤；为了度过漫长的寒冬，他们必须储存大量的食物；他们还发现用黏土可以制成碗和罐子，阳光能够将它们晒干并使之变硬。就这样，时时威胁着要毁灭整个人类的冰河时期，变成了人类最伟大的导师。因为它能够迫使和诱导人类开动脑筋去思考自己所面临的一切问题。

第四章

象形文字

伟大的埃及人发明了文字，人类的历史从此拉开了序幕

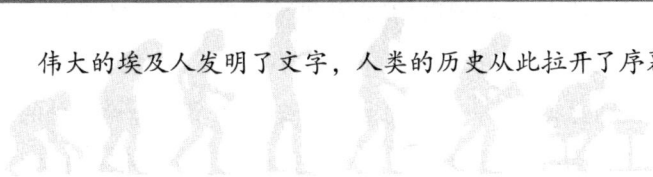

我们这些最早居住在欧洲莽莽荒原上的祖先，他们迅速地学习着许多新生事物。完全可以这么说，经过特定的进程，他们必将脱离野蛮人的生活，发展出一种属于自己的文明。不出所料，他们的封闭状态突然结束了，取而代之的是，他们被发现了。

一个来自神秘南方的旅行者，勇敢地横渡大海，越过崇山峻岭，来到欧洲大陆的原始人中间。这位勇敢的旅行者据说来自非洲的埃及。

当西方人还在梦想着发明叉子、轮子和房子的可能性的时候，尼罗河三角洲的高度文明已经有上千年的历史了。因此，当我们站在地中海的南岸和东岸，拜访人类最早期的学校的时候，我们可以先把我们的祖先留在山洞里。

伟大的古埃及人教会了我们许多事情。他们是杰出的农夫，精通灌溉术。他们建造的神庙不仅被后来的希腊人仿效，而且还是我们现代教堂的原型。他们还发明了十分有用的度量时间的历法，稍加修改后，一直沿用至今。最重要的是，古埃及人发明了伟大的文字书写艺术，它能够将人类的语言保存下来以造福后代。

现在，我们每天都在阅读报纸、书籍、杂志，以至于理所当然地认为，读书写字是从来都有的事情。事实上，作为人类最重要的发明，书写和文字是人类历史上最近才出现的新生事物。如果没有书面资料，我们也许会像猫狗一样，只能够教它们的小猫小狗一些简单的东西，因为它们不能书写，就没有办法去总结和利用祖先们的经验。

公元前 1 世纪，古罗马人来到埃及。他们发现整个尼罗河谷遍布一种奇怪的小图案，这是一些与这个国家的历史有关的东西。可是这些骄傲的罗马人对任何"外国的"东西都不感兴趣，所以也就不愿意深入地研究这些雕刻在神庙和宫殿墙上，或是描画在无数纸莎草纸上的奇怪图案。最后一个懂得这种神圣宗教艺术的埃及牧师，在好几年前也离开了人世。就这样，丧失了独立的埃及，一夜间就成为了一个装满无人能破译的，没有丝毫用处的重要历史文献的仓库。

17 世纪眨眼就过去了，埃及依然是一片神秘的国土。好在 1789 年，一位名叫波拿巴的法国将军来到东非，准备对英属印度殖民地发动进攻。他并没有越过尼罗河，战役失败了。不过很凑巧的是，这支法国远征军竟然解开了古埃及象形文字的奥秘。

一天，一个年轻的法国军官，厌倦了罗塞塔河（尼罗河口）窄小城堡里的单调生活，决定到尼罗河三角洲的古废墟去搜寻一番。就这样，他发现了一块非常奇怪的石头。像埃及的其他物品一样，它上面刻有许多小图形。与此前发现的别的物件不同的是，这块特别的黑玄武岩石板上刻有三种文字的碑文，其中一块竟然是希腊文。希腊文，人们是知道的。"如果将希腊文的意思和埃及图画加以比较，"他推论道，"马上就能揭开这些埃及小图像的秘密。"

这办法听起来简单，但是真正解决起来却花了 20 多年的时间。1802 年，一位法国教授商博良开始对著名的罗塞塔石碑上的希腊和埃及文字进行比较。到 1823 年，他宣布自己已经破译了石碑上 14 个小图像的意义。不久以后，商博良因为劳累过度而死，好在古埃及文字的基本含义已经广为人知了。今天，尼罗河三角洲的知名度甚至比密西西比河的故事还要高得多。我们有文字记载的历史已经有 4000 多年了。

古埃及的象形文字（在英语中，埃及象形文字的意思是"神圣的文字"，其中一些经过改进之后还写进了我们的字母表）在历史上扮演了一个异常重要的角色。你应该对这一创造性的方法有所了解。5000 多年前，人们就是用这种方法为子孙后代记录下口头语言的。

当然，你们都明白什么是表意文字。每一个在我们西部平原流传的有关印第安人的传说，都会有绘制成小图画形式的奇特信息。这些小图画向我们讲述了有多少头野牛被捕猎，以及某一支打猎队伍中有多少个猎人等等。一般来说，理解这些小图画并不是一件很难的事情。

不过，古埃及文字可不是简单的表意文字。聪明的尼罗河人很早就跨越了这一原始的阶段。因为他们的图画所蕴藏的含义远远超过图画中所画物体的本身。现在，我将试着给你们解释一下。

假设你就是商博良，正在翻阅着一叠写满了古埃及象形文字的纸莎草纸。这时，你遇上一个图案，画的是一个男人拿着一把锯子。你会说："很好，它的意思当然是指一个农夫拿着锯子出去伐木。"然后，你又看另一张纸。它讲的是一位皇后在 82 岁高龄时去世的故事。在其中的一句中，你再次看见了这个男人拿着一把锯子的图像。82 岁的皇后当然不会去做伐木之类的事情。这个图像肯定代表着别的意思。我们不禁要问，这到底是什么意思呢？

这个法国人商博良最终为我们揭开了谜底。他发现，古埃及人是第一个使用"语音文字"的人。这种文字再现了口语单词的声音，凭着一些点、划、撇、捺，它让我们能够把所有的口头语言都以书面的形式记录下来。

现在让我们回到一个男人拿着一把锯子的图案上。"锯"（saw）这个单词，它可以表示你在木匠店看到的那种工具，另一方面，它又代表动词"看"（to see）的过去式。

这就是几百年来词的演变。刚开始，它只代表着图案中特定的工具"锯子"。后来，这个意义逐渐消失了，它变成了动词的过去时。经过了几百年，古埃及人把这两种意义都扔掉了，图案 只代表一个简单的字母，即"S"。我举一个简单的句子来说明我的意思。这里有一个现代的英文句子，用古埃及文字表达如下：。这个 表示你头上的两个圆圆的用来看东西的器官， 或者代表"I（我）"。或者表示一种采蜜的昆虫，即"bee（蜜蜂）"，或者代表动词"to be（是）"，表示存在。另外，它也可以是"become（成为）"或"behave（表现）"等动词的前缀。在这个句子中，紧随其后的图

案为 ，它的意思是"leaf（树叶）"、"leave（离开）"或"lieve（信）"，这三个词的发音相同。接下来的图案又是"眼睛"，前面已经讲过它的意思。最后，你看到了这样一幅图画图 。它是一只长颈鹿。这个词属于古代埃及象形文字的一部分，也是象形文字的起源。

现在，你就可以很容易地读出这个句子。

"我相信我看见了一只长颈鹿。"（I believe l saw a giraffe. ）

发明这种象形文字体系后，古埃及人又用了数千年的时间不断地改进它，直到他们能够写出任何他们想表达的东西。他们用这种文字传递消息，记录商业事件，描述自己国家的历史，以便后人能从过去的失误中汲取教训。

第五章

尼罗河流域

尼罗河流域是人类文明的发祥地

人类的历史离不开吃。哪里食物丰足，人们就迁徙到哪里去安家，所以人类的历史就是一部生物寻觅食物的历史。

尼罗河流域肯定在很早的时期就已名声在外。人们从非洲内陆、阿拉伯沙漠、西亚来到埃及，宣称那里肥沃的土地是他们属有。这些外来者组成了一个新的种族，称自己为"雷米"或"人们"，就像我们有时称美国为"上帝自己的家园"一样。他们有理由感谢命运之神把他们带到了这块狭长的土地上来。每年夏天，尼罗河都会发一次洪水，把尼罗河谷变成一个浅湖。当洪水退去之后，留下几英寸厚的肥沃黏土，覆盖着所有的农田和牧场。

在埃及，这条体恤生灵的河流仅仅一个夏天就完成了需要 100 万人才能做的工作，也养活了有史以来最大的一个城市。当然，并不是所有的耕地都位于河谷地带。人们通过一个由许多小运河及长杆吊桶构成的复杂提水系统，将河水从河面引至堤岸的最高处，再由一个更精密的灌溉沟渠网，将水分配到各处的农田。

由于生产力落后，史前人类每天不得不抽出 24 小时中的 16 个小时为自己和部落成员寻找食物。可埃及的

埃及的河谷

建造金字塔

农民和城市居民却拥有一定的闲暇时间。他们把这些空余时间为自己制作了许多毫无实际用处的装饰品。

不仅仅是这样。有一天，人们突然发现自己的脑子能用来思考各种问题。这些问题与日常的吃饭、穿衣、睡觉和为孩子找房子等问题都毫无关系。比如星星是从哪里来的？那些电闪雷鸣究竟是谁制造的？是谁使尼罗河水涨退这么有规律？以至于人们可以在洪水涨退的基础上制定历法？而他们自己又是谁——一个被疾病和死亡困扰，却又充满欢笑的奇怪生物吗？

人们提了许多这样的问题，有人则恳切地走上前来，尽其所能地加以解答。古埃及人把这些负责解答问题的人称为"祭司"，于是他们就成了思想的导师，在社会中赢得广泛的尊重。他们学识渊博，人们便把文字记录这一神圣的任务托付给了他们。他们知道，人们只考虑眼前的利益是不好的，他们将人们关注的目光引向未来。那时，人的灵魂将居住在西部的群山之外，并将向威力无穷、掌管生死的大神奥赛里斯汇报自己的一切，神则根据他们的德行来评判是非。事实上，祭司们非常看重将来在天国里的生活，以至于古埃及人开始把今生看作是到来世的短暂阶段，从此将繁荣的尼罗河河谷奉献给了离开人世的人们。

很奇怪的是，古埃及人认为身体是灵魂在世界上的居住所，因此当人一死，他的亲属们马上便对其尸体进行处理，涂上香料和药物防腐。然后，放在氧化钠溶液里浸泡数星期，再填以树脂。在波斯文里，"树脂"读作"木米艾"（Mumiai），因此经过药物防腐处理的尸体便称为"木乃伊"（Mummy）。木乃伊用特制的亚麻布层层包裹起来，放在事先准备好的棺材中，以便送到坟墓中去。埃及人的坟墓倒是像一个真正的家，墓室里摆放着家具和乐器（用以打发等待的时光），还有厨师、面包师和理发师的雕像环立四周（这样墓室的主人就能体面地梳洗、进食，不必蓬头垢面地在外面四处游荡）。

刚开始，这些坟墓是在西部山脉的岩石中挖掘的，随着埃及人向北迁移，他们不得不在沙漠里为死者建造坟墓。不过，沙漠中到处都是野兽和盗墓贼。他们闯进墓室，搬动木乃伊，或者偷走随葬的珠宝。为防止这种亵渎死者的行为发生，古埃及人便在坟墓上堆砌了小堆的石头。后来，随着富人们相互攀比，石冢被建得越来越高，大家都争着要建最高的石冢。最高的纪录是由国王胡夫创造的。希腊人称他为吉奥普斯，生活在距今 4500 年前。他的石冢被希腊人叫做金字塔，高达五百多英尺。

胡夫金字塔占地超过十三英亩，相当于圣彼得教堂——号称基督教世界最大的建筑物的 3 倍。

在 20 多年的漫长时间里，成千上万的劳力从河对岸搬来所需的石头，把它们运过尼罗河（他们是怎样完成这项不可思议的工作的，我们仍不知道），再有条不紊地将巨石拖过宽阔的沙漠，最后将其吊装到适当的位置。国王的建筑师和工程师们异常出色地完成了这项工作。以至于在通往金字塔的中心处，法老墓室的狭窄通道虽然承受了数千吨石块的重压，至今依然完好如初，从未变形。

第六章
埃及的故事

埃及的盛衰史

尼罗河是人类的好朋友，但有时候，它又像一位严厉的监工。它教会了生活在两岸的人们什么叫"团队工作"。他们依赖彼此合作的力量，一起建造灌溉沟渠，修筑防洪堤坝。这样一来，他们也学会了如何与周围的人和睦相处。这种互利互惠的联系很容易发展成了一个有组织的国家。

后来，有一个精明强干的人，超过了他的许多邻居而成为公众的领袖，而再后来，当妒忌的西亚邻居入侵了这个繁荣的河谷时，他还担当了抵御外敌的军事首脑。到后来，他终于变成了人们的国王，统治着从地中海沿岸到西部山脉的广袤土地。

不过，古埃及法老（"法老"一词意为"住在大宫殿里的贵人"）的种种冒险的政治游戏，并没有引起田地里耕作的农民的兴趣。只要不被强征超过合理限度的赋税，只要不加重过分繁重的劳役，他们就愿意像敬爱大神奥赛里斯一样，接受法老们的统治。

可一旦某个外族入侵者闯入，

克娄巴特拉雕像

剥夺掉他们的所有，就是另外一回事了。经过 2000 多年的独立生活之后，一个名叫希克索斯王朝的野蛮的阿拉伯牧民部落闯入了埃及，统治了尼罗河流域长达 500 年之久。希克索斯人横征暴敛，非常不受欢迎。同样不受欢迎的还有希伯来人（犹太人）。他们经长途跋涉，穿过沙漠来到埃及的哥珊地定居。当埃及人丧失独立的时候，他们却帮助外国入侵者，充当入侵者的税吏和官员，埃及人就更加憎恶他们了。

在公元前 1700 年，底比斯的人民发动起义。经过长期艰辛的斗争，希克索斯人最终被逐出埃及，这个国家又重新获得了自由。

1000 年后，当亚述王朝征服整个西亚时，埃及沦为了萨丹纳帕卢斯帝国的一部分。公元前 7 世纪，埃及再度成为一个独立的国家，接受居住在尼罗河三角洲萨伊斯城的国王的统治。到公元前 525 年，波斯国王占领了埃及。到公元前 4 世纪，波斯被亚历山大大帝征服以后，埃及也随之成为了马其顿的一个省。亚历山大死后，他的一位将军自立为埃及之王，建都亚历山大城，开创了托勒密王朝。埃及似乎又获得了一种表面上的独立。

最后，公元前 39 年，罗马人的大军来了。最后一代埃及君主，艳后克娄巴特拉竭尽全力拯救自己的国家。她的美貌和魅力比六个埃及军团更具杀伤力。她曾经两次把罗马征服者击败了。

公元前 30 年，恺撒的侄子兼继承人奥古斯都大帝在亚历山大登陆。他不像自己已故的叔叔那样拜倒在这位妖艳女王的石榴裙下，而是毫不犹豫地歼灭了埃及军队。他饶过克娄巴特拉一命，因为他想把她作为战争的战利品，在返回罗马城的凯旋仪式上游街示众。克娄巴特拉听到这个消息后，便服毒自杀了。埃及从此变成了罗马的一个省。

第七章
美索不达米亚

美索不达米亚——东方文明的第二个中心

现在，我将带你到最雄伟的金字塔之巅，你可以想象一下自己拥有一双鹰一般犀利的眼睛。在遥远的地方，越过大沙漠的漫漫黄沙，你将看见一块绿色的国土在闪烁着微光，那是位于两条大河之间的一个河谷，《旧约全书》中所描述的人间天堂。

这两条河分别叫"幼发拉底河"（巴比伦人称其为普拉图河）和"底格里斯河"（也叫迪克拉特河）。它们发源于亚美尼亚白雪皑皑的群山之中，就是诺亚逃难途中曾驻足休息的地方。然后，它们缓慢地流过南部的平原，抵达波斯湾泥泞的海岸。它们养育着两岸的人民，把干旱的西亚变成了富饶的花园。

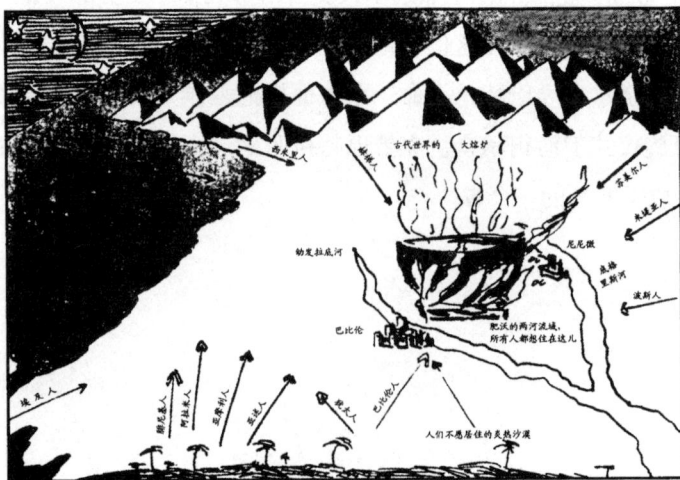

两河流域——古代世界的大熔炉

020

尼罗河流域吸引人们，是因为人们可以轻松地在这里得到丰盛的食物。这块"两河之间的国土"同样因此备受青睐。这是一块充满希望的土地，不管是来自北部高山的居民还是游荡在南部荒漠的部落都竞相来到这里，试图独自占领它，拒绝外人的进入。因此，山区居民与沙漠游牧部落的长期争夺导致了无尽的战争，只有最强壮、最聪明的人才有可能活下来。这也就是为什么美索不达米亚会成为一个最强壮种族的家园。这一文明跟埃及的文明比起来，并不显得逊色。

第八章
苏美尔人

刻在泥板上的苏美尔楔形文字给我们讲述
了闪米特民族的亚述和巴比伦王国的故事

15世纪是一个地理大发现的伟大世纪。伟大的航海家哥伦布想要找到一条通往震旦岛的道路，却意料之外地来到了美洲新大陆。一位奥地利主教组织起来了一支探险队，向东方去探寻莫斯科大公的家，这次行程无功而返。直到过了一代人之后，西方人才首次造访了莫斯科。同时，一位名叫巴贝罗的威尼斯人考察了西亚的古迹，并带回有关一种神秘文字的报告。这种奇特的文字有的刻在伊朗设拉子地区许多庙宇的岩石上，更多的是刻在无数焙干的泥版上。

不过，当时的欧洲正忙于其他的事情。直到18世纪末，第一批"楔形文字"泥版（所以如此称呼，是因为该文字的字母呈楔状）才由丹麦的测量员尼布尔带回欧洲。极富耐心的德国教师格罗特芬德花了30年时间，破译了前面的四个字母，分别是D，A，R和SH，合起来正是波斯国王大流士的名字。又过了20年，一个名叫罗林森的英国官员发现了著名的贝希斯顿石刻，这才打开了译解这种西亚文字的大门。

与破译楔形文字的难度相比，商博良的工作算是很轻松的。至少那时的古埃及人还是使用了图画。可美索不达米亚最早的居民苏美尔人想出了把文字刻在泥版上的主意，已经抛弃了图画，逐渐发展成一种全新的V形文字系统。相比之下，你很难看出它与以往的图画有什么联系。先举几个简单的例子告诉你我的意思。

刚开始，将一颗"星星"用钉子刻在砖块上，它的形状是这样子的：■。不过，这个符号太繁琐了。不久之后，当把"天空"的意思加在"星星"上时，这个图片便被简化成■。这让人看起来更加迷惑不解。同样，公牛的符号从■变成■，鱼从■变成■。太阳最初是一个平面的圆■，后来变成■。如果我们现在仍然使用苏美尔人的写法：一条船■看起来就会是■。这种思想记录方法看上去相当复杂，可在 3000 多年的时间里，苏美尔人、亚述人、巴比伦人、波斯人和其他曾进占两河之间富饶土地的不同种族，都曾经使用过这种文字。

美索不达米亚的故事简直就是一部战争史。最早，苏美尔人从北方来到这里，他们是住在山区的白种人，惯于在山顶之上祭拜神灵。所以，当他们进入平原地区后，为了祭拜神灵，开始建造人工的山丘，在山丘顶上修建祭坛。他们不知道建造楼梯，于是用环绕高塔的倾斜长廊来代替。今天，我们的工程师借鉴了这个创意，正如我们今天的大火车站，是由上升的回廊与楼层之间连接起来的。我们还可能借用过苏美尔人的其他创意，只是我们不知道罢了。后来，苏美尔人完全被占领两河流域的其他种族同化了，只有他们建造的高塔依然屹立在美索不达米亚的遗迹之中。犹太人在流浪途中经过巴比伦，看见了这些高大的建筑物，并把它们称为"巴别塔"。

苏美尔人于公元前 40 世纪进入美索不达米亚，很快就被阿卡德人所征服。阿卡德人是阿拉伯沙漠中的一支

圣城巴比伦

部落，他们操同样的语言，人们管他们叫"闪米特人"，是因为古代的人相信自己是诺亚三个儿子中的一个——"闪"的直系后裔。又过了1000年，阿卡德人也不得不臣服于另一个闪米特沙漠部落阿莫赖特人的统治之下。他在圣城巴比伦为自己建造了一座华丽的宫殿，并向其子民颁布了一套法律《汉谟拉比法典》。阿莫赖特人拥有一位伟大的国王——汉谟拉比。他使巴比伦成为古代治理得最好的王国。接着，《旧约全书》曾记述过的赫梯人侵占了这块肥沃的河谷，并且摧毁一切不能带走的东西。他们被后来自称为亚述人的"沙漠之神"阿舒尔人打败。阿舒尔人已经征服了整个西亚和埃及，还向各个民族征税。多年以后，尼尼微城成了一个当时最重要的都城。直到公元前7世纪，同为闪米特部族的迦勒底人，重建了巴比伦，并使它成为那个时代最重要的首都。迦勒底人最著名的国王尼布甲尼撒鼓励进行科学研究，我们现代的天文学和数学知识都是建立在迦勒底人发现的最基本的原理基础上的。公元前538年，一支野蛮的波斯游牧部落入侵了这块古老的土地，推翻了迦勒底人的帝国。200年后，亚历山大大帝击败了他们，把这块肥沃的河谷、众多闪米特部族的古老的融合地区，变成了希腊的一个省。随后又来了罗马人，后来是土耳其人，而美索不达米亚，这个世界文明的第二个中心，沦落成一片广漠的荒原。现在，只有那些巨大的土丘，似乎在向你述说着这块土地上古老又繁荣的故事。

第九章

摩西

这里讲述的是摩西，犹太人领袖的故事

2000 年前的某一天，一支不起眼的闪米特游牧部落踏上了流浪的旅程。他们离开位于幼发拉底河河口——乌尔城的家园，想在巴比伦国王的领土内找一块新的牧场。他们被国王的士兵驱赶，没有办法，只好继续向西流浪，希望找到一块无人的领地，以便安营扎寨。

摩西看到了圣地

这支游牧部落就是希伯来人，我们通常称他们为犹太人。他们的流浪历史漫长久远，经过长时间的漂泊之后，终于在埃及找到了栖身之地。他们在埃及居住了 500 多年，一直与当地居民和睦相处。当接纳他们的国家被希克索斯人占领时（请参见《埃及的故事》一章），他们转而竭力为外来的侵略者效劳，因此得以保留住自己的牧场不被掠夺。经过长期艰苦的保卫之战，埃及人将希克索斯人最终赶出了尼罗河流域。这时，犹太人的厄运临头了。他们被贩卖为奴隶，被迫建造皇家大道和金字塔。并且，由于边境上有埃及士兵的严密看守，犹太人想逃出埃及是不可能的。

历经多年的磨难，终于有一位名叫摩西的年轻犹太人把大家从悲惨的命运中拯救出来。摩西曾长期居住在沙漠，并且从那里学会了古代祖先的所有美德。他们远离城市和城市生活，拒绝接受外来文明的奢华和安逸，拒绝被侵蚀和同化。

摩西决定把他的人民带回到祖先们所热爱的生活方式中去。他成功地摆脱了追捕他的埃及军队，带领族人来到西奈山脚下的平原腹地。沙漠里那漫长而孤独的生活，使他们学会了敬畏闪电与风暴之神的力量。这位神叫耶和华，是西亚广受崇拜的神。牧羊人就是依靠着他生活和呼吸，并且获得光明的。通过摩西对族人的教诲，耶和华成为了希伯来民族唯一的精神依托和主宰。

一天，摩西突然离开犹太人的营地失踪了，有人说他是带着两块粗石板出去的。他走的那天下午，乌云蔽日，风暴大作，连山顶都被遮住看不见了。看样子，一场可怕的暴风雨就要降临了。可是当摩西返回时，看啊，两块粗石板上已经刻满了耶和华在电闪雷鸣中对人们所说的话。从这时起，所有犹太人把耶和华奉为他们唯一的真神，命运的最高主宰。这位真神教犹太人如何按十诫的训示来过圣洁的生活。

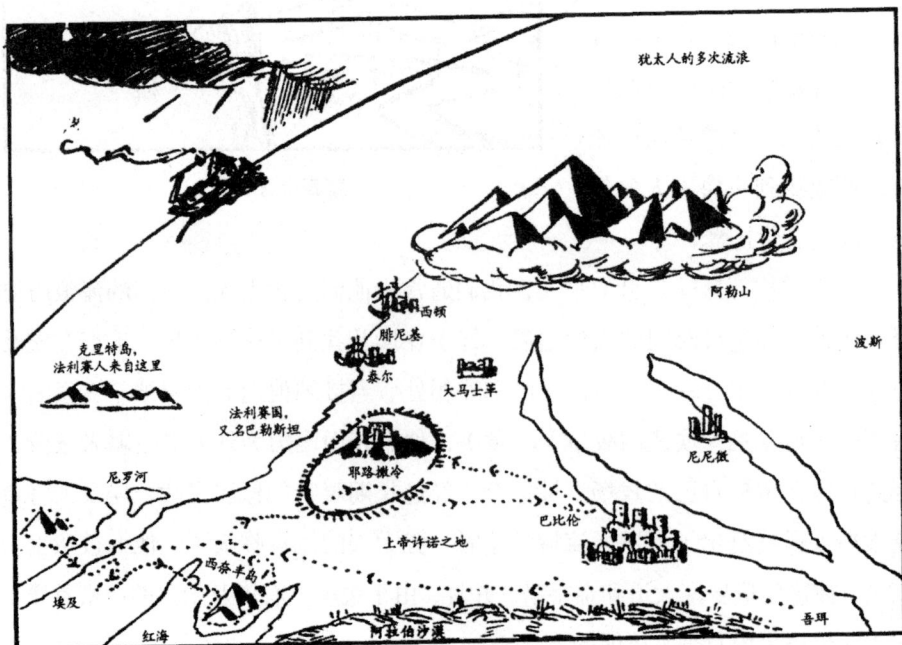

犹太人的流浪

　　摩西号召他的族人继续穿越沙漠，并且告诉他们该吃什么，喝什么以及怎样做才能在炎热气候中保持身体健康。对此，他们都一一遵从。经过多年的艰难跋涉，历经磨难的犹太人终于来到一块快乐而富饶的土地——巴勒斯坦，意思是"皮利斯塔人的国度"。皮利斯塔人属于克里特人的一支小部落，他们被赶出自己的海岛之后，就沿海岸定居下来。不幸的是，此时的巴勒斯坦内陆已经被另一支闪米特部族占据了。然而犹太人便强行闯入这块谷地，并且在一个他们称是耶路撒冷——"和平之乡"的城镇中建起一座属于自己的宏伟庙宇。

　　至于摩西，此时的他已经不再是犹太人的领袖了。他躺在绵绵不绝的山脉上，永远闭上了疲倦的双眼。他一直为耶和华虔诚而勤勉地工作着。他不仅把族人从外国的奴役中解放出来，而且找到了一个自由独立的新家园。他还使犹太人成为历史上第一个信仰唯一真神的民族。

第十章
腓尼基人

腓尼基人，为我们创造了现在使用的字母

　　腓尼基人是犹太人的邻居，同属闪米特部落的一支。在很早的时候他们就沿地中海海岸定居下来。他们修建了两大防备坚固的城镇——提尔和西顿。不久，他们还垄断了西部海域的贸易。他们的船只定期来往于希腊、意大利和西班牙，甚至渡过直布罗陀海峡到西西里群岛买锡。无论走到哪里，他们就会建起一些小型的贸易市场，他们称为"殖民地"。其中不少就发展成为现代城市，比如加的斯和马赛。

　　只要有利可图，腓尼基人任何东西都可以用来买卖，从未感到良心上的不安。如果他们的邻居没有夸大其辞，那么腓尼基人不知道诚实和正直有什么意义。他们的最高理想就是把钱箱装得满满的。实际上，他们并不招人喜欢，也没有一个朋友。尽管如此，他们给后人留下了一笔极有价值的遗产——那就是创造了我们现在所使用的字母。

　　腓尼基人虽然熟悉苏美尔人的楔形文字，不过在他们看来，这些歪斜的文字既笨拙又浪费时间，他们是凡事讲求实际的商人，实在不肯把大量的时间浪费在雕刻这些繁琐的字母上。于是他们发明了一种大大优于楔形文字的新文字体系。他们从埃及的象形文字中借鉴了一些图画，并简化了数个苏美尔人的楔形文字，同时为了提高手写速度，以牺牲旧有文字的优美外形为代价，将数千个不同的文字图形简化成简洁而又方便的 22 个字母。

　　后来，这些字母越过爱琴海传入了希腊。希腊人为其增添了几个他们自己创造的字母，随后将改进的字母体系带到意大利。罗马人对这些字母的外形稍加改进，又传给西欧的野蛮部落。这些野蛮人即我们的祖先。这也是本书为什么是用源自腓尼基人的文字写成的，而不是埃及人或者苏美尔人的文字的原因。

第十一章
印欧人

闪米特与埃及被印欧种族的波斯人征服了

　　古埃及、巴比伦、亚述及腓尼基在世界上已存在了3000多年。这些河谷地带的古老民族日渐衰退疲惫了。当一支精力焕发的新兴民族出现在视野中的时候，这些衰老的民族也就面临着灭顶之灾了。我们称这个新兴的民族为"印欧种族"，因为它不仅征服了欧洲，还征服了印度，成为这个国家的统治者。

　　和闪米特人一样，这些印欧人属于白种人，但他们的语言却截然不同。印欧人的语言被认为是除了匈牙利语、芬兰和西班牙北部的巴斯克方言之外所有欧洲语言的共同起源。

　　我们刚开始听说他们的时候，他们已经在里海沿岸居住了几百年了。但有一天，他们突然收拾行装，寻找新的家园，开始向北迁移。其中的一部分人进入了亚洲中部山区，一住就是很多个世纪，这就是我们所说的雅利安人。其他人则向着西方前进，最终成为欧洲平原的主人。这段历史，我将在希腊和罗马的故事中讲述。

　　现在，我们还是从雅利安人这条线索开始吧。在他们的伟大导师查拉斯图特拉（又名琐罗亚斯德）的带领下，许多雅利安人离开了山中的家园，向着湍急流淌的印度河方向而去。

　　有的人宁愿留在西亚的群山中，并且在此建立了两个半独立的社会——米底亚和波斯。这两个民族的名字是我们从古希腊历史书中借鉴过来的。在公元前7世纪，米底亚人建立起自己的米底亚王国。其中安香部族有一个首领叫居鲁士，当他成为国王后，便开始四处远征，不久他和他的子孙成为了整个西亚和埃及的无可争议的统治者。

凭着强有力的征服，这些印欧种族的波斯人继续向西征战，并取得节节胜利。不久，他们发现自己同几百年前来到欧洲占领了希腊半岛和爱琴海诸岛的其他印欧部族陷入严重的争端。于是直接导致了希腊和波斯之间的三次著名战争。战争期间，波斯大流士王和泽克西斯率兵入侵半岛北部，掠夺希腊人的土地，并竭尽全力要在欧洲大陆上得到一个立足点。

他们最终失败了。雅典的海军是不可战胜的。希腊士兵通过切断波斯军队的补给线，迫使亚洲统治者退回到他们的本土去。这是亚洲与欧洲的第一次交锋。这好比是一个老教师（亚洲）和一个年轻气盛的学生在较量。这本书的其他章节还将向你讲述这场持续至今的、东西之间的斗争。

第十二章

爱琴海

爱琴海的人民将亚洲的古老文明带到了原始的欧洲

当海因里希·谢尔曼还是个小孩子的时候，他的父亲给他讲了特洛伊的故事。在所有听过的故事中，他最喜欢这些故事。他还下定决心，将来长大可以离开家的时候，一定要前往希腊去"寻找特洛伊"。尽管谢尔曼的父亲只是梅克伦堡村的一个贫寒的乡村牧师，但是这一点并没有使他丧失信心。他知道寻找特洛伊需要不少的钱，所以决定先聚敛一笔财富，然后再进行考古挖掘。事实上，他在很短时间内积攒了一大笔财富，足以装备一支远征军。于是，他开始向小亚细亚北部进发，因为他相信特洛伊就在那里。

在小亚细亚的一个偏僻的角落里，有一个满是稻田的山坡。据当地的传说，那是特洛伊国王普里阿摩斯的故乡。谢尔曼是个热情远远大于智慧的人，在初期的考察中，没有浪费一点儿时间。其

特洛伊木马

位于阿尔戈利斯的迈锡尼

热情之高，挖掘速度之快，使他与自己梦寐以求的城市失之交臂。他的壕沟径直穿越了特洛伊城的中心，将他带到了深埋地下的另一座城市的废墟。这座城市比荷马所记载的特洛伊至少要古老1000年。紧接着，一件有趣的事情发生了。如果谢尔曼发现的只是几把打磨过的石锤或者几件简单的陶器，没有人会觉得惊讶。人们通常认为，这些器物与在希腊人之前定居此地的史前人类有关。可事实上，谢尔曼在废墟里发现了做工精美的小雕像、贵重的珠宝，还有刻着希腊人看不懂的图案的花瓶。

根据这些发现，谢尔曼大胆推测：在特洛伊战争之前的1000多年，爱琴海沿岸就居住着一个神秘的种族。他们比野蛮的希腊人要高级得多。后来，希腊部落占领了他们的国家，毁灭了他们的文明，或是吸收了这里的文明，直到它再也没有一丝痕迹。谢尔曼的推测最后被证实。19世纪70年代末，谢尔曼考察了迈锡尼古迹。它古老得令罗马的旅行者惊叹不已，更别说现代人了。在一道小圆围墙的方石板下面，谢尔曼再度意外地发现那个神秘民族留下来的奇异宝藏。他们在希腊海岸到处修筑自己的城市，其城墙高大、坚固，古希腊人称其为"泰坦的杰作"。泰坦就是古老传说中的巨人，常常能把山峰搬来搬去，玩个不停。

对这些古迹的细心研究给我们的故事增加了一些浪漫的色彩。建造这些早期艺术品和这些坚固要塞的人，也不是什么神秘的人物，而是普通的水手和商人。他们曾定居在克里特岛和爱琴海的许多小岛上。经过他们的辛苦营造，爱琴海变成了高度文明的东方和缓慢发展的欧洲大陆进行繁忙贸易的商业中心。

1000多年来，这里一直是个繁荣的海岛帝国。他们还发展了高超的艺术形式。其中最重要的城市克诺索斯位于克里特岛北部海岸。它在卫生条件和舒适程度方面，都达到了相当现代化的标准。宫殿不仅有良好的排水系统，而且每个房间都配有取暖的火炉。另外，克诺索斯人是最早使用澡盆的。克里特国王的宫殿以其蜿蜒盘旋的楼梯和宽敞高大的宴会厅而闻名于世。宫殿的地下室贮藏着葡萄酒和橄榄油。每个地下室都硕大无比，这给第一批前来参观的古希腊客人留下深刻的印象，使他们又想起迷宫的故事。所谓迷宫，就是一座有着许多复杂通道的建筑物，一旦我们被关在里面，那么惊恐的我们要找到出去的道路是不可能的。

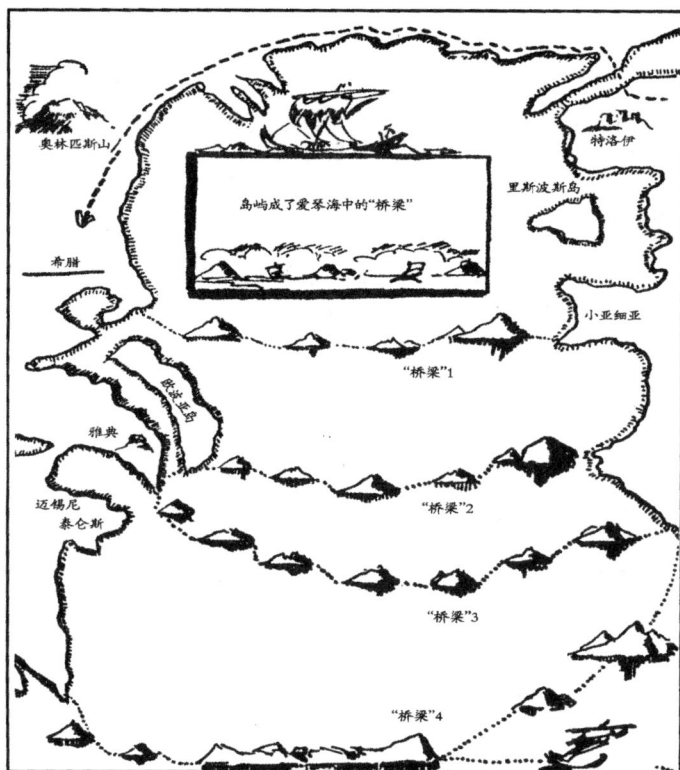

亚欧之间的岛桥

这个伟大岛国最后成为什么样子，又是何人何事导致了它突然衰落？这些我就无法说清楚了。

克里特人精通书写艺术，但是至今还没人能破译他们留下的碑文。因此，我们无法了解他们的历史，只能从爱琴海人存留的遗迹中，推测他们的冒险经历。那些废墟清楚表明，爱琴海人的世界是被一支来自欧洲北部平原的野蛮民族一夜之间给征服的。如果我们的猜测没错的话，这个摧毁克里特人和爱琴海文明的野蛮种族就是刚刚占领亚得里亚海与爱琴海之间那个岩石半岛的游牧部族，也就是希腊人。

第十三章
古希腊人

印欧语系的古希腊人部落开创了希腊历史

金字塔已经有 1000 多年的历史了。它是没落的征兆。巴比伦国王汉谟拉比也长眠了好几百年了。这时，一个小小的游牧部落离开了在多瑙河岸的故土，向南找寻新的牧场。这支游牧部落称自己为赫愣人，即希腊人的祖先。传说奥林匹斯山上万能的神宙斯对日渐邪恶的人类大发雷霆，以洪水冲毁了整个尘世，淹没了所有人，只有狄优克里安和他的妻子皮拉得以逃生。赫愣是狄优克里安与皮拉的儿子。

我们对这些早期的赫愣人了解不多。研究雅典衰落的历史学家修昔底德在描述他们的祖先时说，他们"不值得一提"。也许事实上就是这样：他们非常粗野，过着猪一样的生活，常常把敌人的尸体拿去喂狗。他们毫不尊重其他民族的权利，并且大肆屠杀希腊半岛的土著人，掠夺其农庄和牲畜，迫使他们的妻女为奴隶。赫愣人写了无数的赞歌颂扬亚该亚部落的英勇，因为是他们引导赫愣人的先头部队进入塞萨利和伯罗奔尼撒的山区。

尽管他们站在高高的岩石顶上，看见了爱琴海人的城堡，他们也没敢贸然行动。爱琴海人的士兵使用金属刀剑与长矛，赫愣人知道，凭自己手里的粗陋石斧，是无法打败他们

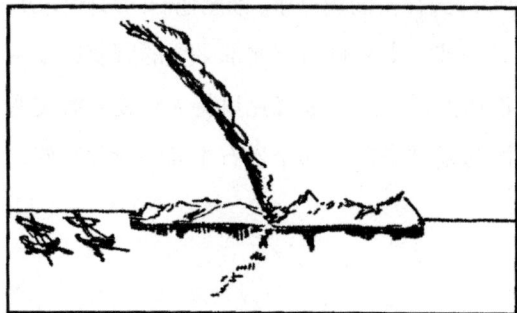

亚加亚人攻占爱琴人城市

的。在随后的几百年中，他们就这样四处游荡，往来于一个又一个山谷与山腰，从没有停止过。直到全部的土地都被他们占领，他们的游牧生活才宣告结束。

古希腊人在打扫战场

　　古希腊文明就是从这一时期开始的。与爱琴海人居住地相毗邻的希腊人，终于按捺不住好奇心，去拜访了他们的高傲邻居。他们发现，原来自己可以从这些居住在迈锡尼和蒂林斯的高大石墙后面的人们那里学到很多有用的东西。

　　他们相当聪明。很快就学会了如何使用爱琴海人从巴比伦和底比斯买回的那些奇怪的铁制武器的技艺，并且逐渐了解到了航海术的奥秘。于是，他们开始自己建造小船，供自己使用。

　　当他们学会了爱琴海人的所有技艺，便翻脸不认人，把自己的老师驱逐到小岛上去。很快，他们冒险渡海，征服了爱琴海上的所有城市。

　　最后，在公元前15世纪，他们占领了克诺索斯，将其夷为平地。就这样，在登上历史舞台1000年后，古希腊人成为了整个希腊、爱琴海和小亚细亚沿岸地区的无可争议的主人。公元前11世纪，特洛伊——这个最古老文明的贸易中心，终于灰飞烟灭。欧洲的历史真正开始了。

第十四章
古希腊城市

实际上，古希腊的城市是个国家

我们现代人总喜欢用"大"这个词。我们以自己属于世界上"最大"的国家、拥有"最大"的海军、种植"最大"的柑橘和马铃薯而沾沾自喜。我们喜欢住在数百万人口的"大城市"，就算去世了，也要埋葬在"全国最大的公墓"。

众神居住的奥林匹斯山

如果一个古希腊人听见我们诸如此类的谈话，他很可能不知所云，根本不明白我们的意思。"万事追求适度"，是他们生活的理想。单纯的数量与体积的庞大是根本打动不了他们的。并且，这种对适度与节制的热爱并不是特殊场合下空洞的口号。希腊人的一生都受它的影响，这也是他们文学的一个组成部分。

它使他们造出了小巧而完美的寺庙；在男人的穿着和女人佩戴的戒指和手镯中，也体现着这一精神；甚至连老百姓去戏院看戏，也会恪守这一点，他们会把任何低级趣味的剧作家赶下台。

希腊人甚至把这种品质也加在政治家和最受欢迎的运动员身上。当一位强壮的长跑手来到斯巴达，吹嘘自己能比希腊的任何人厉害时，人们会不留情面地把他赶出城去，因为任何一个普通人都看不起他的雕虫小技。"那很好啊，"你会说，"注重适度与完美是一种美德。可是为什么在古代只有古希腊人一个民族具备这种品质呢？"为了给你一个明确的答案，我必须讲一讲古希腊人的生活方式。

埃及或者美索不达米亚的人们，其实是一个神秘莫测的最高统治者的"臣民"。这位统治者住在神秘的宫廷里，他的绝大部分臣民很少见到他。可希腊人正好相反：他们是分属上百个独立城市的自由市民。这些城市中最大的，其人口也不会比一个现代的大型村庄的人口多。如果一个住在乌尔的农民说自己是巴比伦人时，也就是说，他是数百万向当时正好是西亚统治者的国王纳税进贡的大众之一。可当一个希腊人自豪地称自己是雅典人或底比斯人，那么他所指的是一个小城镇，那里既是他的家，也是他的国家。那里不承认有什么最高的统治者，只遵从集会上人民的意愿。

对希腊人来说，家就是他出生的地方，是他儿时在乱石堆中玩捉迷藏的地方，是他与许多伙伴一起成长的地方。那里有他们熟悉的绰号，就像你和你的同学一样。他的祖国是埋葬他父母亲的圣洁土壤。它高大坚固的城墙庇佑着他的小屋，让他的妻儿能安乐无忧地生活。他的整个世界不过是两万平方米左右的岩石地。难道你没有看出来，这样的生活环境会影响一个人的所作所为、所思所想？巴比伦、亚述、埃及的人们仅仅是人类的一部分，就像一滴水消失在大河里；可希腊人却从未失去过与周围环境的亲切接触，他们一直是那座小镇的一部分。镇上的每一个人都相互认识，他感觉到，那些聪明睿智的邻居们正在关注着他们。无论他做什么，写剧本、雕一座大理石塑像或者谱几首曲子，他都会时刻记着：自己的努力将会被镇上乐于此道的自由市民加以评判。这种意识促使他不断追求十全十美。根据他从童年开始便接受的教导：没有适度和节制，完美便如镜中花水中月，永远达不到。

在这种严格的环境里，希腊人无论做什么都有卓越表现。他们创造了新型的政治体制，发明了新的文学形式，发展出新的艺术理念，这些东西我们至今无法超越。令人惊叹的是，就在这个不足四五个街区大小的小村庄里，他们实现了这些奇迹。

看看后来发生了什么吧！

公元前4世纪，马其顿王国的亚历山大大帝征服了全世界。战事一完毕，亚历山大就决定将真正的希腊精神传向所有人类。他将希腊精神从那些小村庄、小城市里带出来，试图使它们在自己新建立的辽阔帝国里开花结果，但是希腊人，一旦远离朝夕相处的熟悉庙宇，闻不到故乡弯曲的小巷里的声音与味道，便立即失去了高昂的兴致和对适度的奇妙感觉。他们满足于粗制滥造，变成了廉价的工匠。

古希腊的小城邦丧失独立性，被迫成为一个伟大帝国的一部分，古老的希腊精神也随即消亡，永远不复存在了。

古希腊的自治

古希腊人是历史上第一个进行艰难的民主自治试验的民族

最初，所有希腊人富裕程度均等，每个人都有一定数量的牛羊。泥糊的小屋就是自己的城堡。平常，人们来去自由，一旦有重要的事务需要共同商讨时，所有市民就会聚集在公共集市。人们选出一位德高望重的老人作为会长，他的职责就是保证每一个人都有发表自己意见的机会。一旦发生战争，一位精力充沛且充满自信的村民就会被选为最高统帅，人们自愿交给他指挥权，同样人们也有权力把这个人的职务免去。

可是，村庄渐渐发展成为城市。有些人勤奋工作，有些人游手好闲；有些人命运坎坷，可有些人却靠欺诈手段聚敛起巨额财富。结果，城市的居民不再同等富裕。相反，形成了少数的富有阶级和多数的贫困阶级。

古希腊城邦

　　情况还在进一步发生变化。那些因带领人们取得战争胜利而自愿被选为"首脑"或"国王"的人，也不再存在了。取而代之的是贵族阶级，这些贵族阶级在短时间内获取了大量的土地和金钱。

　　相对于广大民众来说，这些贵族享有许多特权。他们能够在地中海东部的集市上购买最好的武器，有足够的时间进行操练。他们住在坚固的大房子里，还可以花钱雇佣士兵为他们打仗。在由谁来统治城市的问题上，他们相互之间常常你争我斗。在争斗中获胜的贵族便担任王位，其地位凌驾于所有人之上，并统治着整个城市，直到有一天他被另一个野心勃勃的贵族杀死或赶下台。

　　有为虎作伥的士兵撑腰的国王常常被称为"暴君"。在公元前 7 世纪到公元前 6 世纪期间，几乎每一个希腊城市都由这样一位暴君统治。他们中的许多人确实是比较有才华的，但是时间一长，这种情况就让人无法接受。于是人们尝试进行改革。就是这些改革，最终发展成了有文字记载的世界上的第一个民主政府。

　　公元前 7 世纪前期，雅典人决定要革旧迎新，赋予大多数自由民在政治事务中的发言权，就像他们的祖先在原始时代所拥有的权利一样。他们让一位名叫德拉古的人制定一套严格的法律，以保护穷人不受富人的压迫。德拉古立即投入他的工作。很不幸的是，他是职业律师出身，不懂得人情世故。在他看来，犯罪就是犯罪，违法必究，执法必严。等他完成这个法典之后，雅典人发现德拉古法典显得过于严酷，根本不可能付诸实施，甚至把偷了几个苹果也定为死罪。照此施行，用来绞死所有罪犯的绳子还不够用呢。于是雅典人到处寻找一位更有人情味的改革者。最终，他们找到了一个做这项工作的最佳人选。他叫梭伦，出生于贵族家庭，他曾环游世界，研究过很多国家的政治体制。经过缜密的研究工作，梭伦给雅典人制订了一套新的法典，它极好地体现了希腊人的"适度"原则。梭伦力图改善平民的状况，又小心翼翼地不触犯富人的利益，因为富人对国家所作的贡献同士兵一样伟大。为了保护平民阶级免遭法官们滥用权力的危害（法官总是从贵族阶级中推选出来，因为他们可以不拿工资），梭伦特别拟订了一项条款，有冤情的平民有权在由 30 个与他同阶层的人组成的陪审团面前陈述自己的冤情。

印欧人和他们的邻居

　　最重要的是，梭伦通过法律的形式，让每一个普通的自由民关注并参与城市的事务。现在，雅典人再不能待在家里，托辞说："哦，我今天太忙了。"或者"正在下雨呢，我还是待在家里好了。"每一个公民都应该履行其分内的义务，出席城市事务讨论会，为国家的安全与繁荣担负起责任。

　　这又导致人民的政府无法很好地进行管理，因为这里存在太多的闲谈。竞选者之间为争名逐利而相互诋毁与中伤。可至少有一点是好的：它教会了希腊人独立自主，依靠自己的力量来拯救自己。

第十六章
古希腊人的生活

古希腊人是如何生活的

也许你会问，古希腊人如果一听到召唤就赶去集市讨论国家大事，那他们怎会有时间来照顾家庭打理生意呢？在这一章，我会给你们解释这个问题。

在所有政府事务中，希腊的民主政治只承认自由民这个阶层的公民。每一个希腊城市都是由少数自由民、绝大多数奴隶和为数不多的外国人组成的。

只在少数时候（通常是战争期间，需要征召兵员时），希腊人才愿意给予他们所谓的"野蛮人"即外国人以公民权，但这种情形只是例外。公民的身份是一个出身问题。你是一个雅典人，那是因为你的父亲和祖父在你之前就是雅典人。然而，无论你是一个多么出色的士兵或商人，只要你的父母不是雅典人，那你永远是一名"外国人"。

因此，希腊城市，不管统治者是国王还是暴君，管理者总是自由民，并为其利益服务。这种体制，如果没有由奴隶组成的庞大军队，也是不可以实现的。军队中奴隶的数量远远超过了自由民，大概是五比一或者六比一。他们养家糊口等种种繁重的劳动就由奴隶来承担。

奴隶们把整个城市的烹饪、烤面包、制作蜡烛等工作全部包揽下来。他们中有裁缝、木匠、珠宝商、小学教师和记账员。他们负责管理工厂和商店。因为主人们要么参加公共会议，讨论战争或和平问题；要么前往剧院，观赏埃斯库罗斯的最新演出；要么去听有关欧里庇得斯的革命性观念的激烈讨论。因为这位剧作家竟敢对伟大的、万能的神——宙斯的威严表示质疑。

事实上，古代的雅典就像是一个现代俱乐部。所有的自由民都是世袭的会员，而所有的奴隶也都是世袭的仆人，随时得听候主人的使唤。当然，能成为这个组织的会员也是件很快乐的事情。

不过，我们提到的"奴隶"，并不是你在《汤姆叔叔的小屋》里读到过的那种人。当然，每天替人耕田种地的日子确实很悲惨，但是那些家道中落的自由民们也好不到哪里去。他们在富人的农庄作帮工，他们的生活其实跟奴隶一样悲惨。在城市里，许多奴隶甚至比下层自由民还富有。对"万事追求适度"的古希腊人来说，他们宁愿以温和的方式对待奴隶。在古罗马，奴隶就像是现代工厂里的机器，没有丝毫的权利，还常常因微小的过失，就会被扔给野兽。

古希腊人视奴隶制为一种必要的制度。他们认为，如果没有奴隶，任何城市都无法成为一个真正的、文明的家园。

庙宇

奴隶们也从事像今天由商人和专业人员从事的工作。至于那些占据了你妈妈的大部分时间，并让你爸爸下班回来就头疼的家务劳动，闲逸的希腊人会尽可能把它减少到最低限度。

首先，古希腊人的家朴素简单，甚至连富有的贵族也会躲在谷仓中消磨他们的时间，那时还缺乏一个现代工人所拥有的基本条件。希腊人的屋子由四面墙和一个屋顶组成，有一扇门通往大街，但没有窗户。厨房、起居室、卧室围着一个庭院而建，庭院里有一座喷泉或是一座雕塑，有的人家还养着一些花木，以便让庭院充满生气。不下雨或者天气不太冷的时候，一家人就生活在庭院里。在院子的一角，有厨师（也是奴隶）在准备饭菜；在院子的另一角，有家庭教师（也是奴隶）在教孩子们背诵希腊字母和乘法表；还有一个角落，屋子的女主人和裁缝（也是奴隶）在缝补男主人的外套。这些女主人很少出门，因为在古希腊，一个已婚妇女经常出现在大街上，会被认为有失检点。在门边的一间小办公室里，男主人正在查看农庄监工（也是奴隶）刚送过来的账目。

晚饭准备好之后，全家人便围坐在一起就餐。饭菜很简单，花不了多少时间就吃好了。古希腊人似乎把饮食当成一件无法避免的罪恶，而不是一种消遣，他们认为，娱乐消遣虽然可以打发无聊的时间，但最后使人一辈子碌碌无为。他们主要吃面包，喝葡萄酒，有时添加一点儿肉类和一些绿色蔬菜。他们在没有东西吃的时候才喝水，因为他们认为喝水不利于健康。他们喜欢请朋友一起进餐，但是他们并不是来大吃特吃的，而是聚在桌边一边畅谈，一边畅饮。他们很有分寸，那些贪杯的人会被看不起。

流行于餐桌上的这种简单情调同样影响着他们对衣物的选择。他们喜欢干净整洁，头发和胡子梳理得漂漂亮亮。他们常常游泳、跑步，以使自己身体更加强壮。他们从不追赶亚洲的流行式样，穿那些色彩艳丽、图案古怪的服装。他们穿白色的长外套，仪表非凡，就像现在身披蓝色风衣的意大利官员。

当然，他们也喜欢自己的妻子佩戴珠宝首饰，穿得漂亮。同时他们认为在公众场合炫耀财富是相当庸俗的，所以妇女们外出时，也尽量不惹人注目。

总之，古希腊的生活不仅节制，而且简朴。椅子、桌子、书、房子、马车等东西，都会占用主人的很多时间。最终，它们会把主人变成它们的奴隶。因为人们要花很多的时间去照顾它们，擦拭、打磨、抛光。古希腊人最想要的是"自由"，是身体和精神上的双重解放，所以他们将自己的日常需求减少到最低程度。

第十七章

古希腊的戏剧

人类最早的公共娱乐形式——戏剧的起源

　　历史上，古希腊人很早就开始收集诗歌，歌颂他们英勇的先祖了。这些诗歌讲述了他们的先祖把皮拉斯基人逐出希腊半岛以及摧毁特洛伊城的丰功伟绩。他们当众朗诵那些动人的诗篇，听者云集。可是，作为我们当代日常生活中必不可少的娱乐形式之一的戏剧，却不是起源于这些当众吟诵的史诗。它的起源非常奇怪，因此我想用一个单独的章节来加以阐述。

　　古希腊人一直都很喜欢游行。每年他们都会举行盛大游行来向酒神狄俄尼索斯致敬。希腊人好饮葡萄酒（他们认为水只用来游泳与航海的），因此这位酒神大受欢迎，就像汽水之神在我们自己的国家那样受欢迎。

　　古希腊人认为酒神是住在葡萄园里的，终日与一群名为萨梯的半人半羊的怪物一起，过着快乐而放纵的生活。因此，他们参加游行时常常穿着山羊皮，并发出咩咩的叫声，像真正的山羊。在希腊语中，山羊写法为"tragos"，而歌手则拼作"oidos"。由此，咩咩叫的歌手就被称为山羊歌手。这一奇怪的名字后来发展成为现代名词——"悲剧"（tyagedy）。从戏剧的角度来说，"悲剧"指的是一出结局悲惨的戏，如同喜剧（它真正的意义为歌唱喜事或快乐之事）是结局幸福的戏剧的统称。

　　你也许会问，这些化装成野山羊的歌手们杂乱的唱调，究竟是如何发展成为后来统治戏剧世界近 2000 年的贵族悲剧的呢？

　　山羊歌手和哈姆雷特之间的联系，其实并不复杂。我用简短的描述你就能明白。

　　开始的时候，山羊歌手的咩咩合唱非常有趣，吸引很多的观众站在路边观看，并令他们开怀大笑。很快，这种呆板的声音就让人厌烦了。在希腊人看来，沉闷乏味与丑陋、疾患是同等的罪恶，他们强烈要求一些更吸引人的东西。

后来，来自阿提卡地方伊卡里亚村的一位青年诗人，想出了一个颇富创意的新主意，并被证明是一个巨大的成功。他让山羊合唱队的一名成员走出队列，与走在游行队伍前列的乐队队长对话。只有这位队员获得了离开行列的特权，他一边说话，一般挥舞双臂，做出各种手势（也就是说，当别的人站在一旁唱颂的时候，他却是在"表演"）。他还会问很多的问题，而乐队指挥则根据诗人事先写在纸卷上的答案，一一予以回答。

这一机智而简练的对白，通常是讲述酒神狄俄尼索斯或其他某个神的故事。这种新颖形式一出现，立刻受到群众的欢迎。由此，每次酒神节的游行仪式里，都有了这样一段"表演场景"。不久之后，这样的"表演"就被认为比游行和咩咩叫更加重要了。

古希腊最成功的悲剧作家是埃斯库罗斯，在他漫长的一生里（公元前526年至公元前455年），他写了大约80个剧本。他做过一个大胆的创新，他引入两名"演员"来取代原来的一名"演员"。几十年后，索福克勒斯把演员的数量增加到三个。公元前5世纪中期，当欧里庇德斯开始创作他那些让人毛骨悚然的悲剧时，他已经可以随心所欲地安排多个演员。当阿里斯托芬在他著名的戏剧中嘲弄包括奥林匹斯山山神在内的任何人和事的时候，合唱队的角色已经被降到旁观者的地位。当前台的英雄违背了上帝的意志自杀的时候，他们就会齐声高唱："啊，这是个悲惨的世界！"

这种新颖的戏剧娱乐形式当然需要一个固定的表演场所。很快，每个希腊城市都拥有了一座剧院。建造剧院的石头都是从附近小山的岩壁中开凿的，观众们坐在木板凳上，面对着一个宽阔的半圆形舞台。这个半圆形舞台上，演员和合唱队在此表演。他们身后有一顶帐篷，供演员们化装之用。他们在此戴上黏土制的大面具，分别代表幸福、欢笑、悲哀、哭泣等。希腊语中帐篷是"skene"，这就是为什么我们称舞台的布景为"scenery"了。

一旦观赏悲剧成为古希腊人生活的一部分，人们就会认真地对待它，绝不仅仅为放松心情才去剧院。新剧目的上演和一场选举同样重要。一个成功的剧作家获得的荣耀与尊重甚至超过一名刚刚胜利凯旋的将军。

第十八章

波斯战争

希腊人成功击退了亚洲人的入侵，并将波斯人赶回了爱琴海对岸

　　从腓尼基人的学生爱琴海人那里，古希腊人学会了贸易。他们模仿腓尼基人的模式，建起许多殖民地，并广泛使用货币与外国客商交易，成效大大超越了腓尼基人。到公元前 6 世纪，他们已经在小亚细亚沿海站稳了脚，凭借更高的效率取代了腓尼基人的贸易地位。当然，腓尼基人对此怀恨在心，但是他们的实力还不够对希腊人发动一场战争。他们只好耐心等待着时机。事实上，他们的等待并没有白费。

　　在前面的章节里，我已经给你们讲过一个小小的波斯游牧部落是如何发动战争并征服了西亚的大部分土地。这些波斯人态度彬彬有礼，做事方式还算文明。他们并不劫掠归顺他们的臣民，只是满足于每年收受一些贡品。当波斯人到达小亚细亚的海岸时，他们坚持要求希腊殖民地吕底亚承认波斯国王是他们至高无上的主人，并按约定交纳贡税。这些希腊殖民地拒绝了波斯人的无礼要求，并向爱琴海对岸的祖国求救。战争就此一触即发。

　　说实话，波斯国王一直将希腊的城邦制视为十分危险的政治制度，并且是其他所有本该向波斯王俯首称臣的民族的一个不好的先例。

　　当然，由于深深的爱琴海水的保护，希腊人拥有一定程度的安全感。这时，腓尼基人在雅典附近登陆，直捣希腊的心脏。如果波斯人出兵的话，腓尼基人保证会在必要的时候派遣船只把他们送到欧洲。公元前 492 年，亚洲已经准备好消灭正在兴起的欧洲势力。

　　作为最后通牒，波斯国王派遣使者去希腊索要"土地和水"作他们臣服的信物。希腊人毫不犹豫地将使者扔进了附近的井中。在那里，他们可以找到大量的"土地和水"。如此一来，战争当然是不可避免的了。

但是，高高的奥林匹斯山神并没有忘记庇护他们的孩子，当腓尼基舰队载着波斯军队驶近阿托斯山时，愤怒的风暴之神便鼓起腮帮子吹起气来，直吹到额头的血管差点儿崩裂，这场飓风摧毁了整个舰队，波斯人全部葬身海底。

波斯舰队在阿托斯山附近被击败

两年之后，波斯人又重新杀来。这次，他们带了更多的人马，直接穿越爱琴海，在一个叫马拉松的小村庄附近登陆。一听到这个消息，雅典人就派出万人军队防守围绕着马拉松平原的山丘。与此同时，他们派了一个赛跑健将日夜兼程去斯巴达寻求帮助。

斯巴达妒忌雅典的名声而拒绝出兵援助。其他希腊城邦也竞相效仿，只有普拉迪亚小城派遣了1000人的援军。公元前490年9月12日，雅典统帅米尔泰底，指挥他的小部队冲向波斯人，并突破波斯人的密集防守。这些波斯人从未遇到过如此顽强的敌人，因此阵脚大乱，兵败如山倒。

那天晚上，所有的雅典人胆战心惊，注视着天空被战船燃烧的焰火染红。最后，小股烟尘出现在通往北方的道路上，正是那位赛跑健将费迪皮蒂斯。他步履蹒跚，气喘吁吁，已经筋疲力尽了。几天前，他刚从斯巴达求救回来，又立刻加入了米尔泰底率领的军队。那天早上，他参加了战役，后来又自告奋勇，把胜利的消息带回他热爱的城市。看见他倒下，人们冲上去把他扶起来。"我

们赢了。"他挣扎着，用微弱的声音说出
这句话之后就永远闭上了眼睛。他死得光
荣，成为所有人景仰的对象。

至于波斯人，他们在这次失败之后，
又企图在雅典附近登陆，但是由于希腊人
在这个海岸设有重兵把守，只好无功而退。

这次胜利，使古希腊的土地又度过了
8 年的平静。

在这 8 年里，波斯人在养精蓄锐，虎
视眈眈，而希腊人也丝毫不敢懈怠。他们
深知，一场暴雨般的攻击将是为期不远的
事情。但在制定度过这场危机的策略上，
雅典内部发生了分歧。一部分人希望增强

温泉关

陆军的作战实力，另一部分人认为建立一支强大的海军才是击败波斯人的保障。
这两派分别由阿里斯蒂底斯和泰尔斯托克利领导，他们进行激烈的斗争。就这样，
战争日益迫近，希腊人仍然没有在雅典的防御问题上达成共识。直到阿里斯蒂
底斯被流放。然后，泰尔斯托克利才有机会放手大干起来，倾尽人力财力建造
战船，并把比雷埃夫斯变成了一个坚不可摧的海军基地。

公元前 481 年，一支庞大的波斯军队在希腊北部的色萨利省登陆。在这生
死关头，英勇的军事城邦斯巴达被推为希腊联军的军事领袖。可斯巴达人对北
方的战事并不在意，因为他们自己的城邦还未受到侵犯，所以他们也没有在通
往希腊的隘口上加强防守。

在斯巴达国王李奥尼达的率领下，一支小军团在连接色萨利和希腊南部省
份的通道上设下埋伏。这条道路位于巍峨的高山与大海之间，一夫当关，万夫
莫开。加上斯巴达士兵的浴血奋战，奋勇杀敌，成功地阻挡了波斯大军前进的
步伐。由于叛徒埃菲阿尔蒂斯的出卖，使得波斯军队沿梅里斯附近的小路穿越
山隘，深入到李奥尼达的后方，从背后向斯巴达军队发起攻击。著名的温泉关
战役爆发了。双方从白天一直拼杀到夜幕降临，最终，李奥尼达和斯巴达士兵

全部阵亡，尸横遍野。

　　温泉关的失守使波斯大军得以长驱直入，希腊的大部分地区落入波斯人手中。他们朝雅典挺进，要报 8 年前的一箭之仇。他们攻占了雅典卫城，将其夷为平地。雅典人都逃往萨拉米斯岛。波斯的胜利似乎已成定局。公元前 480 年 9 月 20 日，奇迹发生了，泰尔斯托克利率领雅典海军，将波斯舰队骗进希腊大陆与萨拉米斯岛之间的狭窄海面。波斯舰队被迫与雅典海军决战。只用了短短几个小时，雅典人就摧毁了四分之三的波斯战舰，取得决定性胜利。

　　这样一来，此前的温泉关大捷就变得毫无意义。失去了海上支援，波斯国王只能无奈地撤退。他打算来年再与希腊人决一雌雄。他将部队带到色萨利休整，并在那里等待春天的来临。

　　不过这一回，斯巴达人终于明白了面临的局势的严重性，决定誓死保卫自己的家园。斯巴达人虽然已经修建了一条横跨柯林斯地峡的城墙，但是他们还是在保萨尼亚斯的率领下，主动迎战玛尔多纽斯指挥的波斯军队。大战在普拉提亚附近展开，来自 12 个城邦，大约 10 万希腊军队，向 30 万波斯军队发起了总攻击。跟马拉松平原发生的战斗一样，希腊重装步兵再度突破了波斯军队密集的箭网，彻底击溃了波斯人。巧合的是，在希腊陆军赢得普拉提亚战役的胜利同一天，雅典海军在小亚细亚附近的米卡尔海角也摧毁了波斯舰队。

　　欧洲与亚洲的第一次较量以希腊人的胜利画上了句号。这次胜利雅典赢得了莫大荣耀，也使斯巴达因英勇而驰名，却更加助长了他们之间的嫉妒和仇恨。如果这两大城邦能够冰释前嫌，团结合作，绝对可以缔造一个强大而统一的希腊。

　　事情的发展往往不如人愿。随着胜利的狂欢和携手的热情悄悄流逝，这样的机会也就永远不会再来了。

第十九章

雅典与斯巴达之战

为争夺希腊半岛的控制权，雅典与斯巴达展开
了一场漫长的战争，给人民带来了深重的灾难

　　同是古希腊城邦，雅典和斯巴达的人民使用的是同一种语言，除此之外，两个城市则毫无共同点。在地形上，雅典高耸于平原之上，享受着徐徐而来的清新海风；而斯巴达坐落在峡谷的底部，群山环绕。在民族习惯上，雅典的人民习惯用孩子般热切好奇的目光，打量这个惬意的世界，喜欢与外界交往，以繁荣的贸易而闻名，喜欢在温暖和煦的阳光下，谈论诗歌或聆听哲人智慧的言辞。斯巴达人则古板守旧，喜欢战斗，愿意为战斗牺牲一切，包括亲人和朋友。

　　难怪这些严肃的斯巴达人会对雅典的成功有如此深的仇恨了。赶走波斯侵略者以后，雅典人将保卫共同家园所焕发的精力，用于和平建设。他们重建了雅典卫城，将它建成供奉雅典娜女神的大理石神庙。雅典民主制度的伟大领袖伯里克利派人四处寻找著名的雕刻家、画家和科学家，以重金礼聘他们到雅典工作，把这个城市建设得更加美丽，并使雅典的年轻一代更加热爱自己的家园。与此同时，伯里克利还时刻警惕着斯巴达的动向，他修建起了连接雅典与海洋的高大城池，使雅典成为那个时代防卫最坚固、最完备的堡垒。

　　雅典与斯巴达在很长一段时间都相安无事。可

伯里克利

是一次毫无意义的争吵却引发了这两个希腊城邦间的战争。战争持续了 30 年之久。最终以雅典遭受灾难性的失败而告终。

在战事开始后的第三年，一场可怕的瘟疫袭击了雅典。雅典的一半以上人口死于这场天灾。连他们英明睿智的领袖伯里克利也在瘟疫中死去。后来，一位名叫阿尔西比亚德的年轻人大有作为，受到公众的广泛拥护，被选为伯里克利的继任者。他建议去西西里岛上的斯巴达殖民地锡拉库萨进行一次远征。这一计划在阿尔西比亚德的周密指挥下有条不紊地实施起来。一个远征队组织好了，一切准备就绪。可不幸的是，阿尔西比亚德卷入了一场街头斗殴，后来不得不逃亡。继任者是一介莽夫，在他的指挥下，先是海军被彻底摧毁，接着陆军又遭到致命打击。少数幸存的雅典士兵被俘后押往锡拉库萨的采石场做奴隶，最终死于饥渴。

这次惨败使雅典元气大伤，雅典所有的年轻战士全部葬身沙场。他们输掉的不仅仅是这场战争。在以后很长时间雅典都无法复原。公元前 404 年 4 月，经过长时间无望的困守，雅典向斯巴达举起了降旗。高大的城墙被斯巴达人夷为平地，海军舰只被全部掠夺。昔日的雅典曾征服幅员辽阔的土地，建立起一个以自己为中心的伟大殖民帝国，而现在只是一只待宰的羔羊。尽管如此，它的人民自由好学、求真探索的精神，对美好明天的渴望并没有随着城墙和舰船一起化为灰烬。这些都继续存在着，甚至随着时间的流逝而变得更加灿烂。

是的，雅典没落了，它无法再决定希腊半岛的命运。但是，作为人类第一所大学的发源地，雅典将继续为人们追求知识和智慧导航。它不仅仅属于希腊半岛，也属于全世界。

第二十章

亚历山大大帝

马其顿的亚历山大大帝建立了一个希腊式的
世界帝国，他的雄心壮志究竟结果如何呢

当亚该亚人离开多瑙河畔的家园，向南寻找新牧场之前，他们曾在马其顿的群山中度过了一段时间。从那以后，希腊人就与他们北部的邻居保持着或多或少的正式关系。马其顿人，他们也一直关注着希腊人的境况。

那时，斯巴达和雅典刚结束了争夺希腊半岛控制权的战争，马其顿正好由一位名为菲利普的才智超群的能人统治着。他一方面非常欣赏希腊的文学与艺术，但另一方面对希腊人在政治上的缺乏自治极为不屑。一个优秀的民族把它的人力和物力都浪费在毫无结果的争吵上，这让菲利普非常生气。为了解决这一难题，他出兵希腊，自立为希腊的君主。然后，他便要求新归顺的希腊臣民们跟随他踏上前往波斯的征程，以报复150年前泽克西斯对希腊的入侵。

很不幸的是，菲利浦在开始这次精心准备的远征之前被人谋杀了。为雅典复仇的任务就落到了他的儿子亚历山大身上。亚历山大是伟大的希腊导师、哲学家亚里士多德的得意门生。

公元前334年春天，亚历山大告别了欧洲。7年后，他的大军抵达了印度。一路上，他消灭了希腊商人的老冤家腓尼基人，征服了埃及，并作为法老王的儿子与继承人受到尼罗河流域人们的崇拜。他打败了最后一个波斯国王，颠覆了波斯帝国。他下令重建巴比伦，并率领军队挺进喜马拉雅山脉腹地。现在，整个世界都变成了马其顿的一个省和附属地。然后这个骄傲的征服者放下手中的利剑，宣布一个更加雄伟的计划。

　　热爱希腊的亚历山大宣布，新建立的帝国必须处于希腊精神的沐浴之下。人民不仅要学习希腊的语言，他们居住的城市还必须仿照希腊的样式建造。现在，亚历山大的士兵脱去甲胄，放下刀剑，变成了学校的教师。从前的兵营成为了传播希腊文明的和平中心，对希腊的风俗习惯和生活方式的学习热情不断高涨。直到公元前 323 年，亚历山大突然得了热病，在汉谟拉比国王修筑的旧巴比伦王宫中与世长辞。

　　于是高涨退去，身后留下了一片希腊文明的肥沃土壤。英年早逝的亚历山大，凭着孩子气的雄心与愚蠢的自负，完成了一项极有价值的贡献。他的帝国在他死后并没有延续多久，一批野心勃勃的将军便瓜分了国土。可他们仍旧忠实于亚历山大的梦想——建立一个融合希腊文明和亚洲思想与知识的伟大世界。

　　他们一直保持着独立，直到罗马人发动远征，把整个西亚和埃及纳入自己的版图。于是，亚历山大留下的这份奇特的古希腊精神遗产（一部分希腊的、一部分波斯的、一部分埃及的和一部分巴比伦的）落到了罗马征服者的手中。在接下来的几个世纪里，它一直牢牢地植根于罗马世界中，直到现在我们还能感受到它深远的影响。

第二十一章

回顾与概述

第一章到第二十章的简短概述

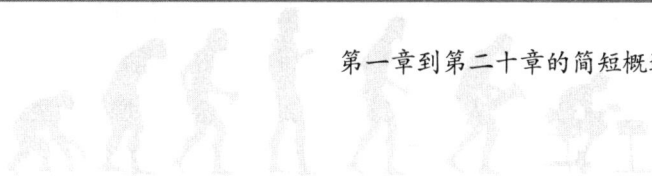

至此，我们一直在高塔之上，朝着古老的东方眺望。从现在开始，埃及和美索不达米亚的历史变得不那么有趣了，而我必须带你去探访一下西方的景致。

在我们踏上这一旅程之前，让我们驻足片刻，整理整理我们之前看到过的东西。

首先，我向你们讲述了史前人类——一种习性简单、行动有限的生物。我告诉你们，他们是游荡在五大洲的荒野中的许多生物中最缺乏防御能力的一个，但是依靠聪慧的大脑，他们才得以存活下来。

后来，随着冰川时期到来了，还有长达若干个世纪的严寒天气，人类在这个星球上生活变得格外艰难。人类想要存活下来就得比过去更加努力地思考。正是这种"求生的愿望"促使任何一种生物能够挣扎到生命的最后一息。冰川时期的人类的大脑也开始全力工作了。这些吃苦耐劳的史前人类不但从致使许多凶猛野兽都丧命的寒冷气候中活了下来，而且当地球再次变得温暖舒适的时候，这些史前人类还学到了许多东西，这恰恰是史前人类比他们那些不大使用头脑的邻居更为高明的地方。灭亡的危险（在人类居住在地球上前50万年间，这是一个非常重要的问题）也变成了一件非常遥远的事。

我们已经知道这些最早期的祖先是如何缓慢前行的，直到有一天，突然（原因我们并不清楚）生活在尼罗河流域的人们冲向前去，几乎就在一夜间，他们创造了第一个文明的中心。

然后，我提到了美索不达米亚，"两河之间的土地"——人类的第二所伟大的学校。我还给大家绘制了一幅爱琴海诸岛的地图，这些小岛就像是一座桥梁。那里居住着希腊人，古老东方的科学和思想就是通过这座不朽的桥梁传播到年轻的西方的。

接下来，我给你们讲了一个名叫希腊人的游牧部落。几千年前，他们离开了亚洲腹地。公元前11世纪，他们来到了满是怪石嶙峋的希腊半岛，从此他们被我们称为希腊人。我又给你们讲述了希腊小城邦的故事。古埃及和亚洲的文明在那里被改造（这是一个意义很广的词，但是你可以"领会"其中的含义）得焕然一新，比以往任何东西都要更为美好和优秀。

如果看着地图的话，你们不难看出，这个时候，文明地区是怎样形成了一个有趣的半圆形状。它从埃及开始，经美索不达米亚和爱琴海诸岛，一直向西延伸至欧洲大陆。在此前4000年的时间里，埃及人、巴比伦人、腓尼基人和许多闪米特部落（请记住，犹太人也只是大量闪米特人中的一支）都曾经高举着照亮世界的熊熊火炬。现在他们把它传递给了印欧族的希腊人。希腊人后来成为另一支印欧部落——罗马人的印欧部落的老师。就在同时，闪米特人已经沿着非洲北部的海岸线向西推进。当地中海东部成为希腊人（或印欧人）的领地时，他们已经是地中海西部的统治者。

很快你就会看到，一场可怕的战争在这两个势不两立的民族之间发生了。从他们的战争中诞生了罗马帝国。它将把埃及、美索不达米亚和希腊文明带到欧洲大陆的各个偏远角落，奠定了我们现代欧洲社会的精神根基。

我知道所有的这些听起来太过复杂，很不可思议，但如果你抓住了少数几条线索，剩下的这部分历史就变得简单多了。地图将使我们明白很多文字难以言传的东西。经过这个短暂的间歇之后，让我们回到故事里，讲述迦太基和罗马之间的那场著名战争。

第二十二章

罗马和迦太基

迦太基是非洲北海岸闪米特种族的殖民地。为了争夺西地中海的统治权和意大利西海岸的印欧城市罗马，发生了激烈的战争。迦太基被消灭了

腓尼基人的贸易小城卡特·哈斯哈特（当时迦太基的名称）坐落在一座小山上，俯视着一片约 144 千米左右宽的平静海面，这片海面将欧洲和非洲分隔开来。那是一个理想的商业中心和贸易中转站，它几乎是完美无缺，它发展得太快，很快就富甲一方。当公元前 6 世纪，巴比伦国王尼布甲尼撒消灭提尔的时候，哈斯哈特就与它的祖国割断了一切联系，成为一个独立的国家——迦太基。从那时开始，它就一直是闪米特种族向西部扩展势力的要塞。

很不幸的是，这座城市继承了腓尼基人几千年来的许多不良习性。迦太基就像一个大商号，由一支强大的海军护卫着。迦太基人是地地道道的商人，除了做生意，毫不关心生活中其他美好的东西。这座城市，附近的乡村，还有许多遥远的殖民地都由少数极有权势的富人集团统治着。在希腊语中，富人是"ploutos"，因此希腊人称这种"富人"的政府为"plutocracy"（富人统治或财阀政府）。迦太基就是这样一个典型的富人统治的国家。整个国家的实权掌握在 12 个大船主、大商人及大矿场主的手里。他们在密室里集会，商讨国家事务，把国家看成一个商业机构，能够给他们带来巨额利润。所以，他们精力充沛，工作勤奋，头脑清醒，以警惕的目光随时注视着周围的事态。

随着时间的流逝，迦太基对邻国的影响力也日渐增强，直到非洲沿岸的大部分地区、法国的部分地区及西班牙全境都成了迦太基的殖民地，他们都向这个阿非利加海上的强大城市进贡、缴税和上缴红利。迦太基也因此富甲一方。

迦太基

罗马城的诞生

当然，这样的一个"财阀政府"只能依赖群众的仁慈才能存在下去。只要能充分就业，丰衣足食，大多数的市民就感到心满意足，认可那些"精英分子"的统治，也不发出什么责难。可是一旦船只不能出海，熔炉里没有矿石，码头工人和装卸工人无事可做，大众中就会怨声四起，要求召开平民会议，就像在过去的时代迦太基还是个自治共和国时所做的那样。

为了不让这种情况发生，财阀政府不得不尽力维持整个城市的高速发展，不能有丝毫的懈怠。他们成功地维持了将近 500 年，直到某一天，从意大利西海岸传来了一些谣言令他们寝食难安。据说，台伯河畔的一个小村子一夜之间强大起来，成为意大利中部所有拉丁部落公认的领导者。流言还说，这个名叫罗马的小村庄正在打造舰船，从事西西里岛和法兰西南部的贸易活动。

迦太基怎么能容忍这样的竞争。必须趁其羽翼未丰，铲除这个新兴的对手，以免失去作为西地中海绝对统治者的地位。经过仔细调查，他们终于搞清楚了罗马的大致的真实情形。

长期以来，意大利西海岸一直是被文明所遗忘的角落。在希腊，所有的优良港口都面朝东方，爱琴海上忙碌的岛屿尽收眼底。与此同时，在意大利的西海岸所看到的景象远不如地中海的凄凉海浪更令人激动。这里非常贫穷，外国的商人们少有造访。当地的老百姓安静寂寞地生活在绵延的丘陵和遍布沼泽的平原之上，似乎与世隔绝。

对这片土地的第一次严重侵犯来自北方，其年代无从考证。一些印欧部落开始从欧洲大陆向南迁移，他们穿过白雪皑皑的阿尔卑斯山脉，向前推进，直到整个意大利到处都是他们的村庄和羊群。对于这些早期的征服者，我们可以说是一无所知。如果没有一个叫荷马的人曾歌唱过他们的辉煌，他们的战功与远征只不过是神话传说，难以令人信服。他们自己对于罗马城建立的记述，则产生于800年之后。当时这座小城已经成长为帝国的中心。罗慕洛斯和勒莫斯跳过了对方的城墙，但到底谁跳过了谁的墙，我实在搞不清楚。它们是有趣的睡前读物，让不肯安睡的孩子们着迷。但说到罗马城建立的真实过程，却是一个平淡无奇的故事。罗马和上千座美国城市一样，刚开始的时候是一个物品交换和马匹交易的好地方，它位于意大利平原的中心，台伯河为它提供了直接的入海通道。一条贯通南北的陆路经过这里，常年四季都能使用，劳顿的旅人正好于此驻足稍憩。沿台伯河岸有7座小山，它们是一道天然的屏障，能够抵御山区和远方海边敌人的入侵。

速度很快的罗马战船

山上住着萨宾人，他们行为粗野，生性好打劫，十分原始落后，所使用的武器仍然是石斧和木盾，根本无法与罗马人手中的铁剑相抗衡。相较而言，居住在滨海地区的人们才是最危险的敌人。他们被称为伊特拉斯坎人，曾经是（现在也是）历史学上的一个未解之谜，无人知道他们何时定居于意大利西部滨海地区，属于哪个种族，以及是什么原因迫使他们离开了原来的家园。在意大利沿岸，我们已经发现他们的城市、墓地和供水系统等遗址，还发现他们的碑文。由于没有人能够破译伊特拉斯坎人的字母表，所以至今，这些文字信息根本派不上什么用场。

最有可能的推测是伊特拉斯坎人起源于小亚细亚，可能是由于战争，也可能是一场瘟疫，他们被迫离开家园，到别处去寻找新的栖居之所。不管出于什么目的，伊特拉斯坎人在历史上都扮演过重要的角色。他们将古老的东方文明传到了西方，他们把建筑术、修建街道、作战、艺术、烹调、医药和天文等最初的基本原理教给了来自北方的罗马人。

但是，正如希腊人不喜欢他们的爱琴海人老师一样，罗马人也同样憎恨他们的伊特拉斯坎师傅。当年，希腊商人发现与意大利通商的巨大商机后就背弃了自己的老师。现在，罗马人在希腊人的第一批船队抵达罗马城时，就和希腊人如出一辙地对待起自己的老师来。希腊人本是来意大利做生意的，后来却居留下来，担任罗马人的老师。希腊人发现，这些居住在罗马乡间（被称为拉丁人）的部族很乐意学习那些有实用价值的东西。这些罗马人很快就认识到文字可以带来极大的好处，于是他们便模仿希腊字母的样子，创造了拉丁文。罗马人还发现，统一制定的货币与度量方式有利于商业发展，于是他们就毫不犹豫地如法炮制，统统吸收了希腊文明。

汉尼拔翻越阿尔卑斯山

他们还欢天喜地地把希腊的诸神也请进

了自己的国度。宙斯被移到罗马，改名为朱庇特。其余的希腊诸神也接踵而至。不过，罗马的诸神可不像希腊神那样神采飞扬、喜笑颜开。他们都是国家的职能人员，每一位神都在努力管理着自己的领地，但是他们也严格要求崇拜者服从命令。罗马人也小心翼翼地听从他们的安排。罗马人和诸神之间从未建立起真诚的私人关系或者美好的友谊，这一点就不像古希腊人，古希腊人和奥林匹斯山上的诸神的关系非常友好。

汉尼拔之死

虽然罗马人与希腊人同属印欧血统，但他们没有模仿希腊人的政治制度。罗马的早期历史和雅典以及其他希腊城市十分相似，他们很轻松地就摆脱了国王的统治。但是，一旦国王被赶出这个城市，罗马人就不得不限制贵族的权力。他们花了好几百年的时间才建立起一种体制，使得罗马的每一个自由市民都有机会参政议政。

从那以后，罗马人比希腊人更有优势。他们不是靠雄辩来处理国家事务，也不像希腊人那么有想象力，他们更欣赏实际的行动。他们十分清楚公众集体议事会浪费宝贵的时间。

于是他们把管理城市的实际工作交给了两位"领事"，再由一个元老院的老年人组成的委员会来进行辅佐。出于惯例和实际利益的考虑，元老院议员选自贵族，但是他们的权力会受到严格的限制。

罗马也经历过富人与穷人之间的较量，这种较量曾迫使雅典采用德拉古和梭伦的法律。这场冲突发生于公元前5世纪，结果自由市民获得了一项立法。通过设立"护民官"来保护每一个公民反对政府官员不公正的行为。护民官是城市的地方长官，由自由民中选出。依照罗马法律，执政官有生杀大权。但是在缺乏有力证据的情况下，护民官可以进行干涉，以挽救那个可怜家伙的性命。

当我说到"罗马"这个词时，我的意思听起来是指仅仅拥有几千座的小城市。实际上，罗马的真正影响力已经扩展到世界各地了，而且早期的罗马帝国展示了它令人惊叹的殖民扩张能力。

很早很早以前，罗马是意大利中部的一座坚固的城市，但它能够为遭受危险和攻击的其他拉丁部落提供避难所。这些拉丁邻居也认识到与这样一个强大的朋友结盟是非常有利的，于是力图与罗马人结为同盟。其他国家，比如埃及、巴比伦、腓尼基甚至希腊，它们都曾坚持要那些非我族类的"野蛮人"签订归顺条约，才肯提供必要的保护。可聪明的罗马人并没有这样做，而是给予"外来者"一个平等的机会，让他们成为"共和国"或"共同体"的一员。

"你们如果想加入我们的国家，"他们说，"那就来吧，我们会像对待一个真正的罗马市民一样对待你们。作为这种优待的回报，当我们的城市、我们共同的国家遭遇外敌入侵的危险，需要你拔刀相助时，我们希望共同而战！"

这些"外来者"当然很感激罗马人的慷慨，于是便以无比坚定的忠心来表达他们的感激之情。每当古希腊的某座城市遭受攻击的时刻，所有外国居民总是迅速地逃之夭夭。他们认为凭什么要冒着生命危险去保卫对自己不存在丝毫意义的临时住所呢？相反，一旦敌人兵临罗马城下，所有的拉丁人都会奋力保护，因为这是他们共同的母亲正处在危险之中。尽管他们住在千米之外，在其有生之年从来没有见过神圣的议会厅，但他们仍视其为自己真正的"家园"。

失败和灾难都不能动摇他们对罗马城的深厚情感。公元前4世纪初，野蛮的高卢人气势汹汹地闯进意大利。他们在阿里亚河附近把罗马军队击败了，浩浩荡荡地向罗马进军，最终占领了这座城市。他们原以为罗马人会主动求和，可是他们等了又等，丝毫没有动静。不久，高卢人突然发现自己陷入了莫名的包围之中，使他们根本无法得到粮草的给养。在苦苦支撑7个月后，由于饥饿难忍，他们被迫狼狈地撤退了。罗马人以平等之心对待"外来者"的政策被证明是极为成功的，也最终造就了它空前绝后的强盛。

从关于罗马历史的简要描述可以看出，罗马人对于建立一个健全国家的理想与迦太基式的古代社会理想政体之间有着多么巨大的差别。罗马人依赖的是

"平等公民"之间的和谐真诚，而迦太基人仿效埃及和西亚的旧有模式，要求其属民无条件地服从他们。如果这种要求达不到时，他们便会雇佣专职的士兵发动战争。

现在你们应该明白了，为什么迦太基会害怕这个精明强大的敌人，为什么他们情愿找一些微不足道的借口来挑起争端，将这个危险的对手扼杀在摇篮之中。

工于心计的迦太基人深知贸然行事往往会适得其反。他们向罗马人提出建议，在地图上划好自己的"势力范围"，并承诺互不侵犯对方的利益。很快，这个协议就达成了，但又很快被撕毁了。土地富饶的西西里岛当时由一个腐败无能的政府统治，两个国家同时参加了对西西里岛的争夺。

随之而来的战争持续了24年，这就是历史上著名的罗马与迦太基的第一次战争。先是海上的短兵相接。初看起来，富有经验的迦太基海军将毫不费力地摧毁新建的罗马舰队。依照沿用古老的海战法，迦太基战船不是猛撞敌人的船只，就是从敌舰的侧面发动猛攻，折断对方的船桨，接着用密如疾雨的弓箭和火球射死船上的士兵。但是，罗马的工匠发明了一种携带吊桥的战舰，能够让精于肉搏的罗马士兵顺着吊桥冲上对方的船只，迅速地杀死迦太基弓箭手。这样，不断获得胜利的迦太基终于被击败了。在米拉战役中，迦太基舰队遭到重创。迦太基人被迫求和，西西里岛成了罗马帝国的领地。

23年后，争端又起。罗马为寻找铜矿占据了撒丁岛。迦太基为寻找银矿占领了西班牙的整个南部地区。就这样，两大强权的国家突然变成了邻居。可是，罗马人一点儿也不喜欢与迦太基人为邻，他们派军队翻过比利牛斯山，监督着迦太基军队的一举一动。

战争的舞台已经布置就绪，两国之间的第二次战争即将点燃。希腊的殖民地再度成为战争的导火索。迦太基人围攻了西班牙东海岸的萨贡特，于是萨贡特人向罗马求援。跟往常一样，罗马人愿意出手相救。元老院承诺派遣军队。不过组织远征军花费了一段时间，在此期间，萨贡特陷落，遭到毁灭性的打击，整个城市被迦太基人焚毁。这是对罗马意愿的直接挑衅。元老院决定派出一支罗马军队越过阿非利加海，并在迦太基本土附近登陆。第二支军队则负责牵制占据西班牙的迦太基部队，防止他们赶回援助家园。这是个绝妙的计划，人人都盼望着大获全胜。但是，人算不如天算。

那是公元前218年的秋天，为了攻击西班牙的迦太基军队，罗马军团启程离开了意大利。当人们正急切期盼着他们凯旋的消息时，一个可怕的谣言很快就在整个波河平原传播开来。粗野的山地人恐惧得连嘴唇都在发抖，说有成百上千的棕色人带着一种奇怪的野兽，"每一个都有房子那么大"，突然从比利牛斯山的云端出现。他们现身的地方是在格瑞安山隘，几千年前赫尔克里斯曾赶着他的格尔扬公牛途经此地，从西班牙前往希腊。不久，源源不断、衣衫褴褛的难民涌到了罗马城前。从他们口中得知了更多、更具体的细节。哈米尔卡的伟大儿子汉尼拔带领5万步兵、9000骑兵及37头威风凛凛的战象，已经越过了比利牛斯山。他在罗纳河畔击败了西皮奥将军率领的罗马军队，并带领他的军队成功地穿越了阿尔卑斯山。尽管是十月的天气，道路上满是积雪和冰，非常泥泞，他仍然领着军队安全穿过阿尔卑斯山的各个隘口，并与高卢军队会师，击败了正要渡过特拉比河的第二支罗马军队，然后把罗马与阿尔卑斯山相连的北方重镇普拉森西亚围困起来。

元老院感到十分震惊，但却像平时一样平静，毫不露声色，依旧精力充沛地工作着。他们隐瞒罗马军队接连失败的消息，重新派遣了两支军队去阻截侵略者。在特拉西美诺湖边的狭窄小路上，精于用兵的汉尼拔偷袭了军队，杀死了所有的罗马军官和大部分士兵。这一回，罗马人民感到了恐慌，但是元老院还在强作镇定。他们又组织了第三支军队，任命昆图斯·费边·马克希姆斯为总指挥，并授予他最大的权力，一切都视为"拯救国家的需要"。

费边清楚汉尼拔是一个非常危险的对手，自己必须十分小心。他手下的新兵，都未经训练，毫无经验，这已经是罗马能够征召的最后一批兵员了，根本不是汉尼拔手下老兵们的对手。因此，费边尽量避免正面交锋，却一直跟着汉尼拔，他凭借对地形的熟悉，烧掉一切粮食，摧毁道路和桥梁，还袭击迦太基人的小分队，运用一种令他们苦恼不堪的游击战术，来不断削弱汉尼拔军队的锐气。

这样的战术当然不能安慰饱受惊恐折磨的罗马人民。他们躲在罗马的城墙内，整日提心吊胆，希望军队行动起来，并且要尽快采取行动。在这片一浪高过一浪的"行动"呼声中，一个名叫瓦罗的民众领袖，也就是那个在罗马城四处发表激昂的演说、宣称自己比那位慢慢吞吞的费边要出色得多的人赢得了大众的青睐。在众人的拥护之下，瓦罗成为了罗马军队的新指挥官。公元前216年，在康奈战役中，瓦罗指挥的军队遭到了罗马有史以来最为惨重的失败，7万多将士全部被消灭，汉尼拔征服了意大利。

现在汉尼拔可以长驱直入了，他踏遍了整个意大利半岛，宣称自己是"罗马人的救世主"，并号召人民加入他反抗罗马的战争中。此时，罗马的明智政策再次结出了可贵的果实。除了卡普亚和锡拉库扎外，所有的罗马城市都忠诚依旧，汉尼拔处处遭到人民的反对与抵抗。他劳师远征、苦战于敌国，给养和兵员的补充难以为继，汉尼拔非常清楚自己的处境很危险，于是派信使回迦太基，要求补充给养和增加兵力。但遗憾的是，迦太基什么也没有给他。

罗马凭借着他们的登船吊桥，成为海上的霸主。奋起自救的汉尼拔不断击败了与之对抗的罗马军队，但自己的兵力正在急剧减少，意大利的农民对这位自封为"救世主"的人都敬而远之。

就这样，经过多年的不断胜利之后，汉尼拔发觉自己反倒被征服的国家所围困了。有段时间，局势似乎有所扭转。他的兄弟哈士多路巴在西班牙击败了罗马军队，并准备越过阿尔卑斯山前来增援汉尼拔。他派信使南下，告之汉尼拔他到来的消息，让汉尼拔派一支军队在台伯河平原上接应。不幸的是，这个信使落到了罗马人手里，而汉尼拔还在傻呵呵地等着好消息。直到有一天，他兄弟的头颅被装在一只篮子里，滚落到汉尼拔的营帐前，他才明白增援自己的迦太基军队全军覆没了。

歼灭哈士多路巴后，年轻的帕布里乌斯·西庇阿轻易地夺回了西班牙。4年之后，罗马人已经准备对迦太基发动最后的攻击。汉尼拔被紧急召回。他渡过阿非利加海回到故乡，并试图在故乡进行防御。公元前202年，在扎马战役中，迦太基军队以失败告终，汉尼拔逃到提尔，再转到小亚细亚，煽动叙利亚人和马其顿人联合起来对抗罗马人，但收效甚微，却给罗马人制造了一个将战火引向东方的机会，吞并了爱琴海世界的大部分地区。

汉尼拔成了无家可归的流浪者，被迫从一座城市流亡到另一座城市。他终于明白，自己雄伟的梦想就要破灭了。他热爱的祖国迦太基也被战争摧毁，被迫签订了和平条约。他的舰队也沉入海底。没有罗马人的同意，迦太基不能再参与任何战事；它还被罚向罗马支付数额惊人的战争赔款，在看不到尽头的未来岁月里一年年偿还。生命已经失去了希望，公元前190年，汉尼拔服毒自尽了。

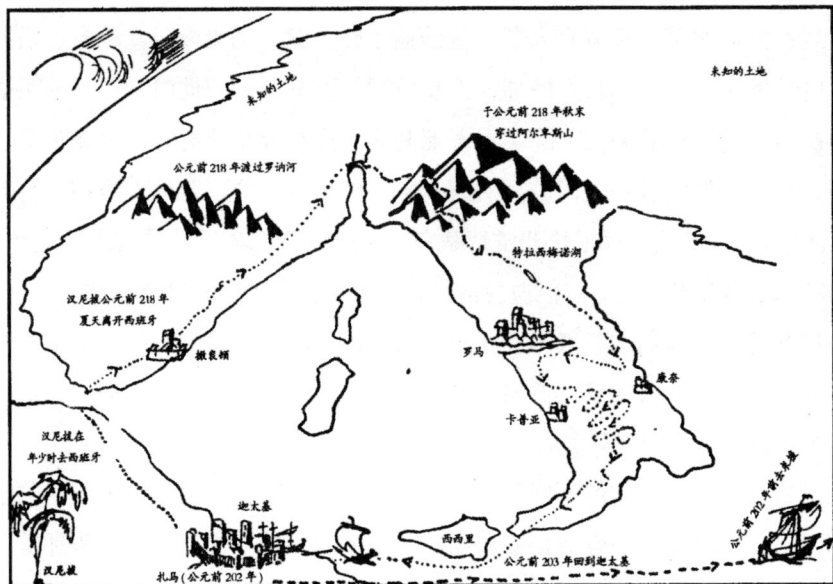

汉尼拔与迦太基军队的足迹

40年后，罗马人又挑起了和迦太基之间的最后一场战争。在漫长而艰苦的3年里，这块古代腓尼基殖民地的人民顽强地抵抗着新兴的共和国。最终，他们因饥饿被迫投降。在围困中幸存下来的少量男人和妇女被卖为奴隶，整个城市被焚烧。仓库、宫殿、大型军械库笼罩在冲天的火焰中，大火整整烧了两个星期。罗马军团返回意大利，庆祝他们胜利。

随着迦太基的覆灭，接下来的1000年里，地中海始终是欧洲的一个海。罗马帝国刚刚灭亡，亚洲人立即再次试图占领这个诱人的内陆之海。

第二十三章

罗马帝国的兴起

罗马帝国是如何产生的

罗马帝国的产生纯属意外。没有人刻意安排，它自己就"产生"了。并没有著名的将军、政客或土匪站出来说："朋友们，罗马的市民们，我们必须建立一个帝国！大家跟着我，我们一起征服从赫尔克里斯之门到托罗斯山的所有土地！"

罗马是怎样崛起的

诚然，罗马有很多战功卓著的将军和许多杰出的政治家，罗马的军队在世界也曾经所向披靡，但罗马帝国的产生并不是事先计划好的。普通罗马人都是脚踏实地的，他们不喜欢空头理论。如果有人慷慨激昂地陈辞："罗马帝国应该向东扩展……"人们就会立刻离开广场，回到自己的实际事务中去。罗马人之所以攫取越来越多的土地，那也是形势所迫。它的扩张并不是出于野心或贪婪。罗马人天生愿意作安分守己的农民，愿意待在家里。不过一旦受到攻击，他们就会奋起自卫。如果敌人越过大海到一个遥远的地方寻求帮助，那么任劳任怨的罗马人便会跨越几千米艰苦乏味的路程，去打败危险的敌人。当这些都完成之后，他们就会留下来管理新征服的土地，以免它落入野蛮部族之手，构成对罗马安全的新威胁。这些听起来挺复杂的，可对现代人来说却是非常简单的道理。等会儿你们就会明白了。

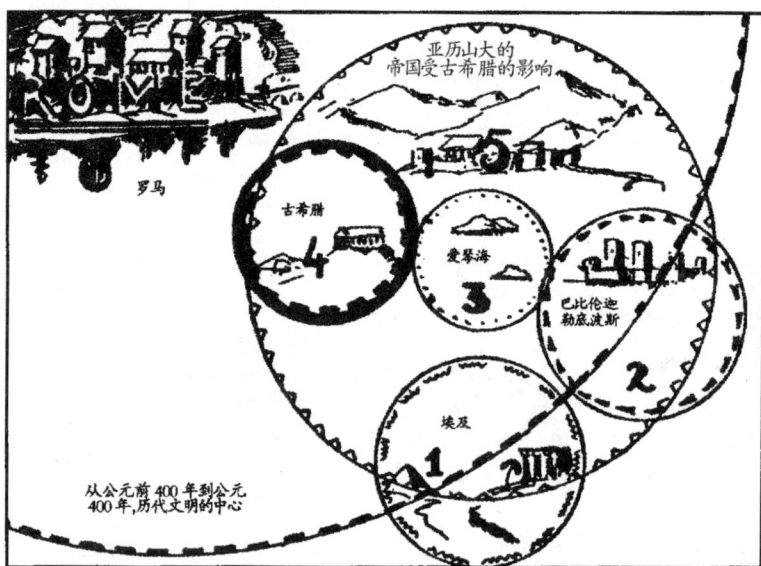

文明西进

公元前203年，西庇阿率军渡过阿非利加海，将战火带到了非洲。迦太基紧急召回汉尼拔。由于没有得到士兵的支持，汉尼拔在扎马附近被击败。罗马人要求他投降，但汉尼拔逃跑了，去亚洲的叙利亚和马其顿寻求支援。这些是我在上一章中告诉过你们了。

这两个国家（两者都是亚历山大的帝国的残余部分）当时正策划远征埃及，企图瓜分富饶的尼罗河谷。埃及国王听到风声，急忙向罗马人请求增援。看样子，一出非常有趣的历史戏剧即将上演。可是，一贯缺乏想象力的罗马人在大戏还未开演前就已经拉下了帷幕。罗马军团一举摧毁了马其顿人沿用的希腊重装步兵方阵。这场战役发生在公元前 197 年，地点在色萨利中部的辛诺塞法利平原，也称"狗头山"。

然后，罗马人向半岛南部的阿提卡进军，并告诫希腊人，要把他们"从马其顿的奴役中下解救出来"。在半奴隶时代里什么也没有学会的希腊人，他们竟然用最不幸的方式来挥霍他们刚刚获得的自由。所有的希腊城邦再度陷入无休止的相互争吵中，就像在很久以前一样。可是，罗马人并不喜欢这个民族内部的愚蠢争论，但是对此表现出极大的耐心。最终，无休止地纷争使罗马人忍无可忍，于是他们攻入希腊，焚毁柯林斯城，还派遣一名总督去管理希腊这个混乱的城市。这样，马其顿和希腊变成了保卫罗马东部边疆的缓冲地带。

同时，越过赫勒斯蓬特海峡就是叙利亚王国，安蒂阿卡斯三世统治着的广袤土地。当其尊贵的客人，汉尼拔将军向他解释入侵意大利、攻克罗马城将是一件轻而易举的事情时，安蒂阿卡斯三世不禁热血沸腾。

入侵非洲的卢修斯·西庇阿，在扎马打败汉尼拔和他的迦太基军队。这次，他的弟弟被派往小亚细亚。公元前 190 年，他在马格尼西亚附近摧毁了叙利亚军队。不久后，安蒂阿卡斯被他的人民处以绞刑，小亚细亚随之成为罗马的势力范围。

这个小小的罗马共和国最终成为了地中海的主人。

第二十四章

罗马帝国的故事

经过几百年的动荡与革命，罗马共和国终于变成了一个帝国

取得诸多胜利的罗马军队胜利凯旋，罗马人举行盛大的游行和狂欢。然而，这种突如其来的荣耀，并未让人民的生活变得更加幸福。相反，无尽的战争使农民疲于应付国家的兵役，大量的农田荒芜，毁掉了他们的正常生活。那些归来的将领，掌握了太大的权力。他们以战争之名，进行大肆掠夺。

恺撒西征

古老的罗马共和国崇尚简朴，可新的共和国却追求奢侈浮华，他们为先辈们那不体面的衣着和崇高的道德感到羞耻。罗马变成了一个由富人统治、为富

人谋利益的富人国家。这样的国家注定要走向灾难性的结局。我现在就将告诉你们这一点。

在不到150年的时间里，罗马事实上成为了地中海沿岸所有土地的主人。在古代，作为一名战俘，他不但失去自由，而且被卖为奴隶。罗马人将战争视为一件非常严肃的事情，对被征服的敌人毫无怜悯之心。迦太基陷落后，当地的妇女和儿童与他们的奴隶一起被卖为奴隶。那些敢于反抗罗马统治的希腊人、马其顿人、西班牙人和叙利亚人，等待他们的是同样的命运。

在2000年前，一个奴隶简直是机器上的某个零件。正如现代的富人投资工厂一样，而古罗马的富人们（元老、将军和发战争财的商人）则把自己的财富投在土地和奴隶身上。土地是他们从新征服的国家通过购买或直接攫取的。奴隶是他们在自由市场上买到的最便宜的东西。公元前3世纪和公元前2世纪的大部分时间里，奴隶的供应极大。因此，庄园主们可以像牛马一样尽情驱使他们的奴隶，直到他们精疲力竭累倒死去，然后主人就近购入新到的柯林斯或迦太基的战俘。

现在，再让我们来看一看普通罗马市民的命运吧！

他尽心尽力地为罗马而战，毫无怨言，因为这是他们的义务。可经过10年、15年或20年的漫长兵役后，他回到家里，发现早已家破人亡、田园荒芜。这些人相当坚强，愿意重新开始生活。于是他拔去杂草、翻耕土地、播种、劳作，耐心地等待收获。终于盼到了收获季节，他兴冲冲地将谷物、牲畜、家禽拿到市场去卖的时候，才发现利用奴隶干活的地主们的农产品的价格比他预想的低好多。他不得不贱价出售，如此苦苦撑了几年，他终于绝望了，只好离开家乡来到城市。可在城市，他依然挨饿。不过，至少有几千名命运同样悲惨的人们，分担他的痛苦。他们聚居在大城市郊区的贫民窟里，糟糕的卫生条件使他们很容易感染疾病。他们常常被可怕的瘟疫夺去生命。他们感到十分不满，怨气冲天。他们曾经为祖国而战，可祖国竟如此回报他们！他们总是很愿意倾听演说家们的煽动言辞。这些野心家别有用心地把这群饿鹰似的人们聚集在自己身旁，很快他们对国家的安全构成严重的威胁。

新兴的富人阶级看到这种情形却不以为然。"我们拥有军队和警察，"富

罗马大帝国

人们说道，"他们会维护好社会秩序的。"随后，他们便躲进自己高墙环绕的舒适别墅，摆弄自己的花草，阅读上几行希腊奴隶翻译成的悦耳的拉丁文的《荷马史诗》。

然而，在一些家庭中，为国家献身的传统依旧保持着。科内莉亚是阿非利加将军西皮奥的女儿，她嫁给一位名为格拉古的罗马贵族。她生下两个儿子，提比略和盖约斯。他们长大后都进入了政坛，并努力实施了几项紧迫的改革。据调查，意大利半岛的大部分土地都掌握在2000多个贵族的手里。提比略·格拉古当选为保民官后，试图帮助处于困境的自由民。为此，他恢复了两项古代法律，把富人的土地数量限制在一定的范围之内。他希望通过此项改革，恢复具有独立性的自由阶层。可他的行动遭到了富人们的仇恨，暴发户们称他为"强盗"和"国家的敌人"。他们策动街头暴乱，一群市井无赖被雇佣来谋杀这位深得民心的保民官。一天，当提比略步入公民会议的会场时，暴徒们一拥而上去攻击他，将他活活打死。10年之后，他的兄弟盖约斯再度尝试对国家进行改革，以抵制势力强大的特权阶层的过分要求。他通过了一部《贫民法案》，以帮助那些破产的农民。可事与愿违，这部法律后来却使得大部分罗马公民变成了乞丐。

盖约斯在帝国的边远地区为贫民建立起一些聚居地，可这些聚居地没能吸引到它们想收容的那类人。后来，盖约斯·格拉古也被暗杀了。他的追随者不是被杀，就是被流放。这两位最初的改革者属于贵族绅士，可随后的两位却是另一类人——职业军人，其中一位叫马略，另一位叫苏拉。他们都有大批的支持者。

苏拉是地主们的领袖。马略作为一场伟大战役的胜利者，在阿尔卑斯山脚下歼灭了条顿人和辛布里人，他是被剥夺财产的自由民们的英雄。

　　在公元前88年，从亚洲传来一些谣言，让元老院非常吃惊。据说黑海沿岸的某个国家，国王名为米特拉达特斯，母亲是个希腊人，有可能建立起第二个亚历山大帝国。于是米特拉达特斯就决定开始为征服全世界做准备——他先是杀光了小亚细亚一带的所有罗马公民，连妇孺都不放过。这样的行为对罗马当然意味着战争。元老院装备了一支军队，准备向这个国家进军，以惩罚他的罪行。谁最适合做统帅呢？元老院说："当然由苏拉担任，因为他是执政官。"而民众却说："我们拥护马略，他应该担任军队总指挥。因为他不仅做过五次执政官，而且维护我们的利益。"

　　财富决定着法律。苏拉事实上控制了军队。他率军东征，讨伐米特拉达特斯，马略被迫逃到非洲，静待反击的时机。当他听说苏拉渡海进军亚洲时，才趁机返回意大利，纠集了一批不满现状的乌合之众，气势汹汹地向罗马进军。马略率领着这帮人轻而易举地进入罗马城，整整五天五夜，一一清洗他在元老院的政治对手。最终，马略自立为执政官，但是好景不长，两个星期后，他因过度兴奋而猝死。

　　接下来的4年里，罗马一直处于混乱状态。此时，苏拉击败了米特拉达特斯后宣布，他将返回罗马复仇。他言出必行，他下令士兵把那些赞成民主的同胞统统杀死。一天，他们抓住一个常常陪同马略出入的年轻人，正准备杀死他的时候，有人出面阻止："饶了他吧！这孩子太小了。"于是士兵放过了他。这位逃过一劫的年轻人名叫裘利斯·恺撒，我们会在下面讲到他。

　　至于苏拉，他成了"独裁官"，意思就是罗马帝国唯一而至高的统治者。他统治了罗马4年，最后安详地死去。在他生命最后的岁月里，像许多一辈子屠杀自己同胞的罗马人一样，安闲适意，把大部分的时间花在了浇花种菜上。

　　不过罗马的政治形势并未好转，相反局势急转直下。苏拉的密友庞培将军再度领军东征，讨伐不断给帝国制造麻烦的米特拉达特斯国王。庞培将这位暴君赶进了深山，四面包围起来。绝望的米特拉达特斯深知，作为罗马人的俘虏等待他的命运将是什么，于是他服毒自杀了。庞培继续攻城掠地。他打败叙利亚，并在那里重建罗马的统治；他摧毁了耶路撒冷，横扫西亚，试图恢复亚历山大大帝的神话。最后，在公元前62年，他返回罗马，随行的12艘舰船上满载着被他俘虏的国王、王子和将军，他们被迫与凯旋队伍一起进城。这位受人拥护的罗马将军从别的国家掠夺了将近 4000 万美元的财富。

罗马政府必须由一个铁腕人物来治理。仅仅在几个月前，罗马城险些落入一个名叫卡梯林的年轻贵族手中。他因赌博输光了家产，希望掠夺点儿东西来弥补自己的损失。一个颇具公共意识的律师西塞罗察觉了卡梯林的阴谋，并及时告知元老院，卡梯林被迫逃亡。可危机依然存在，还有同样野心勃勃的年轻人，随时准备着向政府发难。

于是庞培组织了一个"三人同盟"来处理政府事务。他本人则担任这个三人同盟的领袖。裘利斯·恺撒因为在做西班牙总督期间获得了良好声望，所以坐上了三人同盟的第二把交椅，排在第三位的是无足轻重的角色克拉苏，他的当选完全是因为他极有财富。这家伙大发战争财，没过多久他便征伐安息人，并战死沙场。

恺撒是三人中最有能力的一个。他认为他还需要加强自己的地位，使自己成为大众心目中的英雄，于是恺撒出发去征服世界。他越过阿尔卑斯山，征服了现在属于法国的一部分领土。然后，他在莱茵河上架设了一座坚实的木桥，占领了条顿人的土地。最后，他乘船渡海来到英格兰。如果不是因为国内局势使他返回意大利，谁知道恺撒的战斗什么时候会结束？

在征途中，恺撒获悉庞培被任命为"终身独裁官"，这意味着自己的名字只能被列入"退休军官"的行列，这令雄心勃勃的恺撒十分不满。他无法忘记追随马略的岁月，于是他决定要给元老院和他们的"终身独裁官"一个教训。他率军渡过分隔阿尔卑斯高卢行省和意大利的鲁比康河，向罗马挺进。所到之处，大家都热情地称他为"人民的朋友"。恺撒不费吹灰之力就攻入了罗马，庞培只好仓皇逃往希腊。恺撒率军一路追击，在法尔萨拉附近击败庞培的残部。庞培渡过地中海逃往埃及。他一登陆就被年轻的埃及国王托勒密命人暗杀了。几天之后，恺撒也抵达埃及，随即发现自己中了埋伏。埃及人和忠于庞培的罗马军队联合起来进攻他的营地。

不过恺撒是幸运的。他成功地焚毁了埃及舰队。船只燃烧的火星落在著名的亚历山大图书馆的屋顶上，把它完全烧毁。随后，恺撒回过头来进攻埃及陆军，将惊惶溃逃的士兵赶进尼罗河，托勒密本人也溺水身亡。恺撒在埃及建立了一个新政府，让已故国王的姐姐克娄巴特拉为新的政府首脑。正在这时，米特拉达特斯的儿子兼继承人法那西斯正率军杀来，为自杀的父亲复仇。恺撒立刻挥师北上，疯狂厮杀五天后打败了法那西斯。在给元老院的捷报中，他为世人留下了一句名言，"Veni，vidi，vici"，意思是"我来了，我看见了，我胜利了！"然后恺撒返回埃及，并疯狂地坠入情网，拜倒在女王克娄巴特拉的石榴裙下。公元前46年，恺撒携克娄巴特拉一起返回罗马执政。在其辉煌的一生中，恺撒赢得了四次重大战争，同时也举行了四次大规模的凯旋仪式，每次他都威风八面地走在游行队伍的最前列。

恺撒回到元老院，向元老们描述他波澜壮阔的历险事业。于是感恩不尽的元老们任命他为"独裁官"，为期10年。恺撒回到元老院不久就被了结了性命。

这位新任的独裁官开始施行了许多有力的措施，来改革罗马的国家政体。他让自由民有机会成为元老院的成员。他恢复罗马古制，给边远区域的人民以公民权，允许"外国人"给政府提出建议。他对那些被部分贵族家族看作是自己私有财产的边远省份进行了改革。总之，恺撒做了许多照顾大多数人利益的事情，但国内最有权势的人对他却深恶痛绝。50个年轻贵族联合策划了一个"拯救国家"的阴谋。他们在古罗马历3月15日那天，恺撒在进入元老院的时候被刺杀。就这样，罗马再一次失去了领袖。曾经有两个人试图延续恺撒的光荣传统。一个是安东尼，恺撒的前秘书；另一个是屋大维，恺撒的外甥兼财产继承人。屋大维留在罗马，而安东尼则前往埃及，投入克娄帕特拉的怀抱，这好像是罗马将军们爱江山更爱美人的习惯使然。

屋大维和安东尼之间为争夺罗马统治权爆发了一场战争。在阿克提翁战役中，屋大维击败安东尼。安东尼自杀，留下克娄帕特拉独自面对强敌。她利用美貌，想使屋大维成为自己征服的第三位罗马将军，但这位高傲的罗马贵族，根本不为所动。克娄帕特拉只好自杀身亡。从此埃及成了罗马的一个省。

屋大维是一位非常聪明的年轻人，他没有再犯他舅舅的错误。他知道，如果言语过分也会引起人们的不安，所以他回到罗马以后显得十分谦逊。他说不想当"独裁官"，只需一个"受尊敬的人"这一称号就心满意足了。不过几年后，当元老院授予他"卓越者"称号时，他也欣然接受了。又过了几年，街上的市民们开始叫他"恺撒"或"皇帝"，习惯视他为将领的士兵们则称他为"首长"

或是"君主"。就这样,共和国不知不觉地变成了帝国,但普通的罗马市民却一点儿也没意识到。

到公元14年,屋大维作为罗马人民的绝对统治者的地位已得到空前的巩固。他至今仍被人们像上帝一样崇拜,他的继承者随之成为真正的"皇帝",即一个空前强大的帝国的绝对统治者。

事实上,市民们对无政府状态和混乱的局势早已厌倦。只要给他们一个平静生活的机会,听不到街头的暴动喧嚣声,他们才不关心由谁来统治他们呢。屋大维给了他的臣民们40年和平的生活,因为他没有继续扩张领土的欲望。公元9年,他曾经对居住在欧洲西北荒野的条顿人发动过战争。结果他的将军瓦禄和所有士兵在条顿堡森林全军覆没。从那以后,罗马人再也不想试图去开化那些野蛮民族了。

他们集中力量进行国内重大问题的改革,但是为时已晚,收效不大。两个世纪的国内革命和对外战争使这个国家丧失了年轻人中的精英分子。战争摧毁了自由民阶层。由于大庄园主大量引进奴隶劳动,所以与之相比,自由民根本没有竞争力。城市住满了逃亡农民、乞丐和暴徒。战争滋生出一个庞大的官僚体系,小官员经常接受贿赂以养家糊口。最可怕的是,战争使人民对暴力和流血视若无睹,甚至对他人的灾难与痛苦也无动于衷。

在公元元年至1世纪间,罗马帝国无疑是一个庞大的政治体系,疆域辽阔,连亚历山大的帝国也不过是它的一个省。不过在其辉煌的外表下,生活着的却是成百上千万穷苦而疲倦的生命,终日劳碌挣扎,像在巨石下孜孜筑巢的蚂蚁。他们卖命地给他人干活,吃的却与田间的牲畜一样,住牛棚马圈一样的房子,最后他们在绝望中死去。

罗马建国第753年的时候,裘利斯·屋大维·奥古斯都正住在帕拉坦山的宫殿里,忙于处理国事。

在遥远的叙利亚的一个偏远的小村庄里,木匠约瑟的妻子马利亚正在悉心照料在马厩中出生的儿子。

这是一个神奇的世界。

此后不久,王宫的主宰和在马厩中诞生的婴儿将要相遇,发生公开的较量。

在马厩中诞生的婴儿将取得最后的胜利。

第二十五章

拿撒勒人约书亚

拿撒勒人约书亚的故事，也就是希腊人所称的耶稣的故事

罗马历783年的秋天（即公元62年），一位罗马医生埃斯库拉庇俄司·卡尔蒂拉斯写信给正在叙利亚当兵的外甥，信的全文如下：

亲爱的外甥：

几天前，我被请去为一个名叫保罗的人看病。他是犹太裔的罗马人，看上去教养良好，彬彬有礼。我听说他是因为一桩诉讼案来到这里的，一件在我们恺撒利亚或东地中海东部某处的上诉案件。人们曾向我形容说，这位保罗是个"野蛮暴徒"，曾经四处发表反对人民、违反法律的演说。可当亲眼看见他的时候，我才发觉此人才智出众，诚实守信。

我过去在小亚细亚服兵役的时候有一位朋友，他告诉我说，他曾经听说过保罗在那里传教，讲的是一位从没有听说过的神。我问我的病人他是否号召过人民起来反抗我们所敬爱的皇帝陛下的意志？保罗回答说，他所讲的天国并不属于这个世界。另外，他还讲了许多无法理解的奇怪言论。我想，这很可能是发烧的缘故吧。

可无论如何，他的人格给我留下了极深的印象。听到几天前他在奥斯提亚的路上被人杀害的消息，我心里十分难过，所以我写了这封信给你。当你下次经过耶路撒冷的时候，希望你帮我打听一下这位朋友保罗，以及那位做过他老师的神奇先知——犹太人。我们的奴隶们听说了这位所谓的弥赛亚（救世主），一个个都显得非常激动。他们当中还有几个公开谈论这个被钉上十字架处死的

人。我想了解这些传言的真相。

你忠实的舅舅

埃斯库拉庇俄司·卡尔蒂拉斯

六个星期后，他那位担任高卢第七步兵团上尉的外甥回信了。

亲爱的舅舅：

您的来信已经收到，我也按照您的指示去做了。

半个月前，我们的部队被派往耶路撒冷。由于这座城市在上世纪历经沧桑，老城区的建筑已所剩无几。我们到此已近1个月，明天即将前往佩德拉。几个阿拉伯部族在那里制造了些麻烦。今天一晚正好用来给您复信，回答您的问题，可能不会很详尽。

我和这座城市的大多数老人谈过，但是几乎没有人能告诉我确切的信息。几天前，一个商贩来到军营附近。我买了一些橄榄，顺便跟他闲聊起来。我问他是否听说过那位很年轻就被杀害的著名的弥赛亚。他说他记得非常清楚，因为他父亲带他到城外的小山目睹了行刑的场面。他给了我一个地址，让我去找一个叫约瑟夫的人，因为他曾经是弥赛亚的好朋友，并告诉我，想要知道得更多，最好去见见他。

今天上午我去拜访了约瑟夫。他是一位淡水湖边的渔夫，虽然现在老态龙钟，但是思维非常敏捷。从他口中，我终于了解到在我出生

圣地

前那个动荡的年代里，有关那件事的真实情况。

当时我们光荣伟大的皇帝提庇留还在执政，而一位名叫彼拉多的担任犹太与撒马利亚地区总督。约瑟夫对这位彼拉多不太了解，只知道他是一个诚实的人，作为该省的地方官，口碑不错，声誉很好。在罗马历 783 年或 784 年，约瑟夫记不清是哪一年了，彼拉多被派往耶路撒冷处理一场骚乱。据说，有位年轻人（拿撒勒一位木匠的儿子）正在策动反对罗马政府的革命。奇怪的是，我们的情报官员向来消息灵通，可对此事却一无所知。待他们调查过整个事件后，报告说这位年轻木匠的儿子是位奉公守法的良民，没有理由逮捕他。据约瑟夫说，犹太教顽固的领袖们，对这一结果非常不满意，他们非常不喜欢这个人受到希伯来劳苦大众如此的拥戴。于是他们向彼拉多揭发说，这个"拿撒勒人"公开宣称，一个试图过体面生活的人，无论希腊人、罗马人，还是非利士人，和一个终其一生研究摩西律法的犹太人一样，都是善良的人。起初，彼拉多对这些争议不甚在意，但圣殿周围的群众威胁说要绞死耶稣及其信徒时，他决定将其拘留起来以避免被疯狂者所杀害。

彼拉多似乎并没有理解这场争议的真正实质。当他要求犹太祭司们解释他们对这位木匠的儿子为什么不满时，祭司们便高叫着"异端！""叛徒！"情绪相当激动。最后，约瑟夫告诉我说，彼拉多派人把约书亚（约书亚是拿撒勒人的名字，不过生活在这一地区的希腊人都把他叫作耶稣）带到面前，亲自审问。他们谈了好几个小时，彼拉多问及那些所谓的"危险的学说"，就是约书亚在加利利海边布道时曾经宣讲过的。可耶稣只是平静地回答说，他根本就没有谈起过政治。比起人的身体来，他对人的灵魂更感兴趣。他希望所有的人都把邻居当成是自己的兄弟，敬爱唯一的神，因为他是所有生命的父亲。

彼拉多对斯多葛学派和其他希腊哲学家的思想非常熟悉，不过他似乎没有在耶稣的言论中发现什么具有煽动性的东西。据约瑟夫讲，彼拉多再次作出努力，以挽救这位仁慈先知的性命。他一直拖延着不给他定罪。此时，群情激奋的犹太人在祭司们的煽动下，变得歇斯底里，怒不可遏。之前，在耶路撒冷也曾发生过多次骚乱，但只要通过少数的罗马士兵就可以平息。罗马政府已经收到举报，说彼拉多已成为拿撒勒人异端的牺牲品。全城四处都发生了请愿活动，要求诏回彼拉多，撤销他的总督职位，因为他已经变成皇帝的仇敌。您知道，我国是严禁总督与外国人发生冲突的。为了避免国家陷入内战，彼拉多最终不得不放弃拯救他的犯人的打算。约书亚以令人钦敬的态度接受了这种结局，并宽恕了所有那些憎恨他的人们。就这样，在耶路撒冷群众的狂叫与嘲笑声中，他被钉死在十字架上。

约瑟夫泪流满面地告诉我这个故事。离开时，我递给他一个金币，但他拒绝接受，还请求我把金币送给比他更贫穷、更需要帮助的人。我也向他询问到了有关您朋友保罗的事情，不过他知道的不多。保罗好像是一个做帐篷的，后来他放弃了自己的生意，为的是能一心宣讲他那位仁爱而又宽容的上帝。这位上帝与犹太祭司们一直以来向我们描述的耶和华截然不同。后来，保罗来往于小亚细亚和希腊之间，告诉奴隶们，他们都是同一位仁慈天父的孩子，不论富有或贫穷，凡是实实在在生活的人，凡是为那些遭难和悲惨的人做善事的人，都能进入天国得到幸福。

我了解的情况就这么多，希望我的回答能让您满意。如果牵涉到帝国的安全的话，我倒看不出这整个故事有任何危险的地方。可是您要知道，我们罗马人是不可能真正理解生活在这一地区的人民的。我很遗憾他们杀死了您的朋友保罗，我真希望现在就在家里，永远待在家里。

永远孝顺您的外甥

格拉迪斯·恩萨

第二十六章

罗马的衰亡

罗马帝国已经是日薄西山

古代历史教科书把公元 476 年作为罗马帝国灭亡之年，因为在那一年，罗马的最后一位皇帝被赶下了宝座。不过正如罗马的建立并非一朝一夕的事情，它的灭亡也经历了很长的时间，以至绝大多数罗马人根本没有觉察到他们热爱的国家是怎样走向灭亡的。他们抱怨时局的动荡，食物价格飞涨和劳动者收入的降低。他们诅咒奸商们囤积居奇的行为。这些人垄断了谷物、羊毛和金币，只管自己牟取暴利。有时他们也起来反抗极其贪婪的政府统治。在公元元年到公元 400 年间，大多数的罗马人依旧过着正常日子。他们照常吃喝（视钱囊的鼓瘪，尽量购买），他们照常爱恨（根据他们各自的本性），他们光顾剧院（当有免费的角斗士搏击表演时）。当然，像所有时代一样，也有人饿死在大城市的贫民窟里。生活在继续，而人们并不知道他们的帝国已注定要走向灭亡。

他们如何意识得到迫在眉睫的危险呢？罗马帝国表面上看起来依旧辉煌繁荣。宽阔畅通的道

罗马

路连接各省，警察们尽忠职守，对坏人毫不姑息。重兵防守的边防线足以抵御欧洲其他地区的野蛮民族的入侵。全世界都在向强大的罗马进贡纳税，许多有能力的人正在日夜工作，以消除以前的弊端，希望重现共和国早期的幸福岁月。

不过正如我在前面一章讲过的，导致罗马帝国没落的根本原因没有消除，因此任何改革都不能挽救其注定灭亡的命运。

从根本上说，罗马自始至终都是一个城邦，与古希腊的雅典和科林斯并没有多大区别。它曾经统治过意大利半岛，但是罗马不可能统治整个世界，即使能也不可能长久。年轻人大多数死于常年的征战，农民也因为兵役和赋税而破产，不是沦为职业乞丐，就是受雇于富有的庄园主，以劳动换取食宿，成为依附于富人们的"农奴"。他们既不是奴隶，也不是自由民，他们像树木和牲畜一样，成为这片土地的一部分。

帝国的利益高于一切，国家就是一切，普通公民则什么也不是。至于悲惨的奴隶，他们听信了保罗的布道，接受了谦卑的拿撒勒木匠所散布的福音。他们并不反抗自己的主人，相反他们被教导得十分温柔顺从，服从主人的命令。他们也因此失去了对这个悲惨世界的所有兴趣。他们情愿去战斗，这样可以进入美好的天国。但是他们不愿为罗马帝国打仗，因为这些战争只不过是国王和皇帝为了名誉荣耀而和安息人、努米底亚人和苏格兰人所进行的无谓的斗争。

随着岁月的流逝，情形变得越来越糟。最初几位罗马皇帝还肯保持"领袖"传统，授权部族的头人管住各自的属民。可2世纪和3世纪的罗马皇帝却是些职业军人，变成了地地道道的"兵营皇帝"，其生存全系于他们的保镖，即所谓禁卫军的忠诚。皇位的轮换如走马灯，你方唱罢我登台。篡位者靠着谋杀劈开通向帝王宝座的道路。随后，篡位者又迅速地被谋杀，因为另一个野心家掌握了足够财富，能贿赂禁卫军发动新一轮的政变。

同时，野蛮民族正攻击北方边境的大门。由于罗马已经没有本国的士兵来阻止侵略，所以只好雇佣外国军队。外国士兵发现其敌人正好与自己是同一血统，所以他们在战斗中很容易产生对敌人的怜悯之情。最后，皇帝决定采取一种新措施，允许一些野蛮部族在帝国境内定居，这样一来，其他部族也纷纷接踵而至。不过他们很快就怨气冲天，抱怨贪婪的罗马税吏夺走他们仅有的一切。当他们呼声未能得到重视，他们便向罗马进军，要求政府倾听他们的呼声。

这样的事情使得作为帝国首都的罗马变得十分不安。君士坦丁大帝（323年—337年在位）准备另选一个新首都。他选择了位于欧亚商业门户的拜占庭，将其重新命名为君士坦丁堡，把皇宫迁到这里。君士坦丁死后，为了更有效率地实施管理，他的两个儿子便将罗马帝国一分为二。哥哥住在罗马，统治帝国的西部；弟弟留在君士坦丁堡，成为东部的主人。

罗马的城市被蛮族入侵之后

4世纪，可怕的匈奴骑兵来犯。这些神秘的亚洲骑兵在欧洲北部整整进行了两个世纪的血腥屠杀，直到451年，在法兰西的马恩河畔被彻底击败。匈奴人曾进军到多瑙河附近，对当地的哥特人构成了极大的威胁。为了生存，哥特人不得不攻入罗马。瓦伦斯皇帝试图抵御哥特人，在378年战死于亚特里亚堡。22年后，这群西哥特人在国王阿拉里克的率领下，西进罗马。他们没有大肆劫掠，只破坏了一些宫殿。接下来的是汪达尔人，他们无视罗马城悠久的历史，纵火抢劫，造成极大的破坏。再接下来是勃艮弟人然后是东哥特人、阿勒曼尼人、法兰克人等没完没了的侵略。罗马最终变成了任何野心家都唾手可得的猎物，只要纠集几个追随者，就能够掌控罗马的命运。

402年，西罗马皇帝逃往设防坚固的海港城市拉韦纳。475年，日耳曼雇佣军的指挥官奥多亚克企图瓜分意大利的土地，他把西部罗马的最后一个皇帝罗幕洛·奥古斯都洛斯赶下了台，宣布自己是罗马的最高统治者。东部的罗马皇帝自顾不暇，只得承认这一事实。鄂多萨统治西罗马帝国长达 10 年之久。

几年后，东哥特国王西奥多里克率部侵入这个刚刚建立的王国，攻克拉维纳，将奥多亚克杀死在他的餐桌边。西奥多里克在西罗马帝国的废墟上建立起一个哥特王国。这个国家也没有维持多久。到 6 世纪，一支由伦巴德人、撒克逊人、斯拉夫人和阿瓦人组成的乌合之众侵入意大利，摧毁哥特王国，并建立起一个新的国家，定都帕维亚。

连绵的战火，使帝国的首都陷入了混乱和绝望的境地。古老的宫殿频频遭到掠夺，战火烧毁了学校，老师们被活活饿死。富人们被赶出自己的别墅，如今那里住着的是浑身毛发、散发恶臭的野蛮人。道路和古老的桥梁全都被捣毁了，商业也一片萧条。世界的文明——历经埃及人、巴比伦人、希腊人和罗马人数千年的辛苦工作所创造的成果，几乎要在西方的大陆上永远地消失了。

不过，远东的君士坦丁堡作为帝国的中心还延续了将近 1000 年，但是几乎不能算作是欧洲大陆的一部分。它感兴趣的地方在东方，并已经忘记了自己是源于西方的。渐渐地，希腊语取代了罗马语，罗马字母表也被废弃，罗马法律用希腊文重写，并由希腊法官加以解释。东罗马皇帝成为亚洲式的专制君主，其情形像 3000 年前尼罗河谷的底比斯国王一样。当拜占庭教会的传教士想要寻找新的活动领地时，把拜占庭文明带进俄罗斯的广阔荒野。

至于西方，就留给野蛮人控制了。在几百年的时间里，谋杀、战争、纵火和劫掠成为社会的原则。只有一个新生事物，能把欧洲人从彻底的毁灭中拯救出来，把他们从穴居的野蛮时代引向文明时代。

这个新生事物就是教会。就是在千百年来承认是拿撒勒木匠耶稣的追随者的那一群谦卑男女。这位卑微的拿撒勒木匠之所以被钉在十字架上，是因罗马帝国为避免一场骚乱而造成的。

第二十七章
教会的崛起

罗马如何成为基督教世界的中心

在罗马帝国中的普通知识分子，他们对先辈们敬拜的神并没有多大兴趣。他们在一年中难得进几次庙，不是出于信仰，而是出于对习俗的尊重而已。当人们用庄严的游行庆祝某个重大的宗教节日的时候，他们只是耐心而宽容地冷眼旁观。在他们眼里，罗马人对朱庇特（众神之王）、密涅瓦（智慧女神）和尼普顿（海神）的崇拜是极其幼稚的，这属于共和国初创时期简陋的遗留物。对于一个精研斯多葛学派、伊壁鸠鲁学派和其他伟大雅典哲学家的著作的人来说，他就会认为那些神根本不适合去研究。

这种态度使得罗马人变得非常宽容。政府规定，所有人民，无论罗马人、侨居罗马的外国人以及接受罗马统治的希腊人、巴比伦人和犹太人等，他们都应该对庙中的皇帝像表示形式上的敬意。这仅仅是一种形式，没有任何更深的意义。一般来讲，任何一个人都可以敬仰、崇拜和热爱自己喜欢的任何一个神。这种宗教宽容的结果就是，罗马到处都是奇怪的庙宇和犹太会堂，供奉着埃及、亚洲和非洲的各路神灵。

当第一批基督耶稣的信徒们到达罗马，开始传播他们的新教义时，没人站出来反对，街上的行人被深深地吸引了，不禁停下来聆听这些传教士新鲜的言辞。罗马，这个"世界之都"，总会有四处周游的传教士，他们个个都在传播自己的"神秘之道"。大多数自封的传教士过于感性，以至于向追随他们的教徒承诺有绝对的好处和无穷的快乐。很快，街上的人群注意到所谓的基督教徒，却在宣传一种不同的理论。他们看上去无意追求财富和贵族的地位，反而颂扬贫穷、谦卑和恭顺的美德。事实上，罗马之所以成为世界强国，凭借的刚好不是这些品德。那些生活在盛世的人们听到这种教义感到很有意思，因为教义告诉罗马的人民，世俗的成功并不能给他们永久的幸福。

此外，基督教的传教士还讲到了，谁要是不听从真神的话，等待他们的命运将悲惨无比，甚至你想碰碰运气都不行。当然，罗马的旧神依然存在，但是他们是否有足够的威力来保护他们的老朋友，对抗刚刚从遥远亚洲传到欧洲的新神呢？心存疑虑的人们认真地聆听传道士对新教义的进一步解说，希望进一步弄清这些教义的条条款款。又过了不久，他们发现这些宣扬耶稣精神的男女传教士和罗马的僧侣有着本质的区别。他们身无分文，对奴隶和动物友爱有加；他们从不见钱眼开，反倒倾其所有来帮助穷人和病人。他们无私的生活榜样触动了许多罗马人，使他们放弃了原有的信仰，转而加入基督教的小团体。他们在私人住宅的密室或露天的野外聚会，而不再去教堂了。

修道院

一年年过去，基督徒的人数在不断增加。他们推选神父或长老（Presbyters，希腊语意为"老年人"）来保护小社团的利益。主教则担任一个省中所有社团的首脑。继保罗之后来罗马传教的彼得成为了第一位罗马主教。后来，他的后继者们开始被称为"教皇"了。

教会逐渐成长为罗马帝国内一个颇具影响的机构。基督教的教义不但对陷入绝望的人富有感染力，而且对那些有能力但是没有办法在政府中谋职的人也同样具有吸引力。因为如果他们对拿撒勒毕恭毕敬的话，总会有施展才能的机会。终于，帝国政府不得不加以注意，重视基督教的存在了。正如我前面讲过的，罗马帝国对此漠不关心，表现得相当宽容，原则上允许所有臣民以自己喜欢的方式寻求拯救灵魂的途径，但政府强调，各派宗教应该和平共处，遵循"我生存，也让别人生存"的原则。

基督教社团却拒绝任何形式的宽容与妥协。他们公开宣称：他们的上帝，唯独他们的上帝才是真正的主宰，所有其他的神不过是冒名顶替的骗子。这种说法对其他宗教显然是不公平的，因此帝国警察不得不出面禁止这种言行，但是基督徒们却冥顽不化。

不久，更大的冲突产生了。基督徒拒绝在形式上对皇帝表示敬意，他们还拒绝服帝国的兵役。罗马的官员威胁要惩罚他们，但是这些基督教徒却回答说，我们生存的这个悲惨世界只不过是通往极乐天堂的前站，我们宁愿为信仰献身。罗马人对这样的言行大感不解，偶尔也处死一些违法者，但大部分时候都是听之任之。在教会的早期，确实有过一定数量的人被处死，但这都是暴民们的行为。他们对自己温顺的基督徒邻居胡乱指控，污蔑他们犯下了屠杀、背叛国家等罪行。这对他们本身并没有什么害处，因此基督教徒并没有反击。

与此同时，罗马依然受到野蛮民族的侵略。当罗马军队溃不成军时，基督传教士却挺身上前，向野蛮的条顿人宣讲他们的和平福音。这些传教士意志坚强，视死如归。他们讲到拒不悔改的人在地狱的悲惨情形，这让条顿人不由自主地受到深深的触动。他们的话令不悔改的罪人开始担心自己的未来。这给条顿人留下深刻的印象，但是他们对古罗马的智慧仍有很深的敬意。他们想，这些人既然来自罗马，那他们讲的大有可能是真的。这样，在条顿人和法兰克人聚居的蛮族区域，基督传教很快形成一股强大的力量。六个传教士抵得上整整一个罗马军团的士兵。罗马皇帝开始意识到，基督教完全可以被利用起来。于是在某些省里，基督徒与信仰古老宗教的人们一样，享有同等的权利，但是在4世纪后半期，还是发生了重大的变化。

当时的皇帝是君士坦丁，也有人称他为君士坦丁大帝（天知道人们为什么这样称呼）。他是一个可怕的恶棍，不过在那个严酷的战争年代，一个仁慈温顺的皇帝是无法生存下去的。在其漫长坎坷的生涯里，君士坦丁经历了数不清的沉浮变幻。有一次他差点儿被敌人击败时，他想试试这个被传得神乎其神的亚洲新神，看看他到底有多大威力，于是他发誓，如果在即将来临的战役中获胜，他就信仰基督。神奇的是，他居然胜利了。从此，君士坦丁信服了基督教上帝的全能，并接受了基督徒的洗礼。

从那时开始，基督教得到罗马官方的正式承认，大大加强了这个新宗教的地位。

但是，基督徒在罗马的全部人口中只是一小部分，不足6%。为赢得最终胜利，使所有群众信仰基督，他们不得不拒绝一切妥协。各种旧神必须被摧毁，主宰世界的只能是基督教唯一的上帝。在一小段时间里，热爱希腊文化的朱利安皇帝努力拯救非基督教的神灵，使它们免于被损毁，但朱利安在波斯的一场战争中受伤身亡。他的继任者朱维安皇帝重新建立起基督教的绝对权威，古老的异教神庙的大门一个接一个地被关闭了。查士丁尼皇帝继位后，他下令在君士坦丁堡修建著名的圣索菲亚大教堂，把柏拉图创建的雅典学院彻底关闭。

哥特人来了

那个可以自由地思想、随时拥有自己梦想的古希腊时代终于结束了。

当以往的真理法则被野蛮和无知的洪水横扫之后，闪烁其词的哲学家就像一架不合格的罗盘，根本不能指引人们的生活。人们需要一些更积极而明确的东西，而这些正是教会可以提供的。

在那个动荡不安的年代里，只有教会像岩石般坚强屹立，坚守住真理的阵地，从不放弃过自己认为神圣、正确的原则。这种坚定的勇气不仅赢得了群众的爱慕，也同时使罗马教在罗马帝国的衰亡中幸免于难。

不过，基督教获得最后的胜利也存在一些侥幸的因素。5世纪，西奥多里克建立的罗马——哥特王国灭亡之后，意大利受到的外来侵略就少了很多。继任哥特人统治意大利的伦巴德人、撒克逊人和斯拉夫人，他们属于实力较弱的落后部落。在这种形势下，罗马的主教们才得以维持自己城市的独立。很快，分散在意大利半岛的帝国残余只好承认罗马大公（即罗马主教）为他们政治和精神的领袖。

历史的舞台已经为一位强人的出场做好了准备。这个人就是格利高里，在590年出现在人们的视野当中。格利高里出生于古罗马的贵族统治阶级，曾做过古罗马城的市长。之后，他做了僧侣和主教。最后，他很不情愿地（因为他本想做一名传教士，到蛮荒的英格兰向异教徒传播基督的福音）被拉到圣彼得大教堂，被任命为教皇。他统治了14年，到他去世的时候，整个西欧的基督教世界已正式承认罗马的主教，即教皇为整个基督教会的领袖。

然而，罗马教皇的势力并没有朝东方扩展。在君士坦丁堡，东罗马帝国依然遵循古老的习俗，将奥古斯都和提庇留的继任者（东罗马皇帝）视为政府的最高统治者和国教的高级牧师。1453年，东罗马帝国被土耳其征服，君士坦丁堡失陷。最后一位皇帝君士坦丁·帕莱奥洛格在圣索菲亚大教堂的台阶上被刺死。

几年前，帕莱奥洛格的兄长托马斯的女儿左伊公主嫁给俄罗斯的伊凡三世。这样，莫斯科大公便顺理成章地成为了君士坦丁堡的继承人。因此，古老的拜占庭双鹰标志（东西罗马时代的纪念物）成了现代俄罗斯的国徽。曾经仅仅是俄罗斯首席贵族的大公摇身变为沙皇。他摆出罗马皇帝一样的崇高与威严，让人敬畏。在他面前，所有的臣民，不论地位高低，都是无足轻重的奴隶。

　　沙皇的宫殿按照东罗马帝国的风格而建，这是东罗马皇帝从亚洲和埃及引入的，建成以后他们就自吹是亚历山大大帝王宫的重现。垂死的拜占庭帝国流传给这个毫无准备的世界一份奇特遗产，以蓬勃的生命力在俄罗斯广袤无边的大草原上继续存在了6个多世纪。最后一位头戴双鹰皇冠的是沙皇尼古拉二世，不久前才被杀害的。据说他被谋杀之后，尸体被扔进了水井，他的子女也全部被杀光。他享有的古老特权也被废除，教会在俄罗斯的地位又回到了君士坦丁大帝之前的罗马时代。

第二十八章

穆罕默德

赶骆驼的阿哈默德成为阿拉伯沙漠的先知，为了给唯一的真主安拉争取更大的荣耀，他的追随者几乎征服了整个世界

　　在迦太基和汉尼拔的时代之后，我们就再未提及伟大的闪米特种族。如果你记性不错，你应该还能想起他们充斥着古代世界故事中的每个章节。巴比伦人、亚述人、腓尼基人、犹太人、阿拉米尔人和迦勒底人，他们都属于闪米特种族人，他们曾经统治西亚三四十个世纪。后来，他们被来自东方的印欧种族的波斯人和来自西方的印欧种族的希腊人所征服。亚历山大大帝死后100年，腓尼基人的非洲殖民地迦太基城和罗马共和国为了争夺地中海统治权而展开了一场战争。迦太基战败灭亡，罗马统治世界800年之久。7世纪的时候，又一支闪米特部族赫然出现在人们的视线之中，挑战西方世界的权威。他们就是阿拉伯人，游牧在阿拉伯沙漠的天性温和的牧羊人部落。他们从未流露出任何帝国野心的迹象。

　　后来，他们追随了穆罕默

穆罕默德的逃亡

德，骑上远征的战马。在不到 100 年的时间里，阿拉伯骑兵已经推进到欧洲中部，向浑身颤抖、惊惶失措的法兰西农民宣扬"唯一的真主安拉"的荣耀和"真主的先知"穆罕默德。

阿哈默德是阿卜杜拉和阿米娜的儿子，世人皆称他为"穆罕默德"，意思是"将被赞扬的人"。他的生平事迹听起来就像《一千零一夜》里的某个章节。穆罕默德生于麦加，原来是赶骆驼的。他似乎是个癫痫病患者，每逢发病便会昏迷不醒。昏迷期间，他做了奇特的梦，听见大天使迦伯列的声音。后来，这些话被记载到圣书《古兰经》里。作为骆队的首领，穆罕默德走遍了阿拉伯各地，经常与犹太商人和基督徒生意人交往。通过和他们的接触，穆罕默德意识到崇拜唯一的上帝是件极好的事情。当时他的人民阿拉伯人还如其几千年前的祖辈一样，敬拜奇怪的石头和树干。在他们的圣城麦加，至今保存着一座方形建筑，那就是"天房"，里面都是拜神用的神像和奇怪的零碎的东西。

穆罕默德决心成为阿拉伯人的摩西。他不能同时既是赶骆驼的，又是先知。于是他和自己的雇主、有钱的寡妇查迪亚结了婚，使自己获得了经济上的独立。之后，他开始向邻居们布道，说自己就是人们一直期待的先知，是真主安拉派来拯救世界的。听了他的话，邻居们不仅不理会，反而放声大笑。穆罕默德非常执著，继续向邻居们讲道，终于让他们非常讨厌，决意要杀死他。穆罕默德得到这一消息后，同他最信任的学生阿布·贝克尔一起，连夜逃往麦地那。这些事情发生在 622 年。它后来成为伊斯兰教历史上最重要的一个日子，被称为大逃亡之年，即穆斯林纪元——纪念穆罕默德出走麦地那。

在故乡，大家都知道穆罕默德是一个赶骆驼者。在麦地那，没有人认识他，因此他发现在这里更容易宣扬自己是先知。不久之后，他的身边便聚集起越来越多的追随者，即"穆斯林"，意为"顺从神旨"的信徒。"顺从神旨"正是穆罕默德赞美的最高品德。他给麦地那人民传教 7 年，积聚了足够的力量，相信自己能够和以前那些敢于嘲笑他本人和他的神圣使命的邻居抗争了。他率领一支由麦地那人组成的军队穿越沙漠。他的追随者轻而易举就拿下麦加，并杀死了许多当地居民。这样一来，要让其他人相信穆罕默德真的是一位伟大先知，就不是什么困难的事了。从那以后，一直到穆罕默德去世，他做任何事情都非常顺利。

伊斯兰教的成功有两个原因。首先，穆罕默德教导信徒的教义非常简单明了。信徒们被告知，他们必须热爱世界的统治者、仁慈而怜悯的神安拉；他们必须敬奉父母，顺从父母的安排；他们还被告诫与邻居交往时要诚实，要温顺谦卑，对穷人和病人乐善好施；最后，禁止酗酒，在吃用方面要十分节俭；就是这些。伊斯兰教里没有像基督教的"看护羊群的牧人"，即需要大家出钱供养的教士和主教们。穆斯林的教堂——清真寺，只是石头造的大厅，里面不设桌椅板凳，信徒们可以在此聚集（如果他们自己愿意），阅读和讨论圣书《古兰经》里的内容。不过对一般的穆斯林来说，他们的信仰与生俱来，从不觉得伊斯兰教的规矩和制度对他们是一种约束。每天5次，他们面朝圣城麦加的方向，念诵简单的祈祷词。剩下的时间里，他们把世界交给安拉去管理，以极大的耐心和顺从接受命运带给他们的一切。

这样一种对待生活的态度，当然不会鼓励信徒们去发明电子机械、修筑铁路或开发新的轮船航线，但是它给每个穆斯林相当程度的满足感。它使人们心平气和地对待自身、对待自己生活的这个世界，这是一件很好的事情。

伊斯兰教成功的第二个原因在于那些为真正的信仰而战的穆斯林士兵。先知穆罕默德曾经许诺，那些勇敢面对敌人，死于战场的穆斯林，将会直接升入天堂。这使得人们愿意突然死去，也不愿在这个可悲的世界上过着漫长而乏味的生活。这种信念使穆斯林与十字军对垒时，有了很大的心理优势。那些十字军害怕黑暗的地狱，因此尽可能抓住今生的美好事物，留恋现世的享受。这一点也能解释，为什么到了今天，穆斯林士兵依然可以奋不顾身冲入欧洲人的枪林弹雨，毫不在意等待他们的命运。正因为这样，他们一直是危险而顽强的敌人。

将他的宗教门户清理好之后，穆罕默德开始享受作为众多阿拉伯部落无可争议的领袖的权力。但是，有许多伟大人物是生于忧患，而死于安乐的。为赢得富人阶层的好感，穆罕默德颁布了一些吸引富人的规定。比如他允许信徒娶四个妻子。在那个时代，新娘都是直接从她父母手中购买的。娶一房妻子已经是一项花费不菲的投资，娶四个妻子当然是纯粹的奢侈。除非是那些拥有数不清的骆驼和椰枣园的大富之家，普通贪财之人也享受不了这种奢侈。伊斯兰教本是为生活在广袤沙漠的劳苦牧人而创立的，可它渐渐地变成了满足城镇集市中自大的商人的宗教了。这一远离其初衷的转变令人遗憾，而且对于伊斯兰教的事业也不会有什么好处。至于先知本人，他继续宣讲安拉的真理，颁布新的行为标准，直到632年6月7日，穆罕默德因热病突然辞世。

穆罕默德的继任者叫哈里发，意为"穆斯林的领袖"。首先继任的是他的岳父阿布·贝克尔，他曾与穆罕默德出生入死，分担过这位先知早年的危险。两年后，阿布·贝克尔死去，由奥玛尔继位。在不到10年的时间里，他率军相继征服了埃及、波斯、腓尼基、叙利亚和巴勒斯坦，并把大马士革作为第一个伊斯兰教帝国的首都。

奥玛尔的继承者是穆罕默德的女儿法蒂玛的丈夫阿里。在一场有关伊斯兰教义的争吵中，阿里被谋杀。他死之后，权力变成了世袭制度，而原先的宗教领袖们摇身成为一个庞大帝国的统治者。他们在幼发拉底河岸，靠近巴比伦城的废墟处修建了一座新城，并将其命名为巴格达。他们将阿拉伯牧民组织成威力无比的骑兵团，向异教世界传播穆罕默德的福音。700年，穆斯林将军泰里克穿越赫尔克里斯门来到欧洲。泰里克将此地命名为直布尔，意思是泰里克之山或直布罗陀。

11年以后，在边界的泽克勒斯战役中，泰里克击败了西哥特国王。然后，穆斯林骑兵沿汉尼拔进军罗马的路线继续北上，穿越比利牛斯山口。阿奎塔尼亚大公试图在波尔多附近阻止穆斯林军队的进攻，但最终也失败了。穆斯林骑兵继续向北挺进，接下来的目标就是要进军巴黎了，但是在732年，就是穆罕默德死后的100年，在图尔和普瓦捷之间发生了一场欧亚大会战，穆斯林军队被击败。那天，法兰克首领查理·马特（绰号"铁锤查理"）拯救了欧洲，使基督教世界免遭穆斯林的征服。他把穆斯林人赶出了法兰西，但他们却留在了西班牙。阿布德·艾尔·拉赫曼在那里建立了科尔多瓦王国，成为欧洲中世纪最大的科学艺术中心。

这个穆斯林王国统治西班牙长达7个世纪，历史上也称摩尔王国，这样称呼他是因为这些人都来自摩洛哥的毛里塔尼亚。直到1492年，穆斯林在欧洲的最后一个据点格拉纳达被占领之后，哥伦布才得到西班牙皇室的资助，得以踏上探索的航程。很快，穆斯林又积聚力量，在亚洲和非洲发动新的征伐，征服了许多土地。到今天，穆斯林教徒几乎与基督教教徒一样多。

第二十九章

查理曼大帝

国王查理曼是法兰克人，他赢得皇冠后试图重温世界帝国的美梦

普瓦捷战役虽然挽救了欧洲被穆斯林侵吞的命运，却始终无法消除失去罗马警察后的混乱局面，对欧洲安全产生了极大的威胁。当然，北欧那些最近皈依基督信仰的民族，对威望崇高的罗马主教仍怀有深深的敬意，但是当可怜的主教大人远眺北方的巍峨群山时，却丝毫没有感觉到任何安全。天知道又有哪支蛮族部落会突然崛起，在一夜之间跨越阿尔卑斯山，对罗马进行新的攻击？因此，这位世界的精神领袖意识到，当务之急就是寻找一位刀剑锋利、拳头结实的军事同盟，在危难时刻愿意保护教皇陛下。

于是，这位神圣、务实的教皇开始处心积虑，到处寻找盟友。很快，教皇将目光投向了一支最

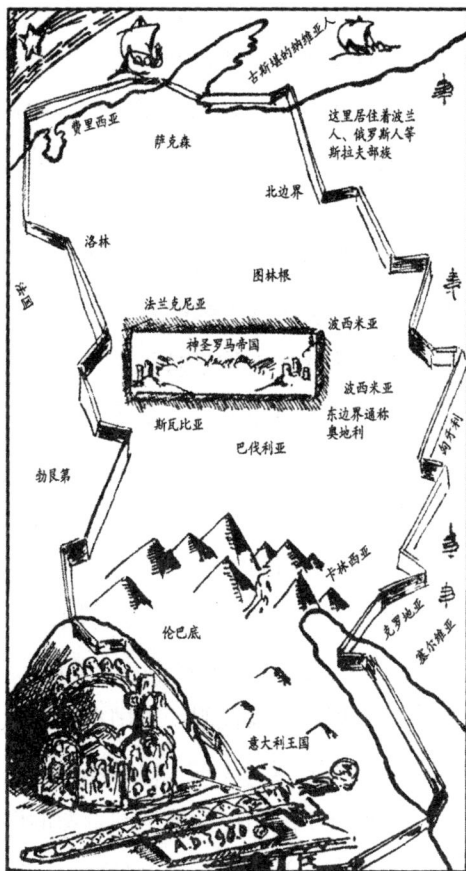

日耳曼民族的神圣罗马帝国

有希望的日耳曼部落。这支部落在罗马帝国覆灭之后便一直占据着欧洲西北部，他们是法兰克人。他们早期的一位国王名叫墨罗维西，曾于 451 年的加泰罗尼亚战役中，帮助罗马人战胜了纵横欧洲的匈奴人。他的后裔建立起的墨罗温王朝，不断蚕食着罗马帝国的领土。直到 486 年，国王克洛维斯（古法语中的"路易"）自觉已经积累了足够的实力，可以公开与罗马抗衡。不过他的子孙都是些懦弱无能之辈，把国家事务全部交给他们的首相，即"宫廷管家"。

矮子丕平是著名的查理·马特之子，继其父之后为首相，对面临的形势觉得一筹莫展。国王是位虔诚的神学家，对政治毫无兴趣。丕平于是向教皇请教。非常务实的教皇回答说："国家的权力应该归于实际拥有它的人。"丕平马上领会了教皇的言下之意，在劝说墨罗温王朝的末代君主蔡尔特里克出家后，在日耳曼其他部落的拥护下自封为法兰克国王。不过，仅仅当国王还不能使精明的丕平感得满足，他还憧憬得到更大的权力和更高的荣耀。为此他精心策划了一个加冕仪式，邀请西北欧的最伟大的传教士博尼费斯主持他的加冕仪式，封他为"上帝恩许的国王"。"上帝恩许"这个字眼加进加冕典礼是一件轻而易举的事情，但是要把它们清除，却花了将近 1500 年的时间。

丕平对教会的这次帮助表示衷心感激。为了保卫教皇，他曾两次远征意大利。他从伦巴德人手中夺取了拉维纳及其他几座城市，将它们奉献给神圣的教皇陛下。教皇把这些城市并入了自己的领地。直到半个世纪之前，它还是一个独立的国家。

尽管当时的法兰克国王经常变换办公地点，但这丝毫无损丕平的继承者与罗马教会日益密切的关系。

最终，教皇和国王终于联手行动，这对欧洲的历史产生了深远的影响。

768 年，查理，通常称为卡罗勒斯·玛格纳斯或查理曼大帝，继承了丕平的王位。查理曼不仅征服了德国东部的撒克逊人，而且在欧洲北部大量兴建城镇和教堂。应阿布·艾尔·拉赫曼的敌人的请求，查理曼侵入西班牙，攻击摩尔人。在比利牛斯山区，他遭到野蛮的巴斯克人的袭击，被迫撤退。在这关键时刻，布列塔尼亚侯爵罗兰挺身而出，展现出一个早期法兰克贵族效忠国王的精神。为了保护国家军队的撤退，罗兰和部下以身殉国。后来，他的英雄事迹在欧洲广为传唱，成为后世的骑士们心中永垂不朽的经典形象。

在 8 世纪的最后 10 年里，查理曼不得不将其全部精力放到解决欧洲南部的激烈纠纷之上。教皇利奥三世被一群罗马暴徒袭击。暴徒们以为他死了，将他的尸体随便扔在大街上。几个好心人救了他，并把他安全送到查理曼大帝的军营。很快，一支法兰克的军队迅速平定了罗马城的骚乱，并将利奥三世送回拉特兰宫——这里从君士坦丁时代开始，便一直是历代教皇的住所。

这些事发生在 799 年的冬天，次年的圣诞节，滞留在罗马的查理曼，在圣彼得大教堂举行了盛大祈祷仪式。当他祈祷完站起来的时候，教皇把一顶事先准备好的皇冠戴在他头上，尊称他为罗马皇帝，并启用了几百年来从未听说过的"奥古斯都"这一称号。

于是，欧洲北部再度被纳入罗马帝国的版图，但是占据这一尊位的人却是一位大字不识的日耳曼首领。不过，他能征善战，没过多久，国内就秩序井然，甚至连他的对手，君士坦丁堡的东罗马皇帝也写信称他为"亲爱的兄弟"，向他示好。

好景不长，精明能干的查理曼大帝于 814 年寿终正寝。他的儿孙立即为争夺最大份额的帝国遗产，相互攻伐，激战连连。依据 843 年的《凡尔登条约》和 870 年在默兹河畔签订的《默尔森条约》，卡罗林王朝的国土先后两次被瓜分，后一条条约把整个法兰克王国一分为二。"勇敢者"查理获得了帝国的西半部分，包括旧罗马时代的高卢省。这个地区的土著居民早已被拉丁化了，尽管法兰西是一个日耳曼民族的国家，用的却是拉丁语。

查理曼的另一个孙子获得了帝国的东半部分，就是罗马人称为"日耳曼尼"的地方。这片蛮荒强悍的土地从来就不属于古罗马帝国。奥古斯都大帝（屋大维）都试图征服这个"远东"地区，不过公元 9 年他的军队在条顿森林全军覆没后，此后他再也不敢越雷池一步。当地居民从未受到高度罗马文明的影响，他们用的语言是通俗的日耳曼语。条顿语里，"人民"（people）被称为"thiot"，因此基督教传教士称日耳曼语为"大众方言"或"条顿人的语言"（linguateutiseea 或者 linguateutisea）。后来把"teutisea"一词改成"deutsch"，这就是"德意志"（Deutschland）这一称呼的来源。

山口

那顶众人觊觎的帝国皇冠则被卡罗林王朝继承者拱手相让，回到了意大利平原。在那里，皇冠成了小权贵的玩物。他们相互争斗，通过屠杀和流血盗得皇冠，戴上它并不需要获得教皇的许可，但很快又被另一个强者抢走。可怜的教皇再度卷入旋涡的中心，被敌人四面包围，被迫向北方发出求救的呼吁，不过这次他没有求助于西法兰克国王，而是求助于阿尔卑斯山后的日耳曼各部落公认的最伟大领导者撒克逊亲王奥托。

奥托和他的日耳曼族人一样，向来对意大利半岛的蔚蓝天空和欢快美丽的人民颇有好感。他获悉后马上率兵救援。为了感激奥托的鼎力相助，教皇利奥三世封他为"皇帝"。从此，查理曼王国的东半部分便成为了"日耳曼民族的神圣罗马帝国"。

这一奇特的政治产物以其顽强的生命力一直存在了 839 年。1801 年，托马斯·杰斐逊就任美国总统那一年，它才被无情地扔进了历史的垃圾堆。把这个古老的日耳曼帝国毁于一旦的野蛮家伙，是法国科西嘉岛上一位循规蹈矩的公证员的儿子，他成了欧洲的统治者，但他还不满足现状。他派人从罗马把教皇请来，为他举行加冕仪式。仪式上，教皇只能尴尬地站在一旁，眼巴巴地看着这个身材矮小的家伙戴上帝国皇冠，并大声宣布他就是查理曼大帝最优秀的继承人。此人就是著名的拿破仑将军。世事沧桑多变，却逃不脱历史的阶段性轮回。

第三十章
北欧人

为什么 10 世纪的人们会祈祷上帝保佑他们不受北欧人的侵略

　　3 世纪和 4 世纪之间，中欧的日耳曼部落常常突破罗马帝国的边疆防御，长驱直入洗劫罗马城，并在这片肥沃的土地上休养生息。8 世纪，报应终于到来，轮到日耳曼人被抢劫了。他们对敌人深恶痛绝，即使强盗是他们的近亲表兄——居住在丹麦、挪威和瑞典的北欧人。

北欧人眺望海峡

　　至于是什么原因让这些勤苦耐劳的水手沦为海盗的，我们目前还不清楚。可是一旦这些北欧人尝到了抢劫的甜头和海盗生活自由自在的乐趣，人们再也无法阻止他们。他们会突然闯入坐落在河口附近的法兰克人或弗里西亚人的小村庄，像从天而降的瘟疫。他们杀死所有男人，掠走所有妇女，然后驾着他们的快船迅速逃窜。当国王的士兵赶到现场时，强盗们早已无影无踪，只剩下了一堆冒着烟的废墟，什么都没有留下。

在查理曼大帝死后的混乱岁月里，北欧海盗活动十分猖獗。他们的船队抢劫了欧洲所有的国家，他们的水手沿荷兰、法兰西、英格兰及德国的海岸，建立起大大小小独立的国家，甚至设法进入意大利。这些北欧人非常聪明，他们很快学会对方的语言，抛弃了早期维京人（也是海盗）个性突出、不讲卫生、残忍的不文明的生活方式。

10世纪初期，一个名叫罗洛的维京人一次又一次袭击法国海岸。当时的法国国王懦弱无能，无法抵御这些来自北方的凶悍强盗。于是，他想贿赂他们使他们"成为良民"。于是把诺曼底省给了他们，条件是要他们保证不再骚扰其他的领土。罗洛同意了这笔交易，变成了"诺曼底大公"。

北欧人的故乡

但是，罗洛的子孙后代的血液中依然含有强烈的征服欲望。在海峡对岸，在距离欧洲大陆不到几小时航程的地方，就是他们能够清楚遥望到的英格兰海岸的白色岩壁和碧绿田野。可怜的英格兰经历了多少不堪回首的艰难岁月，200年来它一直是罗马帝国的殖民地。罗马人走后，它又被来自欧洲北部石勒苏益格的两个日耳曼部族——盎格鲁人和撒克逊人征服。随后，丹麦人占领了英格兰的大部分土地，建立起克努特王国。到 11 世纪，经过长期的抗争，丹麦人终于被赶走，另一个撒克逊人做了国王，即忏悔者爱德华。他身体不好，不但没有活多长时间，而且也没有后裔继承王位。这种状况对野心勃勃的诺曼底大公来说是非常有利的。

公元 1066 年，爱德华去世，继承英格兰王位的是威塞克斯亲王哈洛德。诺曼底大公马上横渡海峡，在黑斯廷战役中击败了哈洛德，自封为英格兰国王。

在另一个章节我讲过，公元 800 年时，一位日耳曼首领摇身一变，成为了伟大的罗马帝国皇帝。现在到了公元 1066 年，一个北欧海盗的子孙又被承认为英格兰的国王。

历史上的事实如此有趣，还能够让人开心，我们又何必去读神话故事呢？

第三十一章

封建社会

三面受敌的中欧变成了一个战场。如果没有那些职业军人和封建管理，欧洲早已不复存在

现在我要讲的是公元 1000 年时的欧洲的情况。当时的大多数欧洲人过着悲惨困顿的生活，商业凋敝，农事荒废，以至于人们相信世界末日即将到来的预言。人们惶恐不安，争先恐后地涌进修道院，为的是在末日审判到来的时候，自己正在虔诚地侍奉着上帝。

不知什么时候，日耳曼部落离开他们在亚洲的故乡，向西迁移来到欧洲。

北欧人来了

凭着人多势众，他们强行闯入罗马帝国，肆意推进，毁灭了庞大的西罗马帝国。东罗马之所以能够幸免，是因为不在大迁徙的范围之内，不过它也没有能力延续罗马古代繁荣的传统。

在接下来的动乱时期（6、7 世纪是欧洲历史上真正的黑暗年代），日耳曼人接受传教士们的耐心教导，皈依了基督教，承认罗马主教为教皇，也就是基督教世界的精神领袖。9 世纪，凭着出色的个人才能，查理曼大帝重振罗马帝国昔日的雄风，把西欧大部分土地统一为一个国家。到 10 世纪，这个苦心经营的帝国不复存在。其西半部分成

为一个单独的王国——法兰西，其东半部分依然是日耳曼民族神圣的罗马帝国，其境内的各国统治者都声称自己是恺撒和奥古斯都的直系后裔。

不幸的是，法兰西国王的权力并没有延伸到皇家居住地的城堡之外，而神圣罗马帝国的皇帝则常常受到强大臣民出于自身利益的公开反对。

西欧的三角地带经常受到三个方向的攻击，这无疑增添人民的痛苦。南面是危险的伊斯兰教徒，他们占领着西班牙；西海岸常常受到北欧海盗的滋扰；毫无防卫能力的东部边境除了喀尔巴阡山脉外，只能听任匈奴人、匈牙利人、斯拉夫人和鞑靼人的蹂躏。

太平盛世的罗马时代已成为遥远的过去，人们只能在梦中重温这一去不返的"美好时光"。如今欧洲面临的局势是"不战即死"。很自然，人们宁愿拿起武器。出于环境的逼迫，公元1000年后的欧洲变成了一个大军营，需要一个强有力的领导者，但是国王和皇帝离得太远，解不了燃眉之急。于是，边疆居民（事实上，公元1000年的大部分欧洲地区都是边疆）只能依靠自己，他们很愿意成为国王的代表，由他派到边陲地区做行政长官，只有他们才有能力保护臣民免遭外敌的侵害。

很快，欧洲中部诞生了许多的小公国，每一个国家根据不同的情形，分别由一位公爵、伯爵、男爵或主教大人进行统治。这些公爵、伯爵、男爵们统统宣誓效忠于"封邑"的国王（封邑为"feudum"，这也是封建制"feudal"一词的由来），采邑作为他们效忠以及向国王纳税的交换条件。不过在那个交通不便、通讯联系不畅的年代，皇帝和国王的权威很难迅速到达他们属地的所有角落，因此这些陛下任命的管理官员们享有很大程度的自主权，而且这些小公国在他们自己的疆界内获得了绝大多数原本属于国王的大部分权力。

如果你以为11世纪的普通老百姓会反对这种管理体制的话，那你就大错特错了。他们支持封建制，因为这在当时是一种非常必须且非常实际的政治制度。他们的主人或领主通常居住在陡峭的岩壁顶端或高大坚固的石头城堡里面，或者四周环有深险的护城河。臣民们都可以看得见，这样能给他们极大的安全感和信心。一旦危险来临，臣民们可以躲进领主城堡的坚固高墙内避难。这就是为什么他们要想办法住得接近城堡的原因，同时也说明了为什么许多欧洲的城市都是围绕着一座封建城堡而发展起来的。

欧洲中世纪早期的骑士并不仅仅是一名职业军人，他们还是那个时代的公务员、法官和警察。他们会缉拿强盗，保护小商贩（他们就是 11 世纪的商人）的利益；他们保护大河的堤坝，以免乡村被水淹没（就像 4000 年前的埃及法老在尼罗河谷的所作所为）；他们赞助走村串户的行吟诗人，让诗人们向目不识丁的居民们朗诵赞美大迁徙时代的战争英雄的史诗。此外，他们还保护着辖区内的教堂与修道院，尽管他们自己不会读书写字（在那个崇武时代，有文化的人会被认为是缺乏男子气概），却雇佣牧师为他们记账，同时也登记发生在领地内的婚丧嫁娶、生老病死等各种他们认为是很重要的事情。

15 世纪，国王们又重新强大起来，足以行使那些"神授"的特权了。这样，封建骑士们丧失了原来的独立王国，沦为普通乡绅阶层，因为他们不再符合时代的需要，并且很快就被时代所抛弃。但是，如果没有"封建制度"，欧洲不可能安然度过那个黑暗年代。当然，如同今天存在许多坏人一样，那时也有许多无耻的骑士。总的来讲，12 世纪和 13 世纪的铁腕男爵大多数是些刻苦耐劳、工作勤奋的行政管理者，为社会的进步作出了巨大贡献。在那个年代，曾经照亮埃及人、希腊人和罗马人世界的文化火炬，它的光芒已异常微弱，差点儿就要熄灭。如果没有骑士及他的好朋友僧侣，欧洲文明就会完全消失，人类就不得不回到择穴而居、茹毛饮血的时代。

第三十二章

骑士制度

欧洲中世纪的职业军人尝试建立某种形式的组织，可以相互扶助。出于这种需要，骑士制度及骑士精神就应运而生了

我们对于骑士制度的起源知道的并不多，但是随着这一制度的不断发展，它正好给当时混乱无序的世界提供了一样迫切需要的东西——一种全新的行为准则。这一准则使那些野蛮的习俗变得文明起来，使生活变得比此前 500 年的黑暗时代好了几百倍。想要教化粗野的边疆居民，并不容易。他们大部分时间在抗击穆斯林、匈奴人或北欧海盗，挣扎在不是你死就是我亡的残酷环境中。作为基督徒，他们常常为自己的堕落行为深感忏悔。他们每天早晨发誓要仁慈，可是一到晚上就会一口气杀光所有的俘虏。不过进步总是会来到的，只不过要进行不懈的努力才行。最终，连最粗鲁的骑士也不得不遵守他们所属"阶层"的准则，否则就会四处碰壁。

这些骑士准则或骑士精神在欧洲的不同地区也不尽相同，但它们无一例外地强调"服务精神"和"尽忠职守"。在中世纪，"服务"被视为非常高贵、非常优美的品德。做仆人并无任何丢脸之处，只要你在工作上勤勤恳恳、毫不懈怠，即使最低级的仆人也会得到人们的尊重。至于忠诚，当然是战士最重要的品德，尤其是在那个动乱的年代。

因此，凡是年轻骑士都必须起誓，他将永远做上帝忠实的仆人，对他的国王也将忠贞不贰。不仅如此，他还允诺向那些比自己更穷苦的人们慷慨解囊。他还保证个人的举止谦逊，绝不骄傲自满。除了敌人之外，他将是所有的受苦大众的朋友。

所有这些誓言，只不过是用中世纪的人们比较容易理解的词汇表达出来的"摩西十诫"，并由此发展出一个关于举止行为的复杂系统。中世纪的骑士努力把亚瑟王的圆桌武士和查理曼大帝的宫廷贵族看作是自己的榜样，并且以此来塑造自己的人生。尽管他们衣衫褴褛、囊中羞涩，但是他们期望自己像兰斯洛特那样勇敢，像罗兰伯爵那样忠诚。他们言语优雅，行为有节，他们是真正的骑士。

这样，骑士阶层就成了一所培养人们优雅举止的学校，而礼貌仪态正好是保持社会机器的润滑剂。骑士精神意味着谦虚有礼，向周围世界展示着如何搭配衣着、如何优雅进餐、如何彬彬有礼地邀请女士共舞以及其他成百上千日常生活的礼节。这些能使生活变得更加有趣、舒适。

像所有的人类制度一样，骑士制度也存在着诞生、发展、衰老和消亡的过程。

在下面的章节里我们将要提到十字军东征。十字军东征带动了商业的复兴。城市一夜之间崛起。城镇居民变得富裕起来，能够雇佣优秀的教师了，没有多久就跟骑士平等了。火药的发明使威武的"武士"失去了往日的优势，雇佣军制度的诞生告别了精致优雅的战斗方式了，骑士再也没有存在的必要。当骑士们献身理想的高尚情操失去其实用价值后，他们本人也沦为某种荒诞可笑的角色。

据说，尊贵的堂·吉诃德先生是世界上最后一位真正的骑士。在他去世之后，他心爱的宝剑和盔甲全被卖掉还债。

不知为什么，他的宝剑似乎还落到过许多人之手。在福奇谷的绝望的日子里，华盛顿将军佩带过它。当戈登将军为了人民而壮烈牺牲的时候，这把宝剑是他唯一的武器。

我无法肯定这一切，但它在刚刚过去的第一次世界大战中显示了无穷的威力。

第三十三章

教皇与皇帝之争

中世纪人们对忠诚有奇特的双重标准，这导致了教皇与罗马帝国的最高统治者之间无穷的争斗

要真正理解以往时代的人们，是一件异常困难的事情。比如你的祖父，他就是一个神秘的人物，虽然你每天都能看见的自己的祖父，但是在思想、衣着和行为态度上，肯定与你不一样。我现在给你讲述的就是 1000 年前你们老祖宗的故事。如果你们不把这一章通读几遍，我想你们是不能真正理解其中的深意的。

中世纪的普通老百姓生活简朴，平淡无奇。即便是一个自由市民，可以随心所欲地来去，也难得离开自己的住所去遥远的地方。没有印刷的书籍，只有一些手抄

城堡

本。在各个地方，总有些勤勉的僧侣在教人读书、写字和计算。至于科学、历史和地理，却埋在古希腊和古罗马的废墟之下。

人们对过去的历史，大都来自于他们日常听闻的故事和传说。虽然这种祖祖辈辈口耳相传的知识在细节上会有些出入，但依然具有很高的可信度。2000多年过去了，印度的母亲们为吓唬淘气的孩子，她们依然会说："再不听话，伊斯坎达尔要来捉你了！"这位伊斯坎达尔不是别人，而是公元前330年率军横扫印度的亚历山大大帝。虽然这么多年过去了，但他的故事依然在流传。

中世纪早期的人们从未读过任何一本有关罗马历史的教科书。今天学前班还没有上完的小孩子都知道的事情，他们却不知道。"罗马帝国"这个词，对你来说可能只是个名称，而在他们眼里却是活生生的现实。他们能够感觉到它的存在，并甘心情愿地承认教皇是他们至高的精神领袖，因为教皇住在罗马城，代表着罗马这个超级大国的意志。当查理曼大帝及后来的奥托大帝复兴了"世界帝国"的梦想，创建起神圣罗马帝国，世界又可以和以前一样了，人们对此非常感激。

亨利四世在卡诺萨

不过，罗马传统有两个不同继承人，这将中世纪虔诚顺服的自由民们置于一个尴尬的境地。支撑中世纪政治制度的理论依据不但明确而且简单，即世俗世界的统治者（皇帝）负责照顾臣民们物质方面的幸福，而精神上的主人（教皇）则看护着他们的灵魂。

然而在实践当中，这一体系简直没有办法推行。皇帝总是想要干涉教会事务，而教皇往往又针锋相对，不断指点皇帝应如何管理好自己的领域。然后，他们开始用很不礼貌的语言相互警告，让对方别多管闲事。这样一来二去，可想而知，结果就是战争的爆发。

在这样的情况下，普通老百姓能怎么办呢？一个好的基督徒是既忠于教皇又服从国王的，可是教皇与皇帝却反目成仇了。那么身兼双重角色的国民，他到底应该站在哪一边呢？

给出正确的答案简直是太困难了。如果皇帝很有能力，又有充足的财源用来组织一支强大的军队，那他便大可以越过阿尔卑斯山向罗马进军，把教皇的宫殿围个密不透风，强迫教皇服从皇帝的指示，否则后果自负。

但是，在大多数情况下，教皇的势力要比皇帝的势力大些。于是，这位敢于违抗教旨的皇帝或国王，连同他的国民，将被一起开除教籍，逐出教会。这意味着要关闭境内所有教堂，没有人再接受洗礼，成人也不能接受忏悔。一句话，中世纪政府的一半职能都无法发挥作用了。

更糟的是，教皇还赦免了人民，并让其对教皇宣誓效忠，鼓励他们起来反抗他们的皇帝。可人们若是真的遵从了教皇陛下的指示，加入了教皇的阵营，一旦被逮着，等待他们的将是绞刑架。这也不是一件可以闹着玩的事情。

确实，这些可怜的人们处境困难，而最悲惨的就是生活在11世纪下半叶的人们。当时德意志皇帝亨利四世和教皇格利高里七世打了两场不分胜负的战争，非但没解决任何问题，反而搅得欧洲50年来不得安宁。

在11世纪中期，教会内部展开了一场激烈的改革运动。当时，教皇的选举方式还很不正规。对神圣罗马帝国的皇帝来说，他当然希望选一位性情温顺的牧师来当教皇。因此每逢选举教皇的时候，皇帝们总是亲临罗马，运用他们的影响力，为自己的朋友牟取私利。

1059年，这种选举方式终于得到了改变。根据教皇尼古拉二世的命令，成立了一个由罗马附近教区的主教及执事所组成的红衣主教团。这个由教会中主要人物组成的教会集团有直接选举未来教皇的绝对权力。

1073年，红衣主教团选出了希尔布兰德为教皇。他出生于托斯卡纳地区的一个极普通人家，号称格利高里七世。他具有超乎常人的野心和旺盛的精力，对自己神圣的公职和无上的权力的信仰，有着花岗岩一般坚定的信念。在他看来，教皇不仅是基督教会的绝对首脑，而且也是世俗事务的最高法官。教皇既然可以将普通的日耳曼王公提升到皇帝的高位，让他们享有从未梦想过的尊严，也有权力让他们滚下来。他可以否决公爵、国王和皇帝等提出的任何法律，要是有谁胆敢质问教皇宣布的某项敕令，那他可得当心了，因为他马上就要受到惩罚。

格利高里派人到欧洲各国传达他的指令，要求各国严格执行。被征服者威廉答应坚决拥护教皇的地位。从小就与人打架斗殴的亨利四世是个天生反叛的家伙，他对此不屑一顾。他还召集了德国所有教区的主教聚在一起开会，指控格利高里犯下的滔天罪行，最后以沃尔姆斯宗教会议的名义废除教皇。

教皇为了报复，开除了亨利四世的教籍，还要求德意志的王公们废除这个不合格的统治者。德意志的王公们早就想除掉亨利，这次他们趁机强烈要求教皇大驾光临奥格斯堡，在他们中间挑选一位新国王。

格利高里离开罗马，前往北方去惩治自己的对手。聪明的亨利意识到自己的处境十分危险。此时此刻，他必须不惜一切代价与教皇讲和。时值严冬，亨利也顾不得天寒路险，翻过阿尔卑斯山，火速赶往教皇半路上休息的卡诺萨城堡。1077年1月25日至28日，整整3天，亨利装作一个极度忏悔的虔诚教徒，身穿破烂的僧侣装（但破衣之下藏着一件暖和的毛衣），恭恭敬敬地守候在城堡的大门前，等待被召见。然后他被恩准进入城堡，并获得了教皇的宽恕。可亨利的忏悔并未持续多久。一回到德意志，他又故态复萌，依旧我行我素。教皇再次把亨利逐出教会，与此同时，亨利也再次召集所有德意志主教开会，罢免了格里高利。与上次不同的是，这次亨利是有备而来的，他率领一支强大的军队不辞劳苦地翻越阿尔卑斯山把罗马城围得水泄不通，迫使格利高里退出萨勒诺。走投无路的格里高利凄凉地死去。这是教皇与国王的第一次流血冲突，却没能解决任何实际的问题。亨利一回到德意志，新教皇与皇帝之间的矛盾又开始了。

不久之后，霍亨施陶芬家族夺取了德意志帝国的皇位，他们比以前的德意志皇帝更为独立，更不把教皇放在眼里。格利高里曾经宣称，教皇的地位要高于所有的国王，因为末日的审判是，教皇必须为他所照管的羊群里每一只羊的行为负责，而在上帝眼里，国王不过是羊群中的一员罢了。

　　霍亨施陶芬家族的弗里德里希，通常被人称为红胡子巴巴罗萨，他提出了相反的学说。他宣称，神圣罗马帝国是经"上帝本人的恩准"赋予他的先祖掌管的。既然帝国的疆域包括意大利和罗马，那么他要发动一场正义的战争，以收复这些"失去的行省"。不料十字军在第二次东征小亚细亚的时候，巴巴罗萨却意外溺水身亡。继承王位的是他的儿子弗里德里希二世。这位年轻人精明强干，风度依然，很小的时候在西西里岛受过穆斯林文明的陶冶。他继续领导了这场战争。

　　教皇指控弗里德里希二世犯了罪，是个异教徒。虽然弗里德里希向来对北方基督教众的鄙视、德国骑士的平庸和意大利教士的阴险狡诈颇为不满，但他始终不动声色，而是全身心地投入十字军作战。通过一系列的战争，他从异教徒手里夺回了耶路撒冷，并因此被封为圣城之王。即使这样的行动也没有能获得教皇们的理解，他们把弗里德里希逐出教会，将他的意大利属地授予安如的查理，即著名的法王圣路易的兄弟。这样一来导致更大的冲突。霍亨施陶芬家族的最后一位继承人，康拉德四世之子康拉德五世，试图复辟帝国，重新获取王位，但是他的军队被击败，并在那不勒斯被杀死。20年后，法国人在西西里晚祷事件中，被当地土著居民屠杀殆尽。流血冲突仍在继续。

　　教皇与皇帝的争斗似乎永无止境。过了一段时间，两个仇人慢慢学会了各管各的事情，不再轻易涉足对方的领域。

　　1273年，哈布斯堡的鲁道夫当选为德意志皇帝。他不愿千里迢迢赶去罗马接受加冕。教皇对此没有表示反对且对德意志敬而远之，这意味着和平，可毕竟来得晚了些。在这之前本可用于发展本国经济的整整200多年，就白白浪费掉在这无谓的战争上了。

　　不过凡事有一弊，必有一利。在教皇与皇帝的战争中，意大利的许多小城市，一边扮演风吹两边倒的"墙头草"的角色，一边小心翼翼地壮大自己的实力，增强自己的独立地位。十字军东征开始后，他们千方百计地为赶往耶路撒冷的"热血"男儿解决了交通和饮食问题，从中赚取大量金钱。等十字军运动结束，这些一夜暴富的城市已经羽翼丰满，没有必要再对教皇和皇帝俯首称臣了。教会和国家相互争斗，最大的受益者，不是教会，也不是国家，而第三方——中世纪的城市，它们攫取了胜利的果实，迅速崛起。

第三十四章
十字军东征

当土耳其人攻陷了耶路撒冷，亵渎圣灵，并严重阻断了东西方的贸易时，以往所有的争吵统统被忘记，欧洲人开始了十字军东征

3个世纪，除了守卫欧洲门户的两个国家——西班牙和东罗马帝国，基督徒和穆斯林之间一直和平相处，井水不犯河水。7世纪，穆罕默德的信徒征服了叙利亚，控制了基督教的圣地耶路撒冷。他们同样把耶稣视为一位伟大的先知（虽然不如穆罕默德伟大），并不干涉到教堂去做祈祷的基督徒。在君士坦丁大帝的母亲圣海伦娜于圣墓的原址上修建的大教堂里，基督朝圣者是被允许自由朝拜的。11世纪初期，来自亚洲荒原的鞑靼部落，人称塞尔柱人或土耳其人，征服了西亚的伊斯兰国家，成为基督教圣地的新主人。从此，宽容忍让的时代结束了。土耳其把小亚细亚从东罗马帝国手里夺了过来，彻底断绝了东西方之间的贸易往来。

第一支十字军

东罗马帝国的皇帝阿历克西斯一直至力于东方事务，对西方的基督教邻居少有理会，但是这次，他意识到事态的严重性，不得不向欧洲的兄弟们求援，并声称一旦土耳其人夺取君士坦丁堡，把通向欧洲的大门打开，欧洲将面临巨大的危险。

在小亚细亚和巴勒斯坦沿岸拥有小块的贸易殖民地的意大利城邦主，担心失去自己的财产，便散布一些可怕的谣言，绘声绘色地描述土耳其人是何等残暴且如何迫害、屠杀当地基督徒的。整个欧洲都震惊了。

十字军骑士的坟墓

教皇乌尔班二世来自法国的雷姆斯，曾经在克吕厄修道院接受过教育，他与格利高里七世是校友。他想，是时候采取行动了。当时欧洲的状况不仅远不能令人满意，甚至是糟糕透了。原始的农耕方法（从罗马时代一直未曾改进过）使欧洲经常处于粮食短缺的危险状态，大量的失业与饥荒蔓延，很容易引发不满和动乱。古代的西亚曾经粮仓丰足，养活着成百上千万人口，是人们向往的好地方。

因此，在1095年，在法国的克勒芒会议上，教皇乌尔班二世突然拍案而起，先是沉痛地描述异教徒在圣地的残暴行径，接着又绘声绘色地描绘这块流着奶和蜜的圣地自摩西时代以来是如何滋养着万千基督徒的诱人画面。最后，他激励法国的骑士们和欧洲的普通人民团结起来，把巴勒斯坦从土耳其人的手中解救出来。

不久，宗教狂热的浪潮席卷了整个欧洲大陆，所有的理性都停止了。男人们纷纷扔掉铁锤和锯子，冲出商店，义无反顾地踏上最近的道路，前往东方去与土耳其人厮杀，连小孩子也吵着要离家前往巴勒斯坦。他们年轻狂热，凭借着对基督教的虔诚，使得土耳其人不得不屈服。不过在这些狂热的信徒中，90%的人到达不了圣地，因为他们身无分文，不得不沿途乞讨或偷盗。他们影响大路交通的安全，被愤怒的乡民所杀。

第一支十字军是由诚实的基督徒、欠债的破产者、穷困潦倒的没落贵族以及逃犯所组成的乌合之众。在疯狂的隐士彼得和贫穷的瓦尔特的领导下，屠杀了在路上遇到的所有的犹太人，开始了对异教徒的讨伐。他们一直行进到匈牙利，但是没有人能够生还。

这次经历给了教会一个深刻的教训：仅仅依靠热情是无法解放圣地的。细致的组织工作与良好意愿和勇气一样，都是十字军事业成功必不可少的因素。于是他们用了1年的时间，训练和装备了一支20万人的军队，由布隆的戈德弗雷、诺曼底公爵罗伯特、弗兰德斯伯爵罗伯特以及其他几位贵族指挥。这些人都是久经沙场、经验丰富的将领。

1096年，第二支十字军开始其漫长的征程。在君士坦丁堡，骑士们向东罗马皇帝宣誓效忠（正如我已经说过的，传统是很难消失的，不管如今的东罗马皇帝多么贫穷、无权无势，人们依然是很尊敬他们的）。随后他们横渡海峡，来到亚洲，沿途杀掉所有被俘的穆斯林，攻下耶路撒冷，又将全部的伊斯兰教徒斩尽杀绝，接着又向圣地进军。他们热泪盈眶，赞美和感谢上帝，但是土耳其的援军很快赶到，重新夺回了耶路撒冷。作为报复，他们又杀光了十字军的忠实信徒。

在之后的200年里，欧洲人又发动了另外七次东征。渐渐地，十字军战士们学会了前往亚洲的旅行技巧。陆路行程既艰苦，又危险。他们情愿先越过阿尔卑斯山，到意大利的威尼斯或热那亚，然后再搭乘海船去东方。精明世故的热那亚人和威尼斯人把这桩运送十字军跨越地中海的服务做成了有厚利可图的大生意，但是他们收费过高，十字军战士无法承受（他们大部分都囊中羞涩），于是这些意大利"奸商"便作出大发善心的样子，允许他们用"以工代费"的方式过海。为了支付从威尼斯到阿瞳地的船钱，十字军的战士要为他们的船主打一定数量的战争。威尼斯就是通过这种方式拓展了在亚德里亚沿岸、希腊、塞浦路斯、克里特和罗德岛的大量土地。

当然，这一切都无法解决圣地的问题。当最初的宗教狂热渐渐退去，一段为时不长的十字军旅程，成了教养很好的年轻人接受的教育的一部分。因此，报名去巴勒斯坦服役的候选人总是源源不绝。不过，古老的热情已经不复存在。最初，人们对穆斯林怀有刻骨仇恨，对东罗马帝国及亚美尼亚的基督徒有无比的热爱，如今却经历了内心的巨变。他们开始憎恨拜占庭的希腊人，因为他们常常骗人，并且背弃了基督的事业。他们同样憎恨亚美尼亚人以及所有东地中海地区的民族。相反，他们逐渐学会欣赏敌人穆斯林的种种品行，事实证明他们既慷慨又公平，值得尊重。

当然，谁也不会公开地讲这些话。当十字军战士有机会重返故里，他们可能会模仿刚从异教徒敌人那里学来的优雅举止。与这些雍容优雅的东方敌人相比，欧洲骑士不过是乡下老粗。十字军战士还从东方带回来几种异国的植物种子，比如桃子和菠菜，种进自己的菜园里，不仅可以换换餐桌的口味，还能拿到市场出售。他们不再穿戴沉重的盔甲，一改以往的野蛮习俗而穿起了用丝绸或棉制的飘逸长袍，显得儒雅大方。很显然，十字军东征已经背离了打击异教徒的初衷，演变成数百万欧洲青年的启蒙运动。事实上，十字军运动最初是作为惩罚异教徒的宗教远征，到后来却变成了对成百万欧洲青年进行文明启蒙的教育课，其间的沧桑真的是耐人寻味。

从政治和军事的角度来看，十字军东征是一场彻底的失败。耶路撒冷及其他小亚细亚的诸多城市得而复失。虽然十字军曾在叙利亚、巴勒斯坦及小亚细亚建立起一系列小型的基督教王国，可它们最终又落到土耳其人手里。1244年，耶路撒冷仍被控制在穆斯林手中，变成了一个完全土耳其化的城市。圣地的状况和1095年之前相比并没有什么区别。

欧洲却因十字军东征经历了一场深刻的变革。西方人民得以有机会一瞥东方的光彩。这使得他们不再满足于阴沉乏味的城堡生活，转而寻求广阔的生活空间，而这些是教会和封建国家给不了他们的。

最后，这种生活，他们在城市里找到了。

第三十五章
中世纪的城市

中世纪的人们为什么会这样说："城市的空气是自由的。"

中世纪的早期是欧洲人开拓疆土、建设家园的时代。这时有一个民族强行闯入了西欧平原，并将大部分土地据为己有。这个民族，他们以前一直居住在罗马帝国东北部境外，那里全是森林、高山和沼泽地。像有史以来所有的开拓者一样，他们生性好动，居无定所。他们精力充沛地砍伐森林，开荒放牧；他们也以同样的精力相互厮杀。他们中很少有人居住在城市里，因而他们远离城市。他们喜欢放牧，这样就能够感受大自然沁人心脾的新鲜空气。如果对一个地方心生厌倦，他们便毫不犹豫地拔起帐篷，收拾家什，去开辟一片新的天地。

自然的法则是优胜劣汰。只有坚强的战士和跟随她们的男人勇敢进入荒野的女人幸存了下来。就这样，他们逐渐成为一个强健坚韧的种族，具有顽强的生命力。整日忙碌的他们无暇顾及生活中那些优雅精致的东西，也没有时间去抚琴吟诗、闲谈瞎扯。教士作为村里唯一"有学问的人"（在13世纪中期以前，一个会读能写的男人一般被视为"娘娘腔"），人们都仰赖他解决那些没有直接实用价值的问题。同时，那些日耳曼首领、法兰克男爵或诺曼底大公们（不用管他们的名字或头衔），他们各自占据着自己那份原来属于罗马帝国的一部分土地，在帝国昔日辉煌的历史废墟中重建自己的世界。这个世界看起来是如此完美，他们对此已经心满意足了。

他们竭尽全力地管理好自己的城堡和周围的村庄，兢兢业业地工作。他们像所有软弱的"凡人"一样，是虔诚的宗教徒，默守着教会的清规戒律。他们对国王或皇帝忠心耿耿，小心翼翼地与那些遥远而又危险的君主们保持良好的

116

关系。总而言之，他们做事力求稳妥适度，既能公平地对待自己的左邻右舍，又不损害自己的利益。

城堡和城市

　　他们也发现自己所处的并非是一个完善的世界。他们当中大多数人还是农奴或者"佃农"，尤其是那些雇农。他们不仅和牲畜同吃同住，地位也和牲畜一样，只是土地的附属品。他们的命运谈不上特别幸福，也算不得异常悲惨。作为一个人，他们还能期望怎样呢？主宰着中世纪生活的伟大上帝，肯定想把一切事情都安排得尽善尽美。所有人都认为，既然上帝决定了必须同时存在着骑士和农奴，那么教会中这些诚实的孩子，就没有责任对这样的安排提出质疑。因此，农奴们也没什么好抱怨。如果说劳累过度，他们就会像没有养好的牲畜一样死去。于是，主人们不得不稍微改善一下他们的生活条件。除此之外，还能怎样呢？但是，如果世界的进步是由农奴和他们的封建领主负责的话，那我们现在还有可能在12世纪的模式下生活。比如，牙痛的时候，念一番"啊巴拉卡，达巴拉啊"，靠神秘的咒语抵御肉体的疼痛。他们对牙科的科学医疗方法反而持蔑视的态度，

中世纪的城镇

认为来自穆罕默德的东西是邪恶的，是毫无用处的。

当你们长大之后，你们会发现身边有许多人并不相信"进步"。他们将我们这个时代某些人的可怕行为向你证明"世界从来如此，毫无变化"。不过我倒是希望，你们不要太受这种论调的蛊惑。你应该明白，我们遥远的先祖几乎花费了 100 万年的时间才学会直立行走。又过了几个世纪，他们动物般的咕哝声才发展成为人类可以理解与沟通的语言。书写艺术是人类在 4000 年前才发明的，它是一种能够把我们的思想保留下来的艺术。没有它，人类的任何进步都是不可能的。祖辈时代非常前卫，那种驯服自然力为人类服务的新奇思想，到现在已经成为"陈芝麻烂谷子"的事了，因此在我看来，我们人类其实是以一种闻所未闻的速度向前发展。或许，我们对物质生活的享受太在意了，但是在不久的将来，这种趋势在一定的时候必然会扭转。到那时，我们会集中力量去解决那些与健康、工资和城市建设等毫无关系的问题上。

请不要对过去的"美好时光"恋恋不舍。有许多人，他们的眼睛只看到中世纪留下的壮丽教堂和伟大的艺术作品，就拿它们和我们这个充斥着烟尘、喧嚣和充满汽车尾气的现代社会相比，得出今非昔比的结论。可这仅仅是事情的一个方面。要知道，在富丽堂皇的中世纪教堂周围，无一例外地布满了大量悲惨肮脏的贫民窟。相比之下，今天最简陋的公寓也算得上是豪华奢侈的宫殿。是的，高贵的朗斯洛和帕尔斯法尔，这两位前去寻找耶稣酒杯的少年英雄，并没有因汽车的汽油味而烦恼。当时还有很多比汽油更难闻的气味：大街上的垃圾腐烂发酵时的味道，主教宫殿周围的猪圈的味道，还有祖辈留下来的衣服和帽子散发出来的怪味以及一辈子都没有洗过澡的人们身上散发出来的恶臭。我实在不想努力描绘这样一幅大煞风景、十分令人不快的画面。不过当你阅读古代历史，看到法国国王在华丽高贵的皇宫内悠然远眺，却被巴黎街头拱食的猪群发出的冲天臭气熏得昏倒时，当你看到某本稍稍记载了一些天花和鼠疫横行的惨状的古代手稿时，你才会真正理解"文明"绝非现代广告语那么简单。

不过，如果没有城市的存在，就不会有人类过去600年来的进步和发展。因此，它对人类

钟楼

文明非常重要，不可能像政治事件那样被简单带过，所以我将用比其他各章稍长一点儿的篇幅来谈论这个问题。

古代的埃及、巴比伦和亚述都是以城市为中心的世界，古希腊则完全是个城邦国家，而腓尼基的历史就是西顿和提尔这两个城市的历史。再看看伟大的罗马帝国只不过是一座城市的后院。文字、艺术、科学、天文学、建筑学、戏剧，还有很多数不清的东西，它们全都属于城市的产物。

在将近4000年的漫长岁月里，蜂窝似的城镇一直扮演着世界作坊的角色。然后大迁移开始了。罗马帝国四分五裂，城市被焚毁，欧洲再度成为草原和小村庄的世界。在这段黑暗愚昧的岁月，曾被引以为傲的土地被闲置荒芜。

十字军东征，为文明的重新播种准备好了适合的土壤。到了收获的季节，果实却被城市里的市民攫取了。

我曾经给你们讲过建有坚固围墙的城堡与修道院的故事。它们是骑士们和

119

希腊

僧侣们的家，一个负责照顾人们的肉体，一个则悉心看护着人们的灵魂。后来一些手工匠人，如屠夫、面包师傅和蜡烛工人，他们来到靠近城堡的地方住下，既满足了封建主的需要，又能保障自己的生命和财产安全。有时主人心情好，他会恩准这些人将自己的房子围上栅栏，但是他们的生活完全依赖于城堡中强大主人的善心。当主人外出巡视时，这些工匠跪在主人的面前行吻手礼，以示谢恩。

之后发生了十字军东征，使得许多事情发生了深刻的变化。大迁移将人们从欧洲东北赶往西部。十字军东征又使上百万的人从西部来到高度文明的地中海东南地区接受新知识的洗礼。他们发现世界并不局限于他们那狭小的庭院。他们开始欣赏华美的衣着、舒适的住房、全新口味的佳肴以及其他许多神秘的东方产物。当他们回到自己的老家后，还对这些物品念念不忘。于是，中世纪唯一的商人——背着货筐的货郎尝试着添置了这些新鲜玩意，他们的生意越做越红火，仅靠人力负载已经不够满足人们的胃口了。于是他们便购置起货车并雇上几个退役的十字军战士充当保镖，以此来应付国际战争引发的欧洲犯罪浪潮。就这样，他们的生意变得更加现代化，规模也越来越大。不过说老实话，做生意还是充满了艰辛。他们每到一个地方，都得老老实实地向当地的领主缴税。还好生意总是有利可图，小商贩在继续着他们的贩卖活动。

不久，一位精明能干的商人开始意识到，他们从远方运来的商品其实也可以就近生产。于是，他们就把自己的家改成作坊。这样，他们不再做辛苦的商贩，摇身一变就成了生产产品的制造商。他们不仅把商品卖给城堡里的领主和修道院的教士，还卖到附近的城镇去。领主和教士用自己农庄的产品，如鸡蛋、葡萄酒，以及那个时代用作糖的蜂蜜等来交换，可遥远市镇的居民只好支付现金。这样，制造商和商人开始拥有了一些金子，这完全改变了他们在中世纪社会的地位。

你们可能很难想象一个没有金钱的世界。在现代城市，没有钱你将寸步难行。从早到晚，你都要在口袋里装满小金属圆片，以便随时付账。你需要1便士来乘公共汽车，上馆子吃一顿晚餐需要1美元，买份报纸又需要3分钱。中世纪的人们，从生到死，一辈子都没见过一枚金属货币。希腊和罗马的金银都埋在城市的废墟之下。罗马帝国之后的大迁移，世界是一个农耕为主的社会。每个农民都生产足够的粮食、饲养足够的牛羊，完全自给自足，根本不需要进行商品交换。

中世纪农村的乡绅就是骑士，他们家底殷实，不需要花钱买东西。他们的庄园能够出产满足他和的家人一切生活需要，甚至他家修筑城堡所需的砖块都是附近的河边烧制的，屋顶、门窗所用的木头是从自己拥有的森林采伐的。少量的必须从国外引进的物品，也是拿庄园出产的蜂蜜和鸡蛋、木柴去交换。

但是，十字军东征彻底摧毁了以往自给自足的自然经济。假设希尔德斯海姆公爵想要去圣地，他不但要跋涉几千英里的路

火药

程，而且还要支付自己的交通费、伙食费。如果在家里，他可以拿田庄里的农产品支付开支，可是出门在外，总不能随身带上数千只鸡蛋和整车火腿以便满足威尼斯的船主或布伦纳山口的店老板吧。这些老板们只喜欢现金，对物物交换毫无兴趣，因此公爵不得不随身带上金子去开始旅程。但是他到哪里去找金子呢？他只好向老伦巴德人的后代，现在已经从事职业放债的伦巴德人那里去借，这些人悠然惬意地端坐在兑换柜台后面（"柜台"被称为"banco"，它是银行"bank"一词的由来）很乐意借给公爵大人几百个金币，但是公爵大人必须拿自己的庄园作抵押。这样，万一公爵大人在路上发生意外的话，他们的钱才不至于打了水漂。

对借钱的人来说这笔交易是有风险的。最后，伦巴德人名正言顺地占有了庄园，而公爵却破产了，只好以战士的名义为一个更强大、更谨慎的邻居作战。

当然，公爵大人还可以到城镇上犹太人居住区去借高利贷，那里的利息高达50%~60%。这同样是很不划算，但是没有别的出路了吗？听说城堡附近小镇里的一些居民挺有钱的。他们和公爵家族是世交，是不会提出不合理要求的。于是，公爵大人的文书，一位能写会算的教士，给当地最有名的商人写了一张条子，要求借一小笔钱。这在当时引起了巨大的轰动，整个城镇传得沸沸扬扬。镇上的居民聚集到为附近教堂制作圣餐杯的珠宝商家里讨论这件事。他们当然不好拒绝公爵大人的要求，索要"利息"又开不了口。因为收取利息违背大多数人的宗教原则，何况利息是用农产品来支付的，而这些东西他们自己多的是。

一位一直沉默不语的裁缝突然开口了。此人成天都静坐在自己的裁缝桌前，此时看起来挺像个哲学家的。"设想一下，我们可以把钱借给他，同时要求一些回报。我们大家不是都喜欢钓鱼吗？可大人偏偏禁止我们在他的小河里钓鱼。如果我们借给他100金币，作为交换，他给我们签署一张允许我们随意在他拥有的所有河流里钓鱼的保证书。这样的话，他得到了他急需的100金币，而我们得到鱼，又获得了乐趣，岂不是两全其美？"

公爵大人接受这项交易的那天（似乎是轻轻松松得到了100金币），他不知不觉地就在这个自己权力的死刑书上签了字。他的文书拟好了这个协议，公爵大人画了押（因为他不会写自己的名字）。拿到了金币，公爵大人怀着满腔的激情去与可恶的穆斯林决一死战了。两年后，他身无分文地回到家里。看到市镇的居民们正在城堡的池塘里悠然垂钓，这可把公爵气坏了，他吩咐管家去把众人轰走。人们是走了，可当天晚上，就有一个商人代表团造访了城堡。他们彬彬有礼，先是祝贺大人平安归来，接着对钓鱼的市民惹怒了公爵的事情深表遗憾。最后他们又说，如果大人还记得的话，是大人亲自恩允他们到池塘垂钓的。于是拿出那份有大人画押的特许状，它从大人出发去圣地那天起，就一直被保存在珠宝商的保险柜里。

这样一来，公爵大人气坏了。不过，他突然想起自己又急需一笔钱。在意大利，他还签押了某些文件，它们如今正稳稳地待在著名银行家瓦斯特洛·德·美第奇手里。这些文件都是商业期票，有效期为两个月，总数目是340磅佛兰芒金币。这种情形下，公爵大人不得不极力克制义愤填膺的冲天怒火，不能太过于失态了。相反，他提出要求再借一些贷款。商人们答应回去商量商量再定夺。

3天后他们又来到城堡，答应借给公爵钱。他们愿意帮助大人摆脱困境。不过作为回报，大人必须给他们一个书面保证（另一张特许状），准许他们建立一个由所有的商人和自由市民选举出来的议会，而这个议会将管理公共事务，不受城堡方面的干涉。

这一次，公爵大人可是怒火中烧，但是他确实需要那笔钱，只好答应，签署了特许状。一个星期后，公爵就后悔了。他召集自己的士兵，气呼呼地闯进珠宝商的家里，向他要还那张特许状。按公爵的话说，它是狡猾的市民趁火打劫，从他那里诱骗走的。公爵拿走文件，一把火烧掉了。市民们安静地站在一旁，什么话也没有说。可当下一次公爵再需要钱为女儿办嫁妆时，他再也借不到一分钱。自从珠宝商家里的事发生之后，公爵大人失去了信誉。大人不得不忍气吞声，并答应作出赔偿。公爵大人获得所需要的钱款时，市民们重新掌握了以前签署的所有特许状，并且获得一个新的特许，允许他们建造一座"市政厅"和一座坚固的塔楼。塔楼将用作保管所有的文件和特许状，以防失火或盗窃，其实真正的用意是防备公爵大人将来可能会动用武力抢夺协议书等。

十字军东征之后的几个世纪时间里，这种情形在欧洲太平常了。当然，权力由封建城堡向城市的转移是一个漫长的过程。在这期间，也会发生一些流血冲突，几个裁缝和珠宝商被杀，一些城堡被焚毁。不过，这样极端的事件并不经常发生。几乎在不知不觉中，城镇变得越来越富有，封建主却越来越穷。为了养家糊口，封建主不得不多次出卖自己的权力来换点儿现金。城市不断地成长壮大，为逃难的农奴提供了很好的场所，当他们在城墙背后居住若干年后，就获得了新的身份和宝贵的自由。于是那些很有活力的分子便在城市定居下来，成为社会关系的核心，得到人们的尊敬。他们为自己新获得的重要地位而深感骄傲。几百年前，人们一直进行着鸡蛋、绵羊、蜂蜜和盐等商品的以货易货交易的古老市场周围，建起教堂和公共建筑，这是显示他们力量的机会。他们希望子女们拥有比自己更好的生活机会，便雇请僧侣到城市来做学校教师。如果他们听说有某个巧匠能够在木板上画出美妙的图画，就会不惜重金聘请他来把教堂和市政厅的四壁涂满金碧辉煌的《圣经》图画。

此时此刻，待在城堡里阴冷、破旧大厅里的公爵大人，看着这一切欣欣向荣的暴富景象，对他当初签署的让他丧失主权和特权的协议追悔莫及，但是已经无药可救了。那些满手保证书的市民，不再像以前那样小心翼翼，卑躬屈膝，如今他们对公爵大人已是不屑一顾，甚至还敢当众侮辱他。他们已经是自由民了，为了保护好自己已经拥有的东西，做好了充分的准备。要知道，这些权利是经过十几代人的持续斗争才得到的。

第三十六章

中世纪的自治

城市的自由民是如何争取在皇家议会上的发言权

当人类历史还处于游牧阶段，人们还是游荡的牧羊人部落时，所有的人都是平等的，都要为整个群体的福祉和安全负责。

不过当他们定居下来之后，人与人之间便逐渐产生了贫富分化。政府便往往落入富人的掌管之中，因为富人不必为生计而艰苦劳作，能够全心全意地投身到政治当中。

在前面的章节里，我已经讲述过这种情况在埃及、美索不达米亚、希腊和罗马是如何发生的。当欧洲从罗马帝国覆灭后的混乱状态中恢复过来，再度建立起正常的政治与生活秩序，日耳曼部族中也发生了同样的情形。西欧世界最先是由这样一位皇帝来统治的。他是从日耳曼民族大罗马帝国中的七八个势力强大的国王中选举产生的。从理论上说，皇帝是西欧的主人，但实际上形同虚设，可以说，皇帝的实权甚至还不如属下的一些国王。西欧的真正统治者是大大小小的国王，可他们的王位从来岌岌可危，所以他们成天疲于应付篡权夺位之事，根本无暇治理自己的国家。至于日常事务的处理，则掌握在数以千计的封建诸侯手里。当时没有城市，也没有中产阶级，他们的臣民要么是自由农民，要么是农奴。

不过在 13 世纪（消失了将近 1000 年后），作为商人的中产阶级再次出现在历史的舞台上。这个阶级势力的繁荣昌盛，也意味着封建城堡影响力的衰退。

到目前为止，统治这片领土的国王还仅仅把目光专注在贵族和主教的利益之上，不过从十字军东征中成长起来的贸易与商业世界，迫使他承认中产阶级的存在，否则他们的国库就会持续亏空。其实，这些国王宁愿和牲畜打交道，也不愿意和刁钻的市民打交道。不过形势所迫，他们也无计可施。但是，他们绝不会把权力拱手相让，战争不可避免。

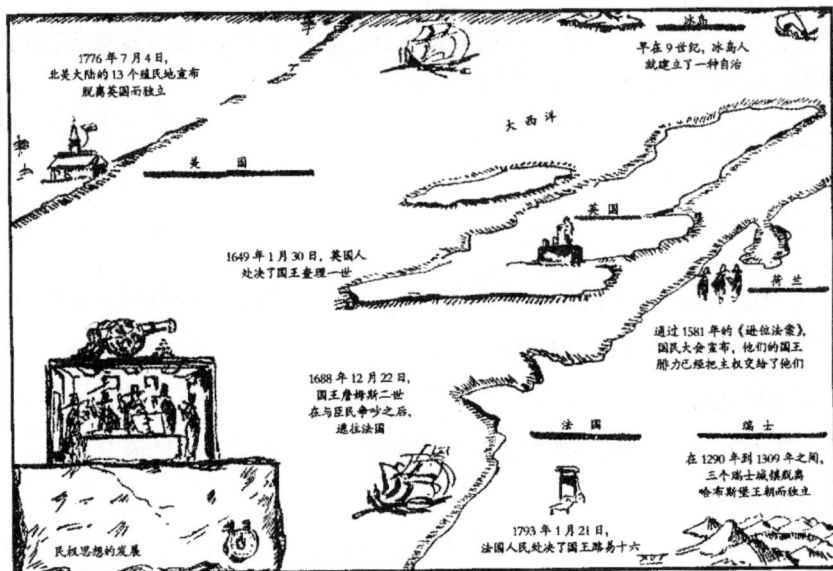

民权思想的传播

在英格兰，当狮心王查理不在的时候（他去圣地抗击异教徒去了，但是十字军征程的大部分时间里，他是在奥地利的监狱里度过的），政事便由他的兄弟约翰全权代理。约翰在带兵打仗的事情上比查理差远了，但是在治理国家方面，两人差不了多少。刚担任摄政王不久，约翰便丧失了诺曼底和法国的大部分属地。这是约翰糟糕的政治生涯的开始。然后，他又和教皇英诺森三世产生了争端。这位教皇是霍亨施陶芬家族著名的敌人，这位教皇毫不留情地把约翰逐出教会，就像200年前格利高里七世对付德意志国王亨利四世那样。1213年，约翰只好忍辱求和，其情形和亨利四世在1077年所做的一个样。

虽然屡战屡败，约翰却没有心灰意冷，反倒继续滥用王权，直到被心怀不满的诸侯囚禁为止。他们迫使这位皇帝好好治理国家，并永远不再侵犯臣民们的权利。这一切发生在1215年，在靠近伦尼米德村的泰晤士河上一个小岛上。

约翰签名的文件被称为"大宪章"。它所包含的内容没什么新意，只是以简单明了的词句——列举了他的大臣理应享有的各项权利，却没有给予大多数的农民一点点相关的权利，倒是给新兴的商人阶级一些承诺和保护。这是一部非常重要的宪章，因为它比以前任何时候都更精确地限定了国王享有的权利。显然它仍然是一个纯粹的中世纪文件，它并未涉及普通老百姓的利益。除非他们碰巧是某位诸侯的财产，必须受到保护免受皇室暴政之害，如同男爵的森林和牛群也应当受到保护，以防皇家林务官进行过分的干预一样。

瑞士自由之发祥地

然而没过几年，我们开始在陛下的议会上听到截然不同的论调。

无论从天性还是性格倾向上来说，约翰都是一个性格歹毒、阴险顽劣的家伙。他刚刚才庄严承诺要遵守大宪章，可是没过多久，他又迅速破坏了其中的每一项条款。好在他不久就死了，由他的儿子亨利三世继位。在重重压力之下，亨利被迫重新承认大宪章。与此同时，他的舅舅查理，已经浪费了大量的国家钱财进行十字军东征。亨利不得不想办法去寻求新的贷款，来偿还放债的精明的犹太人。可是大地主和大主教都无法为国王支付这笔巨额的贷款。无奈之下，亨利只好下令召开城市代表大会来解决这个问题。1265年，这些新兴阶级的代表第一次在议会上亮相。但是，他们只能以财政专家的身份参加会议，只能对税收问题提提建议，无权干涉国家政事。

不过，渐渐地，这些"平民"代表们开始在很多问题上出谋划策，发挥自己的影响力，而贵族、主教以及城市代表组成的会议发展成了固定的议会。用法语说就是"人民说话的地方"，因为，凡是重大的国家事务在决定之前都要在此进行讨论。

大多数人认为这种具有一定执行权的咨询会议源自英国，而这种由"国王和他的议会"共同治理国家的政治制度，并不是不列颠群岛所独有，欧洲很多国家都是这样。在一些国家，比如法国，中世纪后皇权的迅速滋长大大限制了"议会"的影响力，完全是形同虚设。从公元 1302 年开始，城市的代表就一直参加议会，可直到 5 个世纪之后，他们的权力才得到"议会"的认可与维护。经过法国大革命天翻地覆的动荡，终于彻底废除了国王、教士及贵族的特权，使普通百姓的代表真正成为了这片土地的统治者。在西班牙，"cortes"（国王的议会）早在 12 世纪的前半期就已经向平民开放。在德意志帝国，许多重要的城市已经被列入"皇家城市"的等级之中，帝国议会必须倾听并采纳代表的意见。

菲利普二世被废黜

在瑞典，1359 年召开第一次全国议会，就已经有民众的代表参加。在丹麦，1314 年复兴了古老的全国大会，虽然贵族阶层控制着国家事务的权力，但城市的代表的权力并没有被完全剥夺。

在斯堪的纳维亚半岛，有些国家的代议制度发生了不少有趣的故事。比如冰岛，9 世纪就开始举行定期会议讨论国家大事，这种情况一直持续了将近1000 年的时间。在瑞士，几个不同城市的自由市民努力捍卫他们的议会，成功抵御了封建邻居的企图。

最后，再来看看那些低地国家。比如荷兰，早在 13 世纪，许多公国和州郡的议会就有第三等级的代表参加了。到 16 世纪的时候，一些小省份联合起来反抗他们的国王，在一次庄严的"三级会议"上，正式废除了国王陛下的权力，把神职人员驱逐出议会，废除了贵族特权，建立起新的权力机构。随后，七个地区一起组成了新的尼德兰联合省共和国，政府的一切事务均由他们自己决断。在长达两个世纪的时间里，城市议会的代表们管理着自己的国家，没有国王，没有主教，也没有贵族，城市因此变得非常美好，善良的自由民成为了这片土地的主宰者。

第三十七章
中世纪的世界

中世纪的人们是如何看待他们所生活的世界的

日历是一种非常有用的发明，没有它，我们将一事无成，但是如果一不小心，它们往往会戏弄我们。它有一种使历史过分精确的天性。比如，当我谈到中世纪人们的思想和观点时，我的意思并不是说在公元 476 年 12 月 31 日那天，所有的欧洲人都说："啊，现在罗马帝国灭亡了，我们现在生活在中世纪。真是很有意思啊！"

在查理曼大帝的法兰克宫廷里，你可能发现这样的人物，他们在生活习性、言谈举止甚至对生活的看法上，完全像一个罗马人。另一方面，当你长大以后，你会发现这个世界的有些人还处于原始穴居的水平。所有时间、所有年代都是相互交叠的，而人们的思想总是世代相传的，你中有我，我中有你，无法做截然的区分。如果想要研究中世纪许多真正有代表性的人物的思想，给出一个平常人如何对待生活，如何对待生活中的难题的概念，这项工作还是有可能做到的。

首先，中世纪的人们从未将自己视为生而自由的公民，可以按照自己的意愿、能力、精力或者运气来安排他们的命运。正相反，他们统统把自己看作是周围所有事物的一分子，不论是皇帝还是农奴、是教皇还是异教徒、是英雄还是恶棍流氓、是穷人还是富人、是乞丐还是盗贼，这再正常不过了。他们心甘情愿地接受上帝的这一安排，从不质疑。在这方面，他们当然和现代人截然不同。现代人勇于质疑，什么都不轻易接受，永远想着升官发财。

对于生活在 13 世纪的男人和女人们来说，死后的世界——美妙幸福充满着金色光线的天堂，还是恐怖苦难燃烧着充满恶臭的地狱——绝非是空洞的词汇或模糊难懂的神学言辞。它们是真实的事实。无论是中世纪的骑士，还是自由民，他们都花大部分时间和精力用来为它做准备。我们现代人从容走过一生，将以古罗马人和古希腊人特有的平静安详对待生命的轮回。经过60年的工作和努力，我们怀着一切都会安好的希望悠然长眠。

在中世纪，死神如影随形地伴随着人们，人们甚至可以看到骷髅的微笑和咯咯作响的死神。他用恐怖刺耳的琴声将睡梦中的人们惊醒；他悄然坐上温暖的餐桌；当人们带着自己的孩子外出散步时，他躲在树林和灌木丛后面冲他们微笑。如果你童年的时候没有听安徒生和格林讲的美丽动人的童话，而是听关于坟墓、棺材、瘟疫等令人毛发倒竖的奇谈，你肯定会一生生活在对世界末日和最后审判的恐惧之中。这正是发生在中世纪孩子身上的事情。他们生活在一个充满妖魔鬼怪的世界里，天使总是昙花一现。有时，这种对未来的恐惧使他们的灵魂充满谦卑和虔诚。这使他们走向另一个极端，恐惧使他们变得残忍而感伤。他们会先把刚刚攻下的城市中所有的妇女儿童杀掉，然后带着沾满无辜者鲜血的双手，虔诚地前往圣地，祈求仁慈宽厚的上帝赦免他们所有的罪行。是的，他们不只祈祷，他们还流下悔恨的泪水，承认自己是所有的罪人中最邪恶的，但是第二天，他们又会去屠杀整整一营的撒拉逊敌人，心中并没有丝毫的怜悯之情。

当然，身为十字军战士的骑士，他们遵循着一套与普通人不尽相同的行为准则。在这些方面，普通人与他们的主人并没有什么区别。平常人就像一匹生性敏感的野马，一个影子或一张纸片就能把他们吓倒。他们任劳任怨、忠心耿耿地工作，可当他在狂热的幻想中看见鬼怪时，就会立即逃之夭夭，或进行严重的破坏。

不过，在评判这些善良的人们时，应该明白他们生活的环境是相当恶劣的。他们表面上是文明人，其实是野蛮人。查理曼大帝和奥托皇帝虽然被称为"罗马皇帝"，可他们和一位真正的罗马皇帝相比，比如奥古斯都或马塞斯·奥瑞留斯，还是有很大的区别，就像刚果皇帝和受过高度教育的瑞典或丹麦统治者之间的差别一样。他们是生活在罗马帝国辉煌废墟中的野蛮人，不能享受古老的文明带来的好处，因为那些文明已经被他们的父亲和祖父们给毁灭了。他们

中世纪的世界

粗浅鄙陋，没有文化。今天一个12岁的小孩都耳熟能详的事实，他们却一无所知。他们不得不到唯一的一本书上寻求所有的全部知识，这本书就是《圣经》。但是《圣经》中曾对人类历史有作用的是《新约全书》中的章节，它教导我们爱心、仁慈和宽恕。这是中世纪的人们所不大读到的。至于作为天文学、动物学、植物学、几何学和其他所有学科来说，这本古老的书并不完全可靠。

12世纪初，中世纪的图书馆里又多了一本书，那就是生活在公元前4世纪的希腊哲学家亚里士多德编纂的实用知识大百科全书。基督教为什么会在谴责所有其他的希腊哲学家为异端邪说的同时，却愿意把这份殊荣授予亚历山大大帝的老师亚里士多德？个中的原因，我就不知道了。除《圣经》以外，亚里士多德被视为唯一值得信赖的导师，他的著作可以放心地交在真正的基督徒手中。

经过一番辗转，亚里士多德的著作传到了欧洲。它们先是从希腊传到埃及的亚历山大城，然后由伊斯兰教徒把他翻译成阿拉伯文传入西班牙（伊斯兰军队曾在7世纪征服过埃及）。在科尔多瓦的摩尔人的大学里，这位伟大的斯塔吉拉人（亚里士多德的家乡在马其顿的斯塔吉拉地区）的哲学思想被当作教材使用。随后，阿拉伯文的亚里士多德著作又被越过比利牛斯山前来接受自由教育的基督教学生们译为拉丁文。经过几次的翻译之后，最终在西北欧的许多学校成为了教材。其确切的事实虽然不是很清楚，但是这让事情更加有趣。

在《圣经》和亚里士多德的帮助下，中世纪最杰出的人士开始着手解释天地间的万事万物，试图去探索它们之间的联系是如何体现上帝的伟大意志的。这些所谓的学者或导师，他们确实很有智慧，但是他们的知识仅仅来源于书本，很少来自实际的观察。他们如果想在课堂上讲授鲟鱼或毛虫的相关知识，就会让学生阅读《新旧约全书》或者亚里士多德的著作，然后自信满满地告诉学生们这几本好书对于鲟鱼或毛虫的所有描述。他们不会走出图书馆，去最近的小河捉住一条鲟鱼让学生仔细观察一番。他们也不会到后院去抓几条毛虫，或在自然的环境中研究它们。即便是艾伯塔斯·玛格纳斯或托马斯·阿奎那这样的一流学者，他们也不会询问巴勒斯坦的鲟鱼和马其顿的毛虫与西欧的鲟鱼和毛虫在习性上有什么差异。

偶尔地，也会有一个像罗杰·培根那样特别好奇的人物出现在学者们的讨论会上。他用放大镜或者看起来相当滑稽的显微镜来观察鲟鱼和毛毛虫，证明它们跟《圣经·旧约全书》和亚里士多德所描述的不一样，学者们摇了摇头否认了这个事实。培根走得太远了，他竟然提出了这样的看法，1个小时的实际观察，比花 10 年的时间研究亚里士多德的书更有价值。还说虽然那些著名的希腊书籍有用，但还是不要被翻译出来的好。学者们非常害怕，他们急忙去找警察，说："这个人对国家安全已经构成莫大的威胁。他想让我们学习希腊文，以便阅读亚里士多德的原著。为什么他对现在的拉丁—阿拉伯译本心怀不满呢，这可是我们的人民几百年来一直深爱的文字。还有，他竟然对鱼和昆虫的内部构造如此着迷，他很可能是个险恶的巫术师，妄图用他黑暗的魔法把现有的社会秩序搞乱。"他们极力主张自己的理由，有理有据，把负责捍卫和平秩序的警察也吓住了，赶紧颁布禁令：迫使培根在 10 年内不再写一个字。可怜的培根深受打击，当他重新开始他的研究时，吸取了以前的教训。他开始用一种奇怪的符号进行研究和写作，让自己同时代的人像掉进烟雾里一样。当教会更加严厉地阻止人们问出一些可能导致怀疑现存秩序或动摇信仰的问题时，培根这个奇怪符号的把戏就更加流行。

然而这样做并不是出于什么恶意。那个时代的搜寻者们心里，其实涌动着一种非常善良的感情。他们坚定不移地相信，今生的生命是为了来世的美好生活做准备的。他们深信，了解过多的知识反而使人感到不安，因为他们的头脑中充满了危险的念头，让怀疑的火种在脑中慢慢滋长，然后走向毁灭。当一个中世纪的学校老师看到他的学生偏离《圣经》和亚里士多德的权威学说，走入危险的迷途，想独立学习一些东西，就像一位慈爱的母亲看见年幼的孩子正在走近炽热的火炉，感到异常不安。她知道，如果任由孩子触摸火炉，就会烫伤他的小手，于是她必须千方百计地把孩子拉回来，如果情况危急，她就会采取强制措施。不过她是真心疼爱他的孩子，只要他乖乖听话，她就会尽可能对他好。同样，中世纪人们灵魂的守护者在对待信仰这一问题上，要求非常严格。他们夜以继日地辛勤工作，为教会成员提供最好的服务。这些成千上万的虔诚的男女倾尽全力使世人在变化无常的命运面前，学会最大限度的忍耐。他们对社会的影响也是随处可见的。

农奴就是农奴，他的地位是永远不会改变的。虽然上帝让中世纪的农奴终生成为奴隶，同时也赋予了这个卑微生命一个不朽的灵魂。他的权利必须受到保护，让他也能像一个善良的基督徒那样从生到死。当他们年老力竭无法再承担繁重的劳役的时候，那么他们为之卖命的封建领主就负有照顾他的责任。因此，中世纪的农奴虽然过着单调、沉闷和平庸的生活，但是他们从来不用为明天担心。他们知道自己是"安全的"，不会被赶出门，落得孤苦无依的境地。他的头顶上总会有一片挡风避雨的屋顶（可能有点儿漏雨，但也是个屋顶吧），他们总会有东西吃，至少不会饿死。

这种"稳定"和"安全"的感觉在中世纪社会的各个阶层中普遍存在。在城镇中，商人和工匠成立起行会协会，确保每一个成员都能有一份稳定的收入。行会不鼓励那些雄心勃勃的人比他们的邻居做得好，相反它常常给那些"得过且过"的"懒汉"而提供保护。但是，行会却在整个劳动阶层中建立起一种无忧无虑的满足感和普遍的安全感。这种感觉在我们这个普遍竞争的时代是不存在的。

中世纪非常明白我们现代人所说的垄断的危险，也就是一个富人控制了能买到的全部谷物、肥皂或腌鲱鱼等，迫使人们花高价在他那儿购买，因此由政府出面限制批发和大宗贸易，并且对商人出售的商品价格进行严格规定。

中世纪的市场是不喜欢竞争的。为什么要鼓励竞争呢？那只能使世界变得非常混乱，善良的农奴终将进入金光灿灿的天堂之门，而罪恶的骑士会被打入地狱的深渊接受审判和救赎。那么竞争还有什么必要吗？

总之，中世纪的人们被要求放弃一部分思想与行动的自由权，以使他们可以从身体和灵魂的困苦中感受到最大的安全。

除少数人以外，他们中的大多数人都不反对这种安排。他们坚信，自己只不过是这个星球上的匆匆过客。他们来到此地就是为了另一个更幸福、更重要的来生做准备的。他们故意不理睬这个痛苦、邪恶、不公的世界，以便不扰乱他们灵魂的平静。他们拉下百叶窗，遮挡住太阳的炫目的光线，好让自己能一心一意地阅读《启示录》中的章节。这些文字正在告诉他们，只有天堂之光才能照亮他们永恒的幸福。面对着尘世大部分的欢乐，他们闭上眼睛，不闻不问，为的是能够享受到那在不远将来等待他们的欢乐。他们视现世的生命为一种必不可少的罪恶，他们欢迎死亡，并把死亡当做灿烂时代的开始。

古希腊人和古罗马人从不为未来担心，他们努力生活与创造，试图在这个世界上创造一个自己的天堂。他们做得非常成功，使那些碰巧没有成为奴隶的自由人过上极其幸福的生活。接下来我们来看看中世纪的另一个极端。他们在高不可及的云端最高处建立起自己的天堂，无论高贵低贱，富有贫穷，还是睿智愚蠢。现在，终于到了钟摆朝另一个方向摆动的时候了。具体情形我将要在下一个章节告诉你们。

第三十八章
中世纪的贸易

地中海地区由于十字军东征，再度成为生意繁忙的贸易中心。意大利半岛的城市由此成为欧亚、欧非贸易的集散地

　　意大利半岛的诸多城市在中世纪率先兴盛起来，获得一种特殊重要的地位，其中有三个原因。首先，在很久以前，意大利半岛就是罗马帝国的中心地区，它有着比欧洲其他地方更多的道路、城镇和学校。

　　在野蛮部落入侵欧洲的年代里，他们同样在意大利肆意劫掠、纵火焚烧。虽然被烧掉的东西很多，但还是有很多的东西得以幸存下来。其次，住在意大利的教皇，作为一个庞大政治机构的首脑，他不仅拥有土地、城堡、森林和河流等组成的庞大领地，而且可以监督法律的制定和实施，教皇总能收受大量的金钱。与威尼斯、热那亚的船东和商人一样，向教皇的权威表达敬意，是必须用金银支付的。欧洲北部和西部的奶牛、鸡蛋、马匹和其他农产品都必须先兑换成现金，才可以向远方的罗马还债。这使得意大利成为欧洲唯一的金银储备大国。最后，在十字军东征期间，意大利城市成为了运载十字军战士的出发地。所赚取的利润之高，让人瞠目结舌，意大利城市以不可思议的速度暴富起来。

　　十字军东征结束以后，意大利的这些城市成为了东方商品的集散与转运中心。欧洲人在近东地区居住的那段时间开始依赖东方的商品。

　　在这些城市中，最著名是水城威尼斯。威尼斯是一个建立在海岸边上的共和国。在4世纪野蛮人入侵的时候，人们便从大陆逃到这里躲避战祸。由于该地四面环海，那里的人们从事食盐生产。食盐在中世纪是相当紧缺昂贵的。几百年来，威尼斯一直垄断着这种不可或缺的食品（我说食盐必不可少，是因为

136

人同羊一样，若是食物中的食盐含量不足，就会得病）。于是，人们利用这种垄断地位来大大增强了其城市的竞争力。有时，他们甚至敢蔑视教皇的权威。城市变得富足强大后，人们开始建造船只，只与东方进行贸易。十字军东征期间，这些船又被用于运载十字军战士去圣地。如果旅客没有现金支付高额船费，他们就不得不帮助威尼斯人去侵占别人的土地。这样一来，威尼斯在爱琴海、小亚细亚和埃及扩展了越来越多的殖民地。

到14纪末，威尼斯的人口增长到20万，成为中世纪欧洲最大的城市。不过，政府被极少数富有家族控制，普通人民根本没有发言权。他们选出一个参议院和一位公爵，但也只是名义上的代表，城市真正控制在著名的10人委员会的成员手中。他们依靠一个组织高度严密的特务系统和职业刺客，严密监视所有市民。至于那些对肆意弄权、不择手段的公共安全委员会构成威胁的人们，则悄无声息地被清除掉。

在佛罗伦萨，你会发现另一种极端的政府，那里的民主政治也充满了动荡与不安。佛罗伦萨控制着从欧洲北部通往罗马的大道，这种有利的地理位置使得很多外资参与到这里从事商品制造业。佛罗伦萨人试图模仿雅典人，无论贵族、教士，还是行会成员，都可以参加城市事务的讨论。这引发了城市的大骚乱。在佛罗伦萨，人们总是分成不同的政治流派，相互恶斗。一旦某党派在议会中取得胜利，他们就会把自己的敌人流放，没收他们的财产。这样有组织的暴民统治持续了几个世纪之后，不可避免的情形终于发生了。一个权倾一时的家族发展成为这个城市的主人，并按古代雅典的"专制暴君"方式，治理着这座城市及附近的乡村。

这就是美第奇家族，其祖辈最初是外科医生（在拉丁语中，"美第奇"就是"医生"的意思，这个家族也以此得名），后来他们变成了银行家。他们的银行和当铺遍布所有重要的商贸中心。直至今天，你还能在美国当铺的招牌上看到三个金色球，它就是势力强大的美第奇家族的标志性图案。这个家族不仅是佛罗伦萨的统治者，而且还和王室联姻，把他们女儿嫁给法兰西的国王们。他们死后所住的陵墓，可以与罗马恺撒大帝的王陵相媲美。

另外，是威尼斯的老对手热那亚。在那里，商人专做与非洲突尼斯的贸易，以及黑海沿岸的粮食储备。除这几个著名城市，意大利半岛上还散布着200多个其他的城市，不论大小，每一个都是"麻雀虽小，五脏俱全"的商业单位。它们彼此相争，对夺取双方利益的邻居大打出手。这些邻居互相仇视，各自为政，并且无休止地争斗下去。

当东方与非洲的物品一旦运达这些意大利集散中心，它们还必须被转运到欧洲西部和北部的国家去。

热那亚通过水路将货物运到法国马赛，在那里重新装船，运往罗纳河沿岸的各大城市。这些城市又成为了法国北部和西部地区的商贸市场。

威尼斯则通过陆路将商品运往北欧。这条古老的道路穿过野蛮人入侵意大利的门户——阿尔卑斯山的勃伦纳山口。货物经因斯布鲁克被转运到巴塞尔，再从那里顺莱茵河而下，到达北海地区与英格兰，或者是前往由富格尔家族控制的奥格斯堡（该家族既是银行家，又涉足制造业，通过克扣工人的工资而发了大财）。在那里，富格尔家族将货物分送到纽伦堡、莱比锡、波罗的海沿岸的城市及哥特兰岛上的威斯比。而威斯比又进一步满足波罗的海北部地区的需要，并直接与俄罗斯古老的商业中心诺夫哥罗德城市共和国进行交易。该共和国于 16 世纪中叶被伊凡雷帝所毁。

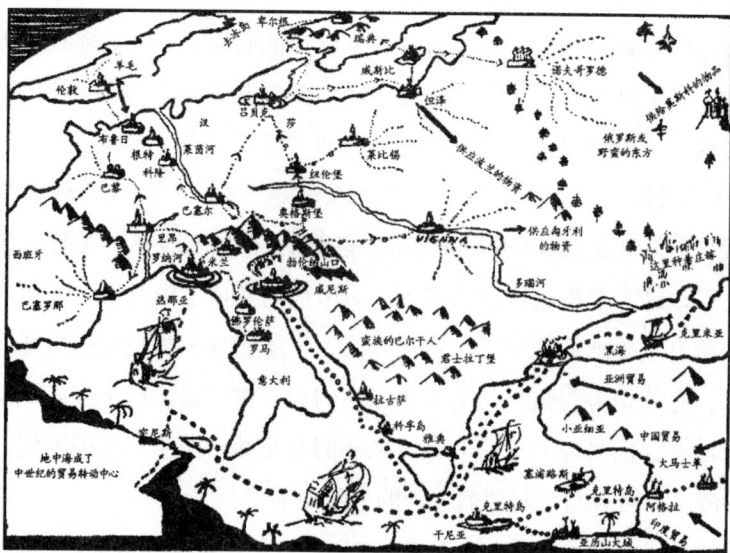

中世纪的贸易

　　欧洲西北部的很多小城市也有着自己有趣的传说。在中世纪，鱼的消费量是相当庞大的，那是因为这里存在大量的宗教斋戒日，每逢斋戒不得吃肉，人们只好以鱼代替。对于那些远离海岸和河流的人们来说，意味着他们只能吃鸡蛋，要么就什么都没得吃。不过在13世纪初期，一位荷兰的渔夫发明了鲱鱼的一种加工办法，这样，鲱鱼就能够被运送到很远的地方，以满足当地斋戒日的需要。因此，北海地区的鲱鱼捕捞业变得兴盛起来。在13世纪的某个时候，这种很有用处的小鱼（由于它们自己的原因）突然从北海来到波罗的海，于是内河的各个城市开始参与到捕鱼的行列中去。每逢鲱鱼的捕获期，整个欧洲的捕鱼船都会不远千里到波罗的海捕捞鲱鱼。由于这种鱼每年只有几个月的捕获期（其余时间它们都待在深海，繁殖大量的小鲱鱼），那些捕捞船如果不想在淡季无所事事，就得找到另外一份工作。这样，这些船被用来将俄罗斯中部和北欧出产的谷物运到西欧及南欧。返程的时候，它们从威尼斯和热那亚将香料、丝绸、地毯以及东方的小垫子运到布鲁日、汉堡和不来梅。

　　就这样，简单的商品贸易开始了，欧洲建立起一个非常重要的国际贸易体系，从制造业城市布鲁日、根特（在这里，强大的行会与法国国王、英格兰君主激烈交战，最终建立起一个劳工暴政，这个暴政把雇主和工人彻底给毁掉了），一直延伸到俄罗斯北部的诺夫哥罗德共和国。那里在伊凡沙皇之前一直是一个强大的城市，伊凡不相信所有的商人，他占领了这个城市，并在不到1个月的时间里杀死了6万多人，而其他的幸存者全部沦为乞丐。

　　为了保护自己免遭海盗、苛捐杂税及各种法律的伤害，北方城市的商人们建立了"汉莎同盟"，这是一个自我保护性质的联盟。汉莎由100多个城市自愿组成，总部在吕贝克。拥有自己海军的汉莎同盟，经常出海巡逻，防备海盗，一旦英格兰和丹麦国王胆敢干涉强大的汉莎同盟商人们的权利时，他们就奋起反抗，并最终取得了胜利。

　　我真希望能有更多的篇幅，好好给你们讲述有关这个奇特贸易旅程中的许多精彩的故事。这个奇怪的商业在这样危险中要跨越高山，穿过波涛汹涌的深海，每一次行程都是一次光荣的冒险。不过要讲好这些故事，必须写上好几册书才能讲完。

大诺夫哥罗德

此外，我已经告诉了你们足够多的有关中世纪的事情，希望能激发你们的好奇心，去找另一些极其出色的著作来深入研读。

正如我努力向你展示的那样，中世纪是一个发展异常缓慢的时代。掌握实权的人们相信，"进步"是魔鬼的一项发明，极不受欢迎，当然不应该受到鼓励。正因为他们正好占据掌权的位置，他们很容易把自己的意志强加到逆来顺受的农奴和目不识丁的骑士身上。偶尔有几个勇敢的灵魂会闯入科学的禁区，但是他们的命运往往很悲惨，能够保住性命或者免去20年的牢狱之灾，就是相当幸运的了。

12世纪和13世纪，就像尼罗河曾经淹没过古埃及流域一样，国际贸易的浪潮席卷了西欧大地，它留下肥沃的土壤，滋生出前所未有的繁荣和财富。繁荣意味着空闲时间的增加，而这些闲暇使得男人与女人们有机会购买手稿、阅读书籍，培养对文学、艺术和音乐的兴趣。

于是，世界又一次充满了那神圣的好奇心。正是在这种好奇心的驱使下，人类突飞猛进，从其他哺乳动物的行列中脱颖而出。那些动物是他的远亲，到现在为止还不会说话。我在前一章已经告诉了你们关于城市的故事，城市为那些敢于打破旧框框，敢为天下先的人们提供了一个安全的避难所。

他们终于开始行动了。他们不再满足于隐居书房、埋首苦读的生活，他们打开紧闭的小窗户，阳光顿时就像瀑布一样直泻进落满灰尘的陋室，彻底照亮历经漫长的黑暗年代所集结的蛛网。

于是，他们开始打扫房间，然后再清理他们的花园。

他们走出室外，越过欲坍塌的城墙，来到广袤的田野。他们不禁感慨："这是一个美妙的世界。我们生活在其中是多么幸福！"

在这一时刻，中世纪结束了，一个崭新的世界开始了。

第三十九章
文艺复兴

人们再一次只是为了活着而欢欣鼓舞。他们努力想挽救古老的、令人快乐的希腊文明和罗马文明的遗迹。他们为自己取得的成就感到自豪，因此称之为"文艺复兴"或"文明的再生"。文艺复兴并不是一场政治或宗教运动，而是一种精神状态。文艺复兴时期的人们依然是教会母亲顺服的儿子。他们仍旧是国王、皇帝和公爵统治下的顺民，没有丝毫怨言。但是，人们的生活态度已经发生了改变。他们开始穿不同的衣服，说不同的语言，在不一样的房子里过不一样的生活。

他们不再把所有的思想与精力用在等待永生幸福的降临。他们开始尝试，就在这个世界上建立起自己的天堂。说实话，他们取得了很大的进展，的确成就非凡。

我经常告诫你们，对历史时期的确立是很危险的。人们总是从表面上看待历史日期。他们认为中世纪是一个黑暗、愚昧的时期。随着时钟"滴答"一声，文艺复兴便开始了。于是，城市和宫殿都沐浴在热切的、好奇的、灿烂的阳光之下。

但事实上，中世纪和文艺复兴时期并没有明确的时间界限。13世纪当然是属于中世纪的，所有历史学家都无异议。13世纪就真的如人们所说的那样充斥着黑暗与停滞吗？根本不是。13世纪的人类是非常活跃的，他们不但建立了伟大的国家，而且还发展了规模宏大的商贸中心。在城堡塔楼和市政厅的屋顶之旁，新建的哥特式大教堂的纤细塔尖高高矗立，炫耀着前所未有的辉煌。整个欧洲都呈现一派生机盎然的喜人气象。市政厅里满是高傲显赫的绅士们，由于意识到财富就是力量后，他们便开始为争夺更多的权力与他们的封建领主进行斗争。行会成员们也仿佛觉察到"人多势众"这一重要原则，正在和那些市政厅里身处高位的强大绅士决一高下。国王和他精明的顾问们趁机浑水摸鱼，他们果然逮住了不少滑溜溜、金闪闪的"鲈鱼"，还当着那些又吃惊、又失望的市议员和行会兄弟们的面，把它们烤熟吃掉了。

中世纪的实验室

当夜幕降临，昏暗不明的灯光再也招徕不了更多关于政治、经济等问题的讨论时，为了让漫漫长夜更有意义、更有情趣，普罗旺斯的抒情歌手和德国的游吟诗人便开始讲述他们的故事，演唱他们的歌谣，歌颂他们的浪漫气质和丰富多彩的冒险经历。他们用富有磁性的声音诉说着他们的故事，用美妙的歌谣唱颂浪漫举止、冒险生涯、英雄和他们对美女的忠贞。与此同时，青年人对蜗牛似的进步感到忍无可忍，他们成群涌入大学，在那里又发生了很多有趣的故事。

中世纪的"国际精神"有点儿令人费解，请听我——道来。我们现代人大多是讲"民族精神"的，这很容易理解。我们分别是美国人、英国人、法国人或意大利人，各自说着英语、法语或意大利语，上着英国的、法国的或意大利的大学，除非我们一心想学习某种特殊学科，我们才会学习另一种语言，前往慕尼黑、马德里或莫斯科上学。可在 13 世纪和 14 世纪，人们很少讨论说自己是英国人、法国人或意大利人。他们会说"我是谢菲尔德公民"，或者"我是波尔多公民"，或者"我是热那亚公民"。因为他们同属于一个教会，这使得他们彼此之间有一种兄弟般的亲情。并且，所有教养良好的人士都会说拉丁语，所以他们便掌握着一门国际性语言，从而能够消除所有的语言障碍。然而在现代欧洲，随着民族国家的发展，这种语言障碍已经形成，使一些少数民族处于极其不利的地位。我举个例子，让我们来看看埃拉斯穆斯。他是一位宣扬宽容和欢笑的传教士，他的全部作品都写于 16 世纪。他住在荷兰的一个小村庄，用拉丁语写作，读者遍布全欧洲。如果他仍然活在今日，他大概只能用荷兰文写作，那么能直接看其著作的便只有几百万人。为了让其余欧洲人和美国人分享他的思想，出版商就不得不将其著作译成 20 多种不同的文字。这可要浪费一大笔钱。更可能的情形是，出版商不去找这个麻烦也不会去冒这个风险，压根儿就不会出版他的书。

600 年前这种事情根本不会发生。当时，欧洲人口中的大多数依然愚昧，根本不会读书写字，但对于那些有幸掌握了鹅毛笔这一高超技艺的人们来说，他们属于整个知识王国。这个王国跨越整个欧洲大陆，没有边界，也没有语言或国籍的限制。大学正是这个王国的坚强堡垒。不像现代的堡垒或要塞，当时的大学是不存在围墙的。只要哪里有一位教师和几个学生碰巧凑在一块儿，就算建立起了大学。这再次说明了中世纪和文艺复兴与我们现代社会大不相同。如今，要建立一所新的大学，其遵循的程序几乎无一例外是这样的：某个富人想为他居住的社区作贡献，或者某个教派想要建立一所学校，以便让他们的孩子们受到正当可靠的监督，或者某个国家需要医生、律师和教师一类的专业人才，决定建一所大学。于是，银行户头里先有了一大笔办校资金，它是大学的最初形态。这笔钱被用来修建校舍、实验室和学生宿舍。最后，招聘专业教师，举行入学考试。就这样，一所大学就办起来了。

中世纪的情形与现代截然不同。一位聪明人自言自语："我已经发现了一个伟大的真理，我必须把自己的知识传授给他人。"于是他开始宣讲他的思想，无论何时何地，只要有几个人洗耳恭听就行，就像现在街头的即兴演说。如果他才思敏捷、言语生动，是一位出色的宣传家，人们就围拢来，听他到底讲了些什么。如果他的演说沉闷乏味，人们也仅仅是耸耸肩膀，继续走自己的路。渐渐地，一些青年人开始定期来听这位伟大导师的智慧言辞。他们随身还带了笔记本、一小瓶墨水儿和一支鹅毛笔，把他们听到重要内容记录下来。假如某一天下起了雨，教师便和他的学生们找到一个闲置的房间或者就在"教授"的家里，继续讲演。这位学者坐在椅子上，学生们席地而坐。这就是中世纪最早的大学。

文艺复兴

中世纪，"universitas（大学）"一词，原意就是一个由老师和学生组成的混合体。"教师"就是一切，至于他在什么地方、在怎样的房子里讲课则无关紧要。

以一个发生在9世纪的事情为例。当时，在那不勒斯的萨莱诺小城，有几个医术非常高明的医生，他们吸引了许多有志从医的人们，于是就产生了延续将近1000年的萨莱诺大学（到1817年为止）。这所大学讲授的课程还是古希腊名医希波克拉底的医学理论，还有阿培拉德——一位来自布列塔尼的年轻传教士的理论。早在12世纪初期，他开始在巴黎讲授神学和逻辑学。数以千计热切的青年蜂拥法国的这座城市，聆听他的精彩学说。有一些持不同观点的神父也来阐述他们的理论。不久之后，巴黎满大街都是吵吵嚷嚷的英国人、法国人和意大利人，甚至有的学生自遥远的瑞典和匈牙利赶来。这样，在塞纳河中间的一座小岛上，环绕着古老的教堂，著名的巴黎大学诞生了。

在意大利的博洛尼亚城，一名叫格雷西恩的僧侣为那些想了解教会法律的人编写了一本教科书。于是，许多年轻的神父和众多的民众纷纷从欧洲各地赶来，听格雷西恩阐释他的思想。为了保护自己不受该城市的地主、商店老板和女房东的欺诈，这些人组织了一个互助会（即大学），这就是博洛尼亚大学的起源。

后来，巴黎大学发生了一场争论，我们不太清楚其中的原因。只见一群愤愤不平的教师和学生，一起度过英吉利海峡并在泰晤士河畔一个名为牛津的热情好客的小镇建立起了仁慈友善的家园，这就是著名的牛津大学。同样的，在1222年，博洛尼亚大学发生了分裂。不满的教师带着他们的学生迁移到帕多瓦另起炉灶。从此，这座意大利小城也能拥有一所自己的大学了。很快，大学如雨后春笋般地遍布整个欧洲。从西班牙的巴利亚多里德到地处遥远的波兰的克拉科夫，从法国的普瓦捷到德国的罗斯托克，这种情况在不断发生。

的确，这些早期的教授讲授的东西在今天看来有些荒谬可笑，因为我们的耳朵已经接受了数学和几何的定理。不过，我在这里想强调指出的一点是，中世纪，尤其是13世纪，并非一个完全静止的时代。那时的年轻人同样生机盎然，热情洋溢，在强烈的好奇心的驱使下提出自己的疑问和看法。正是在这片不安和躁动中，文艺复兴诞生了。

不过，就在中世纪世界的舞台帷幕缓缓落下之前，一个孤独凄凉的身影走上了历史舞台。这个人就是赫赫有名的但丁。对于这个人，你需要了解比他的名字更多的东西。1265 年，但丁出生于佛罗伦萨阿里吉尔利一个律师家庭，并在这里长大成人。在他成长的年代，乔托正致力将阿西西的基督教圣人圣方济各的生平事迹，画到圣十字教堂的四壁上。在但丁上学的路上，他时常会惊骇地看到一摊摊血迹，这是以教皇为首的奎尔夫派和以皇帝为首的吉伯林派之间的暴力冲突留下的。这些血迹就是恐怖的见证，成为少年但丁永远不可磨灭的痛苦回忆。

他长大以后成了拥护教皇的奎尔夫派，原因很简单，他的父亲是奎尔夫派成员。这就像一个美国孩子最后成了民主党人或共和党人，仅仅因为他的父亲刚好是民主党人或共和党人。但是数年之后，但丁看到，若再没有一个强权的领导者，意大利将在无休止的内乱中走向灭亡。于是，他离开了教皇派转而支持吉伯林派。

他翻越阿尔卑斯山寻找新的支持者。他希望能有一位强大的皇帝能够重新确立团结和秩序。可惜他的希望破灭了。1302 年，吉伯林派在佛罗伦萨的权力斗争中败北，其追随者纷纷被流放。从那时开始，直到 1321 年他在拉维纳城的古代废墟中凄凉死去为止，但丁一直是一个无家可归的流浪汉，靠着富人的施舍而存活下来。这些富人本来早就被历史所遗忘，仅仅因为他们对一位落魄中的伟大诗人的善心，他们的名字才流传了下来。

经过多年的流亡和磨难，但丁感到很有必要为自己和自己的行为进行辩护，阐述自己的观点。当时他是家乡的政治领袖，整天都在阿尔诺河漫步，怀念着初恋情人贝阿特丽斯。虽然她早已嫁为人妻并不幸死去，可

但丁

但丁仍希望能偶尔抬起头来，在恍惚的空气中，瞥见她美丽可爱的幻影。但丁雄心勃勃的政治事业彻底以失败而告终。他曾经忠心耿耿地效忠过自己出生的城市，但在一个腐败的法庭上，他被无端指控为盗取公共财富，处以终身流放的刑罚。如果他胆敢擅回佛罗伦萨，就会被活活烧死。为了对得起自己的良心和证明自己的清白，但丁于是创造了一个幻想的世界，尽可能详尽地描述了以往被命运击败的情况，刻画了贪婪、欲望和仇恨的绝望场面，是这些把他深爱着的美丽的意大利变成暴君唯利是图的战场。

他向我们叙述了一个冒险的故事。公元 1300 年的复活节前的那个星期四，他在一片浓密黝黑的森林里迷了路，更可怕的是一只豹子、一只狮子和一只狼将他团团围住。正当他在绝望中等死的时候，丛林中出现了一个白色的身影，他就是古罗马诗人与哲学家维吉尔。原来，仁慈的圣母马利亚和初恋贝阿特丽斯在天上看到了但丁的危险处境，特意派维吉尔来拯救他。随后，维吉尔带着但丁穿过了炼狱和地狱。曲折的道路将他们引向越来越深的地心，最后到达地狱最底层的深渊。那里，魔鬼撒旦在这里被冻成永恒的冰柱，四周都是最邪恶的罪人、叛徒、说谎者，以及那些用谎言和行骗来欺世盗名的不赦之徒。不过在这两位地狱漫游者到达这个最恐怖之地前，但丁还遇见了许多在佛罗伦萨历史中起过一定作用的人物。他们包括皇帝、教皇、勇猛的骑士和怨声载道的高利贷者。罪不可恕的人必定要永世受罚，罪孽较轻的人只有在获救后才能离开地狱。

这是一个奇特而神秘的故事。与此同时，它还是一本关于 13 世纪的人们所做、所感觉、所害怕和所祈求的一切。贯穿这一切的，是那个佛罗伦萨的孤独流放者，他的身后永远跟随着他绝望的影子。

是啊！当死亡之门即将向这位不幸的中世纪诗人关闭时，生命的大门又向一位孩子敞开了。他就是著名诗人弗朗西斯科·彼特拉克，一位小公证员的儿子。

彼特拉克的父亲与但丁一样，同属一个政治党派，也同样遭到流放，因此彼特拉克不是出生在佛罗伦萨。在他 15 岁的时候，彼特拉克被送到法国的蒙彼利埃学习法律，以便继承父业。不过这个大男孩儿一点儿也不想当律师，他厌恶法律，他想成为学者和诗人。正因为他对成为学者和诗人的梦想超过了世界上其他的一切，像所有意志坚强的人们一样，他最终做到了。他开始长途旅行，在弗兰德斯、在莱茵河沿岸的修道院、在巴黎、在列日，最后在罗马，他沿途抄写手稿。最后，他来到沃克鲁兹山区的一个寂静山谷中住了下来，并在那里勤奋地学习和写作。很快，他的诗歌和学术成果使他声名鹊起，巴黎大学和那不勒斯国王都向他发出邀请，让他去为学生和市民授课。在前去任教的途中，他必须经过罗马。那里的人们早就听说了他的大名，因为他把那些快要被遗忘了的罗马作家的著作整理并抢救了下来。罗马市民决定授予他至高的荣誉。那一天，在帝国首都古老的讲坛上，彼特拉克戴上了诗人的桂冠。

从那时起，彼特拉克的一生充满着无穷的赞誉和掌声。他描绘人们最乐意听到的事物。人们已厌倦了枯燥乏味的宗教争论，渴望五光十色的生活。可怜的但丁情愿不厌其烦地穿行于地狱，就让他去好了。彼特拉克却歌颂爱、自然和阳光。他绝口不提那些令人提不起精神的陈词滥调。他到哪里，哪里就有规模宏大的欢迎仪式，和一个胜利凯旋的英雄的待遇相差无几。如果他碰巧和自己的朋友、讲故事的高手薄伽丘一道，欢迎的场面会更加热烈。他们两人都是那个时代的典型人物，充满好奇心，愿意接受新鲜事物，并常常一头扎进几乎为人遗忘的图书馆仔细搜寻，希望能找到一份维吉尔、奥维德、卢克修斯或者其他古代拉丁诗人散佚的手稿。两人都是本分善良的基督徒。他们当然是，每个人都是，但是如果因为某一天注定要死去，就整天唉声叹气，衣衫不整，实在是没有必要。生命是美好的，活着应该是快乐的。人活在这个世界上，就应该追求幸福。你想要证据吗？好的。拿一把铲子，去挖地吧！你发现什么了？美丽的古代雕塑，优雅的古代花瓶，还有古代建筑的遗迹。这一切都是人类历史上无与伦比的古罗马帝国留给我们的巨大财富，他们统治全世界长达1000年。他们强壮、富有、英俊（你只要看看奥古斯都大帝的半身像就会知道）。当然，他们不是基督徒，永远进不了天堂。他们最多是待在炼狱中打发时光，但丁不久前才在那里拜访过他们。

这一切谁在乎呢？能够生活在古罗马那样的世界里，对任何凡人来说已经胜似天堂了。再说，生命只有一次，让我们为幸福地活着而快乐吧！

总之一句话，许多意大利小城市中的狭窄街道上都洋溢着这种意识形态。

你知道"自行车热"或者"汽车热"是怎么回事吗？有人发明了自行车，于是几十万年以来一直缓慢而劳神费力的步行，从一个地方到另一个地方的人们欣喜若狂。现在他们能借助自行车车轮之力，轻快迅速地翻山越岭，享受速度的乐趣。后来，一个聪明绝顶的工程师又制造了第一辆汽车。人们再也没有必要脚踩着踏板费力地骑自行车上路了。你只需舒舒服服地坐着，让马达和汽油为你工作。于是，每个人都想拥有一辆汽车。每个人开口闭口都是劳斯伦斯、廉价小汽车、净化器、里程表和汽油。勘探者们开始深入地下，目的是为了能够找到新的油源。至于苏门答腊和刚果的热带雨林可以为我们提供大量的橡胶，于是石油与橡胶一夜之间变成稀有物，以致人们为争夺它们而相互交战。你看，全世界都为汽车而疯狂，连小孩子在学会叫"爸爸""妈妈"之前，就知道汽车是什么东西了。

在 14 世纪，整个意大利为重新发现的为深埋在地下的古罗马世界的美丽而疯狂，其情其景正如同我们现代人对汽车的狂热。很快，西欧的人们也分享了他们的热情。于是，一部未知的古代手稿的发现，可以成为人们举行狂欢节的理由加以庆祝。一个写了一本语法书的人，就像现在发明火花塞的人一样广受欢迎。人文主义者，就是那些致力于研究"人"与"人类"，而非把时间精力浪费在毫无意义的神学研究中的人。这些研究者得到的荣誉和获得的尊敬，远远高于刚刚征服食人岛胜利凯旋的英雄们。

在这个文化巨变的过程中，发生了一件事情，大大有利于研究古代哲学家和作家的研究——土耳其人再度进攻欧洲了。古罗马帝国最后的一块领土，拜占庭帝国的首都君士坦丁堡被重重围困。1393 年，东罗马皇帝曼纽尔·帕莱奥洛古斯派遣特使伊曼纽尔·克里索罗拉斯前往西欧，向西欧人解释拜占庭的危急形势，并请求他们给予帮助。可是救援并没有来。

罗马的天主教徒巴不得希腊的天主教徒受到惩罚。虽然西欧人对拜占庭帝国及其属民的命运漠不关心，但他们对古希腊人却颇感兴趣。要知道，连拜占庭这座城市也是古代希腊殖民者于特洛伊战争发生 5 个世纪后，在博斯普鲁斯海峡边建立的。他们想学习希腊语，以便能够阅读亚里士多德、荷马及柏拉图的作品。他们求学心切，可他们没有希腊书籍，没有语法教材，更缺乏教师，根本不知从何着手。佛罗伦萨的官员们听说了克里索罗拉斯来访的消息，马上向他发出邀请。城市的居民们疯狂想学希腊语，他是否愿意来教教他们呢？克里索罗拉斯同意了，真是太好了。欧洲的第一位希腊语教授终于把 α、β、γ 教授给了数百名热切的年轻人。这些年轻人都是千辛万苦来到到小城阿尔诺的，住在肮脏的马厩或破旧的阁楼上，目的是学会动词的变格，以便能够同索福克勒斯和荷马直接对话。

同时，在大学里面，老派的经院教师还在孜孜不倦地教授着他们的古老神学和过时的逻辑学，阐释《旧约》中隐藏的神秘，讨论希腊、阿拉伯、西班牙和拉丁文本中亚里士多德著作里稀奇古怪的科学。他们惊恐地观看事态的发展，继而便勃然大怒。这些人简直走得太远了，真是离谱！年轻人竟然不去正统的大学学习，反而跑去听那些狂热的"人文主义分子"宣扬他"文明再生"的奇怪理论，真是太荒谬了。

经院的学者跑到当局那里去告状，但是这并不能解决任何问题——就像无法强迫一头牛去喝水一样，我们也不能强迫人们接受自己不喜欢的事情。这些老派教师的阵地连连失守，但是有时他们也会取得一些短暂的胜利。他们和那些从不求得幸福也憎恶别人享受幸福的宗教狂热分子结合在一起，对付他们共同的敌人。

在文艺复兴的中心佛罗伦萨，顽固的旧势力和美好的新生活之间发生了一场可怕的战斗。一个面色阴郁、极端憎恨一切美好事物的西班牙朵名沃派僧侣是中世纪阵营的领导者。他发动了一场堪称英勇的战斗，在圣玛丽教堂的大厅里，他每天都在叫喊，像是上帝发出的警告："忏悔吧！"他高喊道："忏悔你们对神的不敬！忏悔你们对那些不神圣事物的快乐！"他开始听到一个声音，眼中看见燃烧的利剑纷纷划过天际。他向孩子们传道，循循善诱这些尚未被玷污的灵魂，以免他重蹈父辈灭亡的覆辙。他组织了一个童子军，致力于侍奉伟大的上帝，并声称自己是上帝的先知。在一阵突然的狂热发昏之中，心怀恐惧的佛罗伦萨市民为他们对美好和快乐的邪恶热爱而忏悔。他们把自己拥有的书籍、雕塑和油画都拿到市场上，以狂野的方式举行了一个"虚荣的狂欢节"。人们一边唱着圣歌，一边跳着最不圣洁的舞蹈，为这个疯狂的狂欢节庆祝，而此时，萨佛纳洛拉则把火把投向堆积起来的艺术珍宝，将它们烧成灰烬。

直到灰烬冷却后，人们开始意识到他们的损失太大了。这种可怕的宗教狂热分子竟使得他们亲手摧毁了自己最珍爱的事物。他们转而反对萨佛纳洛拉，将他投进监狱。萨佛纳洛拉受到严刑拷打，可他拒绝为自己的所作所为忏悔。他是一个诚实的人，一心想过上圣洁的生活。他很乐于把那些不同观念的人摧毁掉，而且把消灭这些罪恶当作是他义不容辞的责任。在这位教会的忠诚儿子眼里，热爱异教的书籍与异教的美就是一种邪恶，但是他孤立无援。他是在为一个已经寿终正寝的时代打一场无望的战争。罗马的教皇根本未动一根指头来搭救他。相反，当他"忠实的佛罗伦萨子民"把萨佛纳洛拉拖上绞刑架绞死，并在群众的吼叫欢呼声中焚烧他的尸体时，教皇竟然未加反对。

这是一个悲惨的结局，且无法避免。如果在 11 世纪，萨佛纳洛拉肯定是一名伟大的人物。可现在是 15 世纪，他只不过是一个事业失败的领袖。不管结局如何，当教皇也成为人文主义者，当梵蒂冈变成了收藏希腊和罗马古代艺术品的重要博物馆时，中世纪确实已经穷途末路了。

第四十章

表现的时代

人们开始觉得有必要将他们的新发现、生活乐趣等表达出来。于是,他们通过诗歌、雕塑、建筑、油画及出版的书籍,来表达他们的幸福快乐

　　1471 年,一位 91 岁的虔诚的老人离开了人间。在他漫长的生命中,有 72 年是在修道院里度过的。这座修道院坐落在古老的荷兰汉撒尔城兹沃勒小镇附近,靠近风光秀美的伊色尔河。这位老人被称为托马斯兄弟,因为他出生在坎彭村,人们又叫他坎彭的托马斯。在托马斯 12 岁的时候,他被送到德文特,正是在那里,他与巴黎大学、科隆大学和布拉格大学的优秀毕业生格哈德·格鲁特创建了“共同生活兄弟会”。格哈德·格鲁特是一位云游的传教士,享有一定的声望。兄弟会的成员都是一些谦卑的普通人,他们希望能一边从事木匠、油漆工和石匠等工作,一边效仿早期的基督教徒过简朴的生活。他们开办了一所非常出色的学校,使得贫穷家庭的孩子也能受到基督伟大智慧的教诲。就是在这所学校,小托马斯学会了如何拼写拉丁动词,如何抄写手稿。为了实现自己的远大志向,他许下誓言,背上自己的一小捆书籍,翻山越岭来到兹沃勒。然后,

约翰·胡斯

他长舒了一口气，将那个躁动不安的世界关在了门外。

托马斯生活在一个瘟疫流行、死亡频繁的动乱世界。在中欧的波西米亚，英国宗教改革者约翰·威克利夫的朋友及追随者约翰·胡斯有一群忠实的信徒，正在准备为他们的领袖之死发动一场可怕的复仇战争。胡斯是根据康斯坦茨会议的命令，被烧死在火刑柱上的。不久前，正是这个会议曾经保证，如果他能到瑞士来，面对济济一堂商讨教会改革的教皇、皇帝、23名红衣主教、33名大主教和主教、150个修道院院长以及100多个王公贵族，解释他的思想，教会将会保护他的安全。

在西欧，为了将英国人赶出自己的国门，法国人已经进行了将近100年的战争。后来，由于圣女贞德的及时出现，才把法国从彻底失败中拯救出来。硝烟还未散去，法兰西王国和勃艮地又开始为争夺西欧的霸主地位兵戎相见。

在南部，罗马的一个教皇正在祈求上帝不要赐福给住在法国南方的阿维尼翁的另一位教皇，而阿维尼翁的教皇也用同样的方式报复。在遥远的远东，土耳其人攻占了君士坦丁堡，毁灭了罗马帝国的最后一丝残余力量。俄罗斯人为了摧毁他们的鞑靼主人的势力，发动了最后一次十字军东征。

可对外部世界发生的这一切，住在安静的小屋中的好兄弟托马斯既毫无耳闻，也无意知晓。有他的手稿和思想，他已经很满足了。他把自己对上帝的爱倾注在一本小册子里面，并取名为《效法基督》。后来除《圣经》外，这本《效法基督》也被翻译成多种语言，没有别的书能超越过它。因为阅读这本小册子的人，跟研读《圣经》的读者一样多。它影响了成百上千万人的生活，改变了他们看待世界的观点。"能够拿着一本小书，坐在一个小角落，安静地度过他的一生"，就是作者最高的人生理想。

托马斯兄弟代表着中世纪最纯净的理想。在节节胜利的文艺复兴浪潮的四面包围中，在人文主义者高声宣布新时代到来的呐喊声中，中世纪也在积聚力量，准备最后的突围。修道院进行了改革，僧侣们远离了奢侈和不道德的恶习。淳朴、坦白和诚实的人们，正努力以自己无可挑剔的虔诚生活为榜样，试图将世人带回正义的、对上帝唯命是从的道路上来。但是，没有一点儿用处，因为崭新的世界从这些善良人们的身旁匆匆而去。沉静思想的时代已经一去不复返了。

伟大的"表现"时代开始了。

公元 1400 年，
一个人抄一本书要用100天

公元 1500 年，
一天能印 100 本书

手抄本与印刷出来的书

　　让我在这里补充说明一句，我非常遗憾自己必须用这么多的词汇来解释这个问题。说实话，我希望能用片言只语就能够写完这部历史，但这不可能做到。你在写几何学教科书时，不可能不提到斜边、三角形和直面平行六面体这样的术语。你必须理解这些术语的意思才能学好数学。在历史上（并且在生活的各个方面），你最终将不得不学习一些起源于拉丁文和希腊文的深奥词汇。如果这是必需的，那为什么现在不做呢？

　　当我说文艺复兴是一个"表现的时代"的时候，我的意思是：人们已不再仅仅满足于当作台下的一名听众，让皇帝和教皇告诉他们该做什么、该想什么。如今，他们想登上生活的舞台，希望把自己的思想"表达"出来。

　　如果有一个像佛罗伦萨的历史学家尼科·马基雅维里一样的人，他正好对政治感兴趣，那么他就会著书立说，在书中"表达"自己，阐述他对于一个成功的国家和一个富有成效的统治者的看法。另一方面，如果他对绘画感兴趣，那他就用图画"表现"自己对美丽线条与鲜活色彩的热爱。不管在哪里，只要人们关注那些表达真正的、永恒的、美好的东西，比如乔托、拉斐尔、安吉利

人类简史
The Story of Mankind

教堂

科及其他数以千计的名字成为家喻户晓的词汇。

如果有人在热爱色彩和线条的同时，还热爱机械与水利，其结果就是列奥那多·达·芬奇。他绘画、做飞行器和气球的试验，还为伦巴德平原的沼泽地排水，并且他对散文、绘画、雕塑颇有研究。他在天地间的万事万物里感受到了无穷的乐趣，便将它们"表现"在他的散文、绘画，甚至他构想的奇特发动机里面。当一个人像米开朗基罗那样拥有巨人般的精力，觉得画笔和调色板对他强壮有力的双手来说实在太温柔了，那么他就转向建筑和雕塑，从沉重的大理石块中凿出最不可思议的雕像，并为圣彼得大教堂绘制蓝图。这是让大教堂享有胜利荣耀的最具体的"表现"。

就这样，"表现"继续发展。不久以后，整个意大利（很快是整个欧洲），到处都是这样勇于"表现"的男男女女，他们生活和工作的目的就是给我们人类的知识、美与智慧的宝藏里，加上自己的一些贡献。在德国的梅因兹城，约翰·古登堡刚刚发明了一种印刷书籍的新方法。他研究了古代的木刻法，对现行方法进行改良，可以把软铅制成的单个字母排列组合在一起形成单词及整篇的文字。尽管他为了获得印刷术的发明权而导致倾家荡产，最终死于贫困；但是他伟大的"表现"却使得他流芳百世，世人受益匪浅。

　　很快，威尼斯的埃尔达斯、巴黎的埃提安、安特卫普的普拉丁和巴塞尔的伏罗本等人使印刷精良的古典著作风靡全世界。这些著作有的用《古登堡圣经》使用的哥特式字母印刷，有的用意大利字体印刷，还有的用希伯来字母或罗马字母印刷。

　　于是，整个世界都成了那些有话要说的人的热心听众，知识只为少数特权阶层垄断的时代已经不复存在了。无知和愚昧的最后一个借口——昂贵的书价，也随着哈勒姆的厄尔泽维开始大量印刷那些廉价、通俗的书籍而一去不返。现在，只需要掏出几个便士，你就能与亚里士多德、柏拉图、维吉尔、贺拉斯及普利尼这些优秀的古代作家、哲学家和科学家们成为良师益友。人文主义终于使所有人在印刷的文字面前获得自由与平等。

第四十一章
地理大发现

既然人们已经冲破了中世纪的束缚，他们就需要更大的空间去冒险。欧洲对那些雄心勃勃的人们来说，已经显得太小了。于是伟大的航海时代终于来临了

马可·波罗

对欧洲人来说，十字军东征实际上是一所普及旅行知识的大学。不过在当时，没有多少人敢冒险超出经威尼斯至雅法这条为人熟知的路线。公元13世纪，威尼斯商人波罗兄弟不畏艰险，穿越浩瀚的蒙古大沙漠，爬过高耸的山脉，千辛万苦地来到强大的中国，拜见了伟大的元朝大汗皇帝。波罗兄弟的儿子马可·波罗，写出一本游记，详细描述了他们长达20年的东方漫游与冒险故事，让世

人震惊不已。当读到马可·波罗对奇特岛国"吉潘古"（"日本"一词的意大利念法）的奇异金塔的迷人描绘时，全世界都目瞪口呆。许多人梦想去东方寻找这遍地黄金的国度，实现发财的美梦，但是由于路途漫长而又艰险，他们只得待在家里做做白日梦而已。

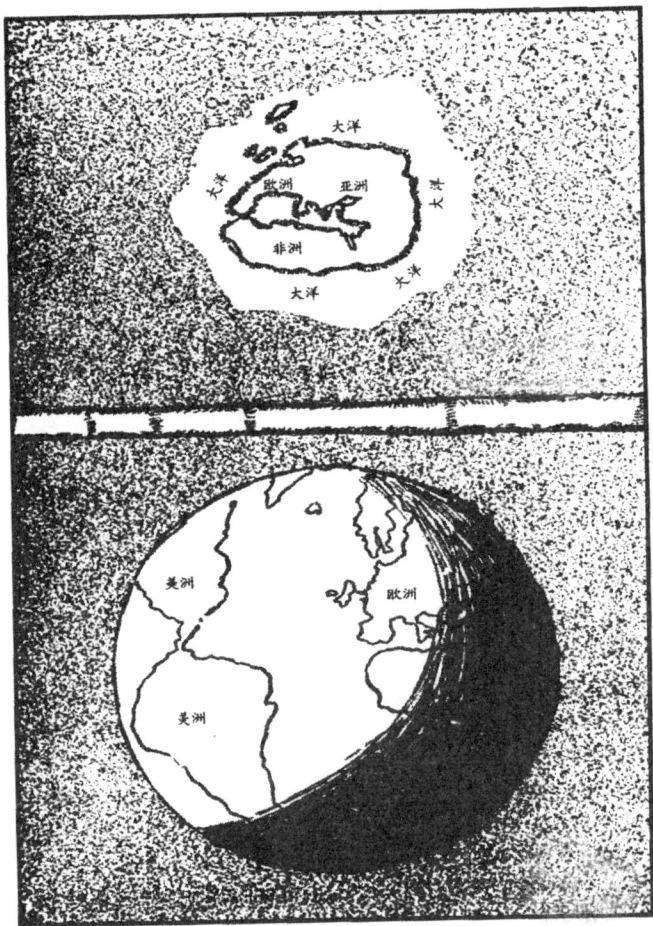

世界是怎样越变越大的

当然，走海路去东方也是有可能行得通的。不过在中世纪，人们并不热衷于航海。这种状况是有充分理由的。首先，当时的船只体积太小。麦哲伦持续好几年的著名环球航行，他所用的船只还没有现在的一只渡船大。这样的船只能容纳 20~50 人，船舱狭窄拥挤，舱顶极低，根本无法站直身体。厨房设备太差，只要天气稍微恶劣就生不着火，一旦如此，水手们就不得不吃生的东西或以干粮充饥。在中世纪，人们已经知道如何保存鲜鱼，晒制鱼干，但还没有发明罐头食品，一旦出海，就无法吃到新鲜蔬菜。淡水是用木桶储存的，用不上多长时间就会变质，长出许多滑腻腻的物质，喝起来有一种烂木头和铁锈的味道。中世纪的人们对细菌的认识还是一片空白（13 世纪的一位学识渊博的僧侣罗杰·培根似乎检测到细菌的存在，不过他很明智地保留了这个发现），因此他们经常喝不洁的淡水，甚至有时全体船员死于伤寒。事实上，早期航海的死亡率高得可怕。1519 年，麦哲伦从塞维利亚出发去进行著名的环球航行，有 200名水手一同出海，可活着回到欧洲的只有 18 人。即便到了 17 世纪，西欧与印度群岛的海上贸易已十分频繁，可完成一次从阿姆斯特丹到巴达维亚的往返行程，水手的死亡率也高达 40%。这些不幸的人们大部分是被坏血病夺走了生命。这种病是由于缺乏新鲜蔬菜而引起的。它会感染牙床，使血液中毒，最后病人体力衰竭而死。

在如此恶劣的情形下，你很容易理解当时欧洲的优秀分子不愿意航海的原因了。麦哲伦、哥伦布、达·伽马这样的伟大探险家，他们手下的船员几乎是被囚禁的罪犯、未来的杀人犯和失业的小偷。

这些航海者的勇气和胆识让我们钦佩不已。面对着过惯了现代舒适生活的人们无法想象的困难，他们毅然决然地投身于并不可思议地完成了看似毫无希望的航海任务。他们的装备极其简陋，船底经常漏水，索具也非常笨重。从 13世纪中期开始，他们就有了指南针（十字军东征时从中国传入阿拉伯，再流入欧洲），能辨明海上方向，但是他们的航海地图极不精确，很多时候，他们只能靠着上帝的指引和自己的猜测来确定航线。如果运气好，他们会在一两年后返回故乡。如果运气不佳，他们便会抛尸荒凉的海滩或葬身海底。但是他们是真正的开拓者和冒险家，他们用命运做赌注。对于他们来说生命就是一次辉煌的冒险历程。每当他们看到一处新海岸线的模糊轮廓，或者一片无人知晓的新水域时，所有的磨难，干渴、饥饿、病痛和创痛，便被统统忘得一干二净。

我又希望这本书能够写 1000 页的篇幅，因为早期地理大发现这一话题，实在太迷人了。但是，写作历史的任务就是给你们一个对于过去时代的真实描述，就应该像伦伯朗创作的蚀刻画一样。重点突出那些最重要的历史事件、最伟大的历史人物和最富于意义的历史时刻，应该投以鲜明生动的光线，其余相对次要的，则只需用阴影或几根线条加以表示即可，因此在这一章里面，我只能给你们，罗列出最重要的航海大发现。

请一定记住，14 世纪至 15 世纪，所有的航海家们都在努力完成一件事情——找到一条舒适安全的航线，通往梦想中的中国、日本及那些盛产香料的神秘岛屿。从十字军东征起，欧洲人便喜欢使用香料。香料变成了一种不可或缺的重要商品。要知道，在冷藏法发明之前，肉类和鱼很容易腐烂变质，只有撒上一大把胡椒或豆蔻方可食用。

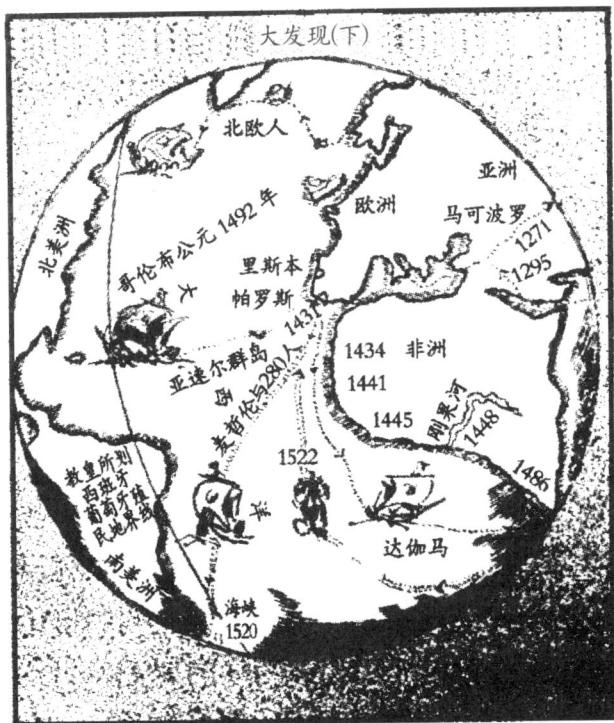

西半球的大发现

威尼斯人和热那亚人曾经是地中海的伟大航行者，不过探索大西洋海岸的荣誉却落到了葡萄牙人头上。葡萄牙人和西班牙人在同摩尔侵略者的长年战斗中，产生了强烈的爱国热情。这种热情一旦存在，便逐渐延伸到新的领域。13世纪，国王阿尔方索三世征服了位于西班牙半岛西南部的阿尔加维王国，将它纳入自己的版图。14世纪，葡萄牙人在与穆罕默德信徒的战争中渐渐扭转时机，赢得了主动权。他们渡过直布罗陀海峡，攻占了阿拉伯城市泰里夫对面的休达城。接着，他们一路高歌，占领了丹吉尔，并将它设为阿尔加维王国在非洲属地的首府。

现在，葡萄牙人已经准备好，开始探险者的伟大事业。

1415年，人称"航海家亨利"的亨利王子，也就是西班牙约翰一世的儿子岗特·约翰，开始大规模探索非洲西北部的准备工作。在很久以前，腓尼基人和古代北欧人就已经涉足这里，据北欧人回忆说，这里是长毛"野人"出没之地。后来我们才知道，这些所谓的"野人"其实就是非洲大猩猩。

亨利王子和他的船长们先后发现了加那利群岛。接着，他们重新找到了几个世纪以前一艘热那亚商船曾在此短暂逗留的马德拉岛；他们还勘察了亚速尔群岛，并绘制出详细地图。此前，葡萄牙人与西班牙人对此群岛只有模糊的认识。他们把非洲西海岸推测为尼罗河西部的塞内加尔河河口，投去粗粗一瞥就离开了。最后，在15世纪中期，他们到达了佛得角（又称绿角）和位于巴西至非洲海岸之间的佛得角群岛。

不过，亨利的探险活动并不局限于海洋。他还是基督骑士团的首领，基督教骑士团是十字军圣殿骑士团在葡萄牙的继续。1312年教皇克莱门特五世在法国国王菲利普的要求下解散了显赫一时的圣殿骑士团，借机将圣殿骑士全部烧死在火刑柱上，并夺取了他们的财产和领地。葡萄牙坚定地保留了自己的十字军骑士团，亨利王子就是该团体的首领。他利用骑士团所属的领地，装备了几支远征军，去探索几内亚海岸的撒哈拉沙漠的心脏地带。

但是，亨利的思想仍然停留在中世纪。他花费了大量的时间和金钱去寻找神话传说中的"普勒斯特·约翰"。这位传说中的人物，在12世纪的欧洲就广为流传。据说，这个叫约翰的基督传教士建立了一个幅员辽阔的帝国，自己就是这个大帝国的皇帝。这个神秘国度的具体位置不详，只知道是"位于东方某地"。

在长达 300 年的时间里，人们一直在试图寻找"普勒斯特·约翰"及其后人，亨利也不例外。在他死后 30 年，约翰之谜才被解开。

1486 年，探险家巴瑟洛缪·迪亚斯为了从海路去寻找"普勒斯特·约翰"的国度，来到了非洲的最南端。最初，他将此地命名为"风暴角"，因为这里的强风阻止了他继续向东前行。不过里斯本的海员们都知道，在他们前行印度的航行中，这一发现具有举足轻重的意义，因此将其改名为"好望角"。

1 年后，佩德洛·德·科维汉姆带着热那亚梅迪奇家族的介绍信，开始从陆路去寻找"普勒斯特·约翰"的神秘国度之旅。他一路南行，渡过地中海，穿越广袤的埃及国土，继续向南方深入抵达亚丁，并从那里换上海船，渡过波斯湾。1800 年前，亚历山大大帝之后，就没有几个白人见过波斯湾。后来，科维汉姆造访了印度河岸的果阿及卡利卡特，在当地听说了许多有关月亮岛（马达加斯加）的传说。据说，该岛位于印度与非洲之间。之后，他在返回波斯湾的途中，秘密地参观了穆斯林的大本营——麦加和麦地那。随后，他再次渡过红海，并于 1490 年找到了"普勒斯特·约翰"的国家。原来，约翰只不过是阿比尼西亚的黑人国王，他的祖先在 4 世纪皈依了基督教，比基督传教士辗转到达斯堪的那维亚的时间还要早 700 年。

这许许多多的航行使葡萄牙的地理学家和地图绘制者们相信，虽然朝东前往东印度群岛的旅行可以实现，但实施起来绝非易事。然后，引发了一场大争论。一些人赞成从好望角以东的方向继续探索，另一些人则说："不，我们必须向西横渡大西洋，才能到达中国。"

我们这里要说明的是，那个时代大多数聪明的人都坚信，地球并不像一张扁平的烙饼，相反地球应该是圆的。伟大的埃及地理学家克劳狄亚斯·托勒密提出关于宇宙构成的托勒密学说，宣称地球是方的。这一理论满足了中世纪人们的简单需求，因而受到广泛接受。不过到文艺复兴时期，科学家们抛弃了托勒密体系，转而接受波兰数学家哥白尼的学说。通过研究，尼古拉斯·哥白尼认为，有一系列圆形的行星围绕太阳转动，地球就是这些行星中的一个。然而，因为害怕宗教法庭的迫害，哥白尼小心翼翼地保存这个学说长达 36 年，直到 1534 年，也就是他去世的那一年，他的学说才得以公开发表。宗教法庭最初建立于13世纪，当时主要是为防范法国阿尔比教派和意大利华尔多教派的异端邪说威胁罗马主教的绝对权威。实际上，这些人都是性格温和的异端分子，不相信私有财产，信仰虔诚，宁愿过基督那样的贫穷生活。现在双方争论的焦点不是向东或向西能够到达印度和中国，而是哪条路更近、更方便。

主张向西航线的人当中，有一位热那亚水手，名叫克里斯托弗·哥伦布。他出生于羊毛商之家，曾经在帕维亚大学主修过数学和几何学。后来，他继承了父亲的羊毛生意。可没过多久，我们又发现他在东地中海的希厄斯岛上进行商务旅行。后来，我们听说他乘船去了英格兰，但此行到底是作为羊毛商还是作为船长去的，我们就不知道了。1477年2月，哥伦布造访了冰岛（如果我们对他所说的话确信无疑的话），但更可能的情形是，他好像只到了法罗群岛。因为在每年2月，此地地冻天寒，很容易让人误认为是冰岛。哥伦布在这里遇到了强悍勇敢的北欧人的后裔，他们从10世纪开始就已在格陵兰岛定居。在11世纪，他们还访问过美洲。当时利夫船长的船遭到狂风巨浪的袭击，被风刮到了美洲的文兰岛，也就是拉布拉多半岛。

至于那些遥远的西部殖民地后来结果如何，我们无从得知。利夫的兄弟托尔斯坦因的遗孀后来嫁给了托尔芬·卡尔斯夫内，他于1003年建立了托尔芬·卡尔斯夫内殖民地。遗憾的是，由于爱斯基摩人的敌意与反抗，该殖民地只维持了3年就被推翻了。至于格陵兰岛，从1440年开始就再也没有了当地居民的任何音讯，很可能所有定居格陵兰的北欧人都死于黑死病，这种病曾经夺走了挪威一半人口的生命。不管怎么样，关于"远西地区的大片土地"的传闻依然在法罗群岛和冰岛的居民那里广为流传，哥伦布想必也听说过这样类似的消息。从苏格兰北部群岛的渔民那里，哥伦布进一步收集到更多的信息。然后，他来到葡萄牙，娶了一位曾为亨利王子（航海家亨利）工作的船长的女儿为妻。

从1478年起，他将全部的精力投入到通往东印度群岛的西行航线的探索中。他向葡萄牙和西班牙皇室分别递交了自己航行计划。当时，葡萄牙人对他们的东行计划自信十足，哥伦布的计划根本引不起他们的兴趣。至于西班牙，阿拉贡的斐迪南大公和卡斯蒂尔的伊莎贝拉于1469年结婚。这桩婚姻使阿拉贡和卡斯蒂尔合并为一个统一的新国家——西班牙王国。此时，他们正忙于攻打摩尔人在西班牙半岛的最后一个堡垒——格拉纳达，战争耗资巨大，需要把每一个比塞（西班牙货币单位）用来养活士兵，他们缺乏足够的钱资助这一冒险的远征。

哥伦布是一位勇敢而坚强的意大利人，很少有人能像他那样为实现自己的理想而拼命奋斗。不过有关哥伦布的故事你们早已耳熟能详，在这里我就不再重复了。1492年1月2日，困守格拉纳达的摩尔人终于投降了。同年4月，哥伦布与西班牙国王及王后达成协议。8月3日，一个星期五，哥伦布率领3只小船和88名船员挥别帕洛斯（这些船员大多是关在监狱里的罪犯，为了减轻罪行而参加这次远征的），开始了向西寻找印度和中国的伟大航行。1492年10月12日，星期五，凌晨2时的时候，哥伦布首次发现了陆地。1493年1月4日，哥伦布踏上返乡之旅，命令44名船员（后来再也没有人见过这些人）留守在拉·纳维戴德要塞。2月中旬他到达了亚速尔群岛，在那里，葡萄牙人差点儿将他投进监狱。1493年3月15日，哥伦布历经千辛万苦终于回到帕洛斯岛，随后又马不停蹄地带着他所发现的印第安人（他坚信他发现的是印度的外围群岛，因此将他带回的土著居民称为红色印第安人）赶往巴塞罗那，告诉他的赞助人他大获成功。他兴致勃勃地宣称，国王陛下已经成为通往富饶的中国和日本航线的主人，将会有享之不尽的财富。

不过，哥伦布到死也没悟出事实的真相。在他生命的最后时刻，当他在第四次航行中到达南美大陆时，他也许也曾怀疑过自己的发现有点不太对劲。不过，他至死还抱着一个坚定的信念，即在欧洲和亚洲之间并无一个单独的大陆，通往中国的直接路线已经被他找到了。

与此同时，葡萄牙人一直坚持他们的东方航线，运气比西班牙人好多了。1498年，达·伽马成功到马拉贝尔，并满载着一船香料安全返航，全欧洲都为之震动。1502年，达·伽马又一次到达印度，感慨颇多。相比之下，西航线的探索工作却令人十分失望。1497和1498年，约翰·卡波特和塞巴斯蒂安·卡波特兄弟试图找到通向日本的道路，但是他们只看到纽芬兰岛白雪皑皑的海岸和嶙峋突兀的岩石。其实早在5个世纪之前，北欧人就已经到达过这里了。佛罗伦萨人阿美利哥·维斯普奇后来成了西班牙首席领航员，新大陆就是以他的名字命名的。他探索了巴西海岸，连东印度群岛的踪影都没有见过。

1513 年，即哥伦布去世 7 年以后，欧洲的地理学家们终于明白了新大陆的真相。华斯哥·努涅茨·德·巴尔波沃穿越巴拿马峡谷，登上著名的达里安高峰，他极目远眺，难以置信地看到眼前竟还有一片无边无际的辽阔海洋，这似乎暗示着另一个新大洋的存在。

最后，在 1519 年，一支由 5 只西班牙小船组成的舰队，在葡萄牙航海家斐迪南·麦哲伦率领下，向西航行，寻找盛产香料的群岛（向东的路线完全掌握在葡萄牙人手中，他们不允许任何人与之竞争）。麦哲伦渡过非洲与巴西之间的大西洋，继续向南航行，到达了巴塔戈尼亚最南端的一个狭窄的海峡，对面就是"火地岛"。巴塔戈尼亚的意思是"大脚人的土地"。火地岛是水手们命名的，因为某天晚上他们看到了岛上燃起的火光，表明岛上有土著居民活动。在那里，整整 5 个星期，麦哲伦的船队遭到狂风和暴风雪的袭击，随时都可能发生灭顶之灾。惶恐不安的船队中发生了动乱，麦哲伦以极其严厉的手段镇压了叛乱，并把两名船员留在荒芜的海岸上，让他们在孤岛上"忏悔罪过"。

麦哲伦

最后，风暴终于停息，海峡也变得宽阔了。麦哲伦驶入了一个新的大洋。这里风平浪静，他称它为 MarePacific，即太平洋。然后他继续向西航行，但是经过了 98 天的航行，没有看见一丝一毫陆地的影子，船员的数量急剧减少。饥寒交迫的船员只能吞噬船舱里大群的老鼠。老鼠吃光了，他们就咀嚼船帆布来解决饥饿之苦。

1521 年 3 月，他们终于看见了陆地。麦哲伦将此地命名为兰德罗纳斯（意思是强盗），因为当地的土著人见什么偷什么。接着，他们继续西行，越来越接近他们朝思暮想的香料群岛。

新大陆

陆地再次出现。这是一群孤独的岛屿。麦哲伦称为菲律宾群岛，这是以他的主人查理五世的儿子菲利普的名字命名的，不过这位菲利普二世在历史上名声并不太好，很快被人们遗忘。在菲律宾，麦哲伦一开始受到当地居民友好热情的接待，可当他准备用大炮强迫当地居民信奉基督教时，遭到了强烈反抗。土著居民杀死了麦哲伦，一同被杀死的还有他手下的几个舰长和水手。幸存的海员焚毁了残余的三艘船只中的一艘，然后继续向西航行。后来，他们最终抵达摩鹿加，即著名的香料群岛。同时，他们还发现了婆罗洲（今印尼加里曼丹岛），并到达了蒂多雷岛。在这里，剩余的两艘船中的一艘由于漏水严重，无法继续航行，只能连船员一起留在当地。唯一幸存的"维多利亚"号在船长塞巴斯蒂安·德尔·卡诺的率领下，开始穿越印度洋，遗憾地与澳大利亚擦肩而过（此地于17世纪初期被荷兰东印度公司的船只发现）。最后，他们历经千辛万苦，终于返回了西班牙。

这次环球航行是所有航行中最引人注目的一次。它耗时3年，投入了巨大的人力和金钱才获得了成功。这次航行充分地证明了一个事实，即地球确实是圆的，以及哥伦布发现的新土地并不是东印度群岛的一部分，而是一个全新的大陆。从那以后，西班牙和葡萄牙就把全部的精力投入开发印度群岛及对美洲的贸易之上。为防止这对竞争对手最终以流血冲突的方式解决争端，教皇亚历山大六世（唯一登上教皇神圣宝座的异教徒）规定以西经50度子午线为分界线，将世界平分为东、西两个半球，这就是所谓的1494年的托尔德西亚分界线。根据条约，葡萄牙人拥有在这条经线以东地区建立殖民地的权力，而西班牙人获得了经线以西地区。这就可以解释一个事实：整个美洲，除巴西之外的整个南美大陆都是西班牙殖民地，而全部的印度群岛及非洲大部分地区都是葡萄牙的殖民地。直到17世纪至18世纪，英国和荷兰（他们无视教会权威）把它们据为己有。

当哥伦布发现中国和印度的消息传到中世纪的"股票交易所"，威尼斯的利奥尔托时，引发一场大恐慌。股票和债券的价格狂跌了40%~50%。不久之后，当威尼斯的商人感觉到哥伦布并未真正找到通往中国的海路时，人们才从惊恐中恢复过来。可紧接的达·伽马与麦哲伦的航行有利证实了，向东由海路航行到印度群岛并非不可能。这时，中世纪和文艺复兴时期两大著名商业中心——威尼斯与热那亚的统治者们追悔莫及，当初就是他们拒绝听取哥伦布的建议的，可为时晚矣。令他们发财致富、令他们骄傲无比的地中海现在成了一片内陆海，与东印度群岛和中国的陆路贸易已经变得微不足道了，意大利往日的辉煌一去不复返了。大西洋开始成为新的贸易与文明的中心，从那时一直到现在再也没有发生过变化。

你已经看到，从 5000 年前尼罗河流域的居民有了文字的历史以后，文明以多么奇特的方式在前进啊！从尼罗河流域，文明转移到美索不达米亚之间的土地，然后是克里特文明、希腊文明和罗马文明的兴起。接下来地中海这个内陆海变成了全世界的贸易中心，地中海沿岸的城市成为了艺术、科学、哲学及其他知识的发源地。到 16 世纪，文明再次向西迁移，使得大西洋沿岸的国家又一次成为世界的主人。

有人断言，世界大战和欧洲民族的自相残杀已经大大降低了大西洋的重要地位。他们期望文明跨越美洲大陆，在太平洋找到新的家园。对此，我保持沉默。

随着西行航线的不断发展，船只的规模也在逐渐增大，航海家们的知识和视野也在不断增长。尼罗河和幼发拉底河的平底船被腓尼基人、爱琴海人、希腊人、迦太基人及罗马人的老式帆船所取代。这些老式帆船随后又被葡萄牙人和西班牙人的横帆船所取代，再后来英国和荷兰的全帆船又取代了横帆船，西班牙人和葡萄牙人的船只又被赶出了海洋。

如此，文明的发展已经不再依靠船只了。飞机将取代帆船和蒸汽船的位置。下一个文明中心将依赖于飞机与水力的发展。海洋将再次成为小鱼们自由自在的宁静家园，一切仿佛又回到他们和人类的祖先共同分享过的深海那样。

第四十二章
佛陀与孔子

关于佛陀与孔子的故事

葡萄牙人与西班牙人的地理发现，使得西欧的基督徒与印度人和中国人发生了密切的往来。当然，西方人早就明白基督教并不是世界上唯一的宗教。除此之外，还有伊斯兰教和非洲北部那些崇拜木棍、岩石和枯树的异教。基督教征服者们突然发现，印度和中国竟然还存在成百上千万的人们从未听说过基督，其实他们也不想知道。因为在他们看来，自己的宗教已经有几千年的历史了，远比西方的所谓宗教要好得多。由于我讲的是一部关于人类的故事，并不仅仅是说欧洲人和我们居住的西半球的历史。所以，我想你们有必要了解这两个人——佛陀与孔子。他们的教导和典范，依然在继续影响着这个世界上我们大多数人的行为和思想。

印度的佛陀被尊为最伟大的宗教导师。他的生平事迹非常有趣。佛陀生于公元前6世纪，出生的地方就是气势宏伟的喜马拉雅山边。400年前，雅利安民族（这是东部的印欧种族对自己的称呼）的一位伟大领袖查拉图斯特拉（琐罗亚斯德）就是在喜马拉雅山这样教导他的人民：人生是一场凶神阿里曼与至高的善神玛兹达之间的一场无休止的斗争。佛陀出生在一个非常高贵的家庭，他的父亲是伽毗罗卫部落的首领净饭王，他的母亲玛雅摩耶是邻近王国的公主，当她还是个小女孩的时候就出嫁了。年复一年，月亮阴晴圆缺了许多个春秋，她的丈夫还未得到一个儿子能够在他死后继承他的王位。当玛雅莫邪年过半百的时候，她怀孕了，终于盼到了这样一天。她要返回家乡，这样当她的宝宝诞生到这个世界的时候，能够和自己的家人在一起。

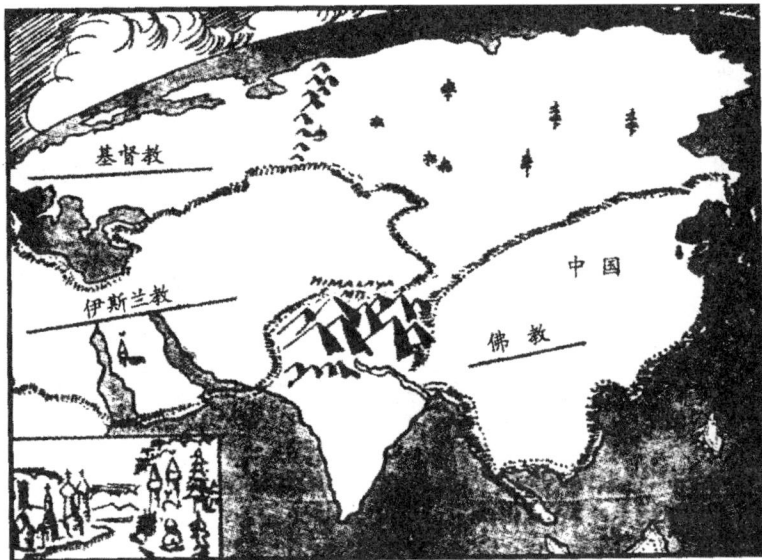

世界三大宗教

　　返回到童年生活过的柯利扬，一段漫长的路要走。一天晚上，玛雅摩耶正在卢姆比尼花园的树荫下休息的时候，她的儿子就于此刻降生了。她给他取名为悉达多，但是我们通常叫他佛陀，意思是"大彻大悟的人"。

　　渐渐地，悉达多长成了一位英俊潇洒的年轻王子。在他年满19岁的时候，他娶了自己的表妹雅苏达拉为妻。接下来的10年时间，他一直安全地生活在高高的皇室宫墙内，远离人世间的所有痛苦与磨难，安静地等待着继承父亲的位置，成为伽毗罗卫的国王。

　　在他30岁的时候，悉达多的生活中发生了一件这样的事情。一天，他走出宫门看见一位老人，形容枯槁，虚弱的四肢几乎支撑不了身体的重负而摇摇欲坠。悉达多指着这位老人问自己的车夫查纳，他为何这样穷苦。查纳回答说，像这样的人在世界上很多，多一个或少一个没有什么关系。年轻的王子非常难过，但是他沉默不语，继续回到宫中与他的妻子父母一起生活，努力让自己快乐起来。不久，他再次离开王宫，坐在马车上看见了一个危重的病人。悉达多又问查纳，这个人为什么应该遭受如此的痛苦？马车夫回答说，世界上的病人无数，这样的事情是无法避免的，我们爱莫能助，也无关大局。听到这话，年轻的王子感

.171

觉更加难过，但他依然回到了家人身边。

几星期过去了。一天晚上悉达多命令备好马车，他要去河边游泳。突然间，他的马车停了下来，原来是一个死人仰躺在路边水沟里。养尊处优的年轻王子从未目睹过如此恐怖的情景，吓得汗毛倒竖。查纳告诉他说，不要去理睬这些微不足道的事情。世界上到处都有死人，这是一切生命的自然规律，万物皆有大限来临的时刻，没有什么是永恒的。没有什么东西可以不朽，等待我们每一个人的都将是坟墓。

悉达多进入山区

那天晚上，当悉达多回到家时，迎接他的是阵阵悦耳的音乐。原来他出去的时候，他的妻子为他生下一个儿子。人们欢天喜地，因为他们知道王位又有了继承者，但是悉达多心头沉重，无法分享他们的喜悦。生命的帷幕已经被拉开，但他却认识到人类生存的痛苦与恐惧。死亡与苦难的景象像噩梦一样缠绕他。

那个夜深人静的晚上，月明如镜，月色如水。悉达多半夜醒来，开始冥思苦想。他觉得人生毫无快乐可言，除非他能够破解生命之谜。他决定远离自己所有热爱的亲人，去寻找答案。轻轻地，他走出妻子的卧房，看了一眼熟睡中的妻子和儿子。然后，他叫醒忠实的仆人查纳，让他跟自己一道出走。

就这样，两个男人一起走进茫茫的黑夜，一个是为了寻找灵魂的归宿，一个是要忠心侍奉自己热爱的主人。

悉达多在人民中间流浪了多年的时候，印度社会正经历着剧烈的变化。他们的祖先，也就是印度的土著居民，在多年前就被好战的雅利安人（我们的远房表兄）轻而易举地征服了。从那以后，雅利安人成为了上千万性格温和、身材瘦小的棕色居民的统治者和主人。为了维护他们的统治地位，他们将全体人民划分为不同等级，渐渐地，一种非常严厉而强硬的"种姓"制度强加到印度土著居民的身上。雅利安征服者的后裔属于最高"种姓"，即武士和贵族阶级；接下来是教士等级；再接下来是农民和商人阶层；原先的土著居民被称为"贱民"，是一个被鄙视被轻贱的奴隶阶层，永远不要指望有所改变。

甚至连人们的宗教信仰也有着等级之分。那些古老的印欧人，在其数千年的流浪生涯中，经历过很多的冒险。这些故事被搜集成一本书，名为《吠陀经》。它所用的语言被称为梵文，梵文与欧洲大陆的希腊语、拉丁语、俄语、德语及其他几十种语言都有着密切的联系。三个最高等级的种姓可以阅读这部圣书，而贱民们，也就是最低种姓的人们是不允许阅读这些经文的。如果一个贵族或是僧侣胆敢教一个贱民学习神圣经文的话，他就将大祸临头了。

因此，大多数印度人都过着极其悲惨的生活。既然这个世界不能给予他们一丝快乐，那么他们必然会寻找别的途径以脱离苦海。他们努力想从对来生幸福的期盼中获得一点安慰。

在印度人的神话里面，婆罗吸摩是万物的创造者，是生与死的至高统治者，被当作最完善的偶像加以崇拜。因此，效仿婆罗吸摩，消除对财富和权力的种种欲望，被许多人视为最高贵的生存目标。他们觉得，圣洁的思想比圣洁的行为更加重要。许多人为此走进沙漠，靠树叶维持生命，希望智者、善者、仁者合一的婆罗吸摩来滋养他们的灵魂。

悉达多经常观察这些远离城市与乡村的喧嚣而去寻找真理的流浪者，决意以他们为榜样。于是，他剪去了头发，脱下随身穿戴的珠宝，连同一封诀别信，让一直忠实跟随他的查纳带回皇宫，转交给他的家人。然后，这位王子没有带一个随从，孤身移居沙漠。

很快，他圣洁行为的名声传遍了山区。有 5 个年轻人前来拜访他，请求聆听他智慧的语言。悉达多答应做他们的老师，条件是要他们愿意追随左右，5 个年轻人都答应了，悉达多便把他们带进了山里。他在温迪亚山脉的孤独山峰之间，用了 6 年时间将自己掌握的智慧尽心地向他们传道解惑。但是，当这段修行生活接近尾声之时，他仍感觉自己离完美的境界还很遥远。原来他所离弃的那个世界依然在诱惑着他。这时，悉达多让学生们离开他，独自坐在一棵菩提树的树根旁斋戒了 49 个昼夜，沉思冥想。他的苦修最终获得了回报。到第 50 天的黄昏降临的时候，婆罗吸摩亲自向他忠实的追随者显灵了。从那一时刻起，悉达多便被尊为"佛陀"，即"大彻大悟者"，他能够将人们从不幸中解救出来，并且使之获得永生。

佛陀生命的最后 45 年都是在恒河附近的山谷里度过的，对人们宣讲他谦恭温顺待人的朴素教义。公元前 488 年，佛陀成道升天。此时，他的教义已经在印度大地上广为流传，他也受到成百上千万人民的景仰。佛陀并不单单为某个阶级传播自己的道义，他的信念是对所有人开放的，甚至最底层的贱民们，也能宣称自己是佛陀的信徒。

当然，这些教义使得贵族、教士和商人们非常恼火。他们想尽一切办法来摧毁这个承认众生平等且许诺给人们一个更幸福的来世生命（即重生）的宗教信条。只要有机会，他们便鼓励印度人回归婆罗门教的古老教义，坚持禁食及折磨自己有罪的肉体。不过，佛教是无法消灭的，反而流传更广了。"大彻大悟者"的弟子们穿过喜马拉雅山山谷，将佛教带进了中国。然后他们又渡过黄海，向日本人民宣讲佛陀的智慧。他们忠实地遵守其伟大导师的意志，不得使用武力。今天，信仰佛教的人比以前任何时候都要多，其人数远远超过了基督教徒和伊斯兰教徒的总和。

至于孔子这位中国古老的智者，他的故事相对要简单一些。孔子生于公元前551年，他一直过着一种宁静、恬淡和高贵的生活。当时的中国还没有一个强大的中央集权政府，人们成为盗贼、贵族和诸侯随意摆布的牺牲品。他们从一个城市来到另一个城市，抢掠、偷盗和谋杀，将繁荣富庶的中国变成了饿殍遍野的荒原。

伟大的道德领袖

　　热爱国家和人民的孔子试图要拯救自己的人民于水深火热之中。作为一个天性平和的人，他并不主张使用暴力，他也不赞成以一大堆法律约束人民的治国方式。他知道，唯一可能的拯救办法在于改变世道人心。于是，孔子开始着手一项似乎毫无希望的工作，努力改善自己聚居在东亚平原上数百万同胞的性格。中国人对我们所讲的宗教向来没有兴趣。他们像大多数原始人一样相信鬼怪神灵。他们没有先知，也不承认"天启的真理"的存在。孔子几乎是伟大的道德领袖中唯一一个没有看见过"幻象"，也没有宣称自己是某一神圣力量的使者，更没有说过自己是个接受过上天旨意的人。

　　他仅仅是一个通情达理、仁爱为怀的人。他喜欢独自漫游，用自己忠实的笛子吹出悠远的曲调。他不强求获得任何承认，也从未要求过任何人追随他、崇拜他。他让我们想起古希腊的哲学家，特别是斯多葛学派的先贤们。这些人同样相信不求回报的正直生活与正当思考，他们追求的是良心的安宁和灵魂的平静。

　　孔子是一位十分宽容的人。他曾主动去拜访另一位伟大的精神领袖老子。他是道教的创始人，其教义有些像早期中国版本的基督教"金律"。孔子对任何人都不仇视，他教给人们要有高度自律的至高美德。根据孔子的教诲，一个真正有价值的人是从不允许自己被任何事情给激怒的，他应当承受接受命运带给他的一切，像那些圣人一样，明白所发生的一切事情，都会以另一种方式使人受益。

　　最初，孔子只有几个学生。逐渐地，愿意聆听他教诲的人越来越多。到公元前 479 年他去世的时候，中国的几个皇帝和王子都公开承认他们是孔子的弟子。当基督在伯利恒降生的时候，孔子的哲学已经成为大部分中国人的精神支柱，他的哲学思想至今仍在影响着整个中华民族。当然，如同大多数宗教一样，孔子的思想也并非以其最初的、纯粹的方式影响着人们。大部分宗教都是随着时间的改变而发生变化的。基督最初教导人们要谦卑、温顺、弃绝世俗的野心和欲望，但是仅仅过了 1500 年，基督教会的首脑却在耗费成百万的金钱修建豪华宫殿。这与最初伯利恒凄凉的马槽毫无关系了。

　　老子以"金律"的思想教化世人。可在不到 300 年的时间里，无知的大众却将他塑造成一位异常恐怖的神明，将他充满智慧的思想埋在迷信的垃圾堆里，这些迷信使普通中国人的生活变成了长期的忧虑、害怕与恐怖。

孔子教导学生要孝顺父母。不久，他们对追思死去的父母们的兴趣，便开始超过了他们对于子孙后代幸福的关注。他们故意背对未来，努力地窥视过去无边的黑暗。这样，祖先崇拜开始成为一种正当的宗教体系。他们宁愿将小麦和水稻种植在土壤贫瘠的山坡阴面，也不愿意惊扰埋葬在阳光充足、土地肥沃的山坡向阳面的祖先，即便明知有可能毫无收获。他们宁可忍受饥荒，也不愿意玷污祖先的坟墓。

与此同时，孔子的充满智慧的言论从未丧失对越来越多东亚人的影响。儒教思想以其深刻的格言和见微知著的洞察力，给每个中国人的心灵添加了一些哲学常识。它影响着他们一生的生活，不管是在热气腾腾的地下室里的洗衣工，还是居住在高墙深宫之内的统治者以及统治各个辽阔省份的诸侯。

16 世纪，西方世界缺乏教养的狂热基督徒们，第一次与东方的古老教义进行面对面的交流。早期的西班牙人和葡萄牙人看到宁静和平的佛陀塑像，凝视着孔子庄严的画像，根本不懂得这些超然可敬的先知。他们轻易地得出一个结论，这些奇怪的神，是恶魔的化身，代表着某些偶像崇拜和异教的东西，不值得基督的真正信徒们去崇拜。每当佛陀或孔子的精神阻挠了他们的香料与丝绸贸易时，欧洲人就会以坚船利炮攻击这些"邪恶的势力"。这样一种思维方式显然是不明智的。它为我们留下了一份充满敌意的遗产，这对未来并无任何好处。

第四十三章
宗教改革

人类的历史进程犹如一个巨大的钟摆，它不断地前后摆动。人们在文艺复兴时期对艺术与文学的热爱及对宗教的淡漠，在随后所经历的宗教改革中，人们却表现出对艺术与文学的淡漠及对宗教的热爱

你们应当听说过宗教改革。一听到这个名词，你肯定想到的是一些追求宗教信仰自由的清教徒。为了"宗教信仰的自由"，他们漂洋过海，在新大陆开辟了一番新天地。随着岁月的流逝，特别是在我们新教的国家里，宗教改革逐渐变成了"思想自由"的代名词。在这个进步运动中，马丁·路德被视为先锋和领袖。不过，历史并非由一系列对于我们光荣祖先的溢美之词而组成的。用德国历史学家朗克的话来说，人们想知道"到底发生了什么"，那么我们会用一种全新的理念去看待过去的历史。

在我们的生活中，很少有事情是绝对好或者绝对坏的，好坏只是相对而言的，世界也并不是黑白分明的。作为一个诚实的编年史家，他的责任就是要对每一历史事件的好与坏进行真实的描述。然而要做到这一点非常困难，因为我们每个人都有自己的好恶。不过，我们应当竭尽全力，尽量做到公平理性地判断事物，不要让自己的偏见过分地影响我们。

就拿我自己为例。我成长的国家是一个崇拜新教的国家，并且新教气氛异常浓厚。在我 12 岁之前，我从未见过一个天主教徒，所以当我后来遇见他们，和他们打交道时，便觉得很不习惯，心里有些不安。我听说过成千上万的新教徒受到西班牙宗教法庭极端残酷的惩罚，他们有的被绞死、有的被烧死、有的甚至被五马分尸，那是当时的阿尔巴大公为惩罚信仰路德教派和加尔文教派的荷兰异端们所采取的极端手段。这些恐怖故事在我眼里既真实又切身。它们好像就发生在几天前，并且它们完全有可能再次重演。我想象着另一个圣巴瑟洛缪之夜（这天晚上法国天主教徒对新教徒进行了大屠杀），瘦小可怜的我会在睡衣的包裹中被杀害，我的尸体被抛出窗外，就像尊贵的柯利尼将军所遭遇的那样。

很久以后，我在一个天主教的国家生活了一段时间。我发现居住在那儿的人们不仅更友善、更宽容，和我以前国家的同胞们一样充满了智慧。更让我吃惊的是，我开始发现在宗教改革中，天主教和新教的理由一样充分。

不过，那些16世纪和17世纪的善良人们，他们亲身经历了宗教改革动荡时期，因此不可能像我们这样冷静地看待问题。他们总认为自己永远是正确的，而他们的敌人永远是邪恶的。在要么绞死别人，要么被别人绞死。这个问题上，当然，人人都选择绞死别人。这只不过是人的本性，也不会因此受罪恶感的折磨。

让我们看一眼公元1500年的世界，这是一个很容易记住的年份。在这一年，查理五世降生了。此时，中世纪的封建混乱的局面逐渐让位于几个高度中央集权的王国。所有的君主中，最有权势的君主是查理大帝，不过当时他还是睡在摇篮中的婴儿。查理大帝出生于一个显赫的家族，他是西班牙的斐迪南与伊莎贝拉的外孙，同时又是哈布斯堡王朝最后一位中世纪骑士马克西米安和勇敢者查理的女儿玛丽的孙子。查理是一位野心勃勃的勃艮第大公，在成功地击败法国后，被独立的瑞士农民所杀。所以说查理大帝在很小的时候就继承了世界地图上的大部分土地。它们全是他在德国、奥地利、荷兰、比利时、意大利及西班牙的父母、祖父母、外祖父母、叔叔、堂兄和姑妈们留给他的，还有他们在亚洲、非洲和美洲的殖民地。在命运之神的操纵之下，查理出生在根特的那座德国人不久前入侵比利时时用作监狱的弗兰德斯城堡中，这位既是西班牙国王又是德意志皇帝的君主，他本人接受的却是弗兰芒人的教育。

这位可怜的人很早就失去了父亲（有人说他是被毒死的，但这种传说从来没有得到证实），他的母亲也疯了（她带着丈夫的棺材，在自己的领土上四处旅行）。小查理是在姑妈玛格丽特的严厉管教下成长的。长大之后，查理成了一个地道的弗兰芒人，毫无选择地统治着德国、意大利、西班牙以及100多个大大小小陌生的民族。他是天主教会忠实的孩子，却极其厌恶宗教的不宽容。从小到大，查理一直是一个懒散怠惰的人，但是当这个世界处于一片宗教狂热和喧嚣声中的时候，命运之神注定要由他来统治这个世界。他不得安宁，总是急匆匆地从马德里赶往因斯布鲁克，又从布鲁日奔赴维也纳。他热爱和平，向往安宁，可他的一生都处于战乱之中。在他55岁的时候，他对人类产生了怀疑，对人类的仇恨和愚昧感到极其厌恶。3年之后，他在精疲力竭与极度失望中孤独地死去。

关于查理大帝就讲这些。当时世界的第二大势力——教会又是怎样的状况呢？从中世纪早期开始，教会致力于征服异教徒，告诉他们虔诚正直的生活会有什么好处。教会逐渐发生了翻天覆地的变化，教会变得极其富有了。教皇不再是一群卑微的基督徒的牧羊人。他住在宽大豪华的宫殿里，身边围绕着一大群艺术家、音乐家和著名文人。大大小小的教堂中绘满了各种各样的崭新的圣像，这些画像看上去像希腊诸神，然而这一切看上去都没有必要。教皇把自己的时间不均衡地分布在国家事务和艺术上。国家事务大概只占用了他10%的时间，其余90%的时间都花在欣赏古罗马雕塑，研究新出土的古希腊花瓶，设计新的夏宫，以及一出新戏的彩排上面。大主教和红衣主教们争相以教皇为榜样，而主教们又努力模仿大主教。只有乡村地区的教士依然保持着他们忠诚的职责。他们尽力与世俗世界的邪恶以及对美和享乐的异端追求保持着远远的距离。他们小心翼翼地远离那些腐化堕落的修道院，因为那里的僧侣们似乎忘记了自己应该过简朴、贫穷生活的誓言。他们只要不制造出过分的公众丑闻，就凭着自己的胆子尽情享乐。

最后，让我们看看一般的老百姓。他们的状况比过去好多了，他们更加富有了，住的房子也比以前宽敞舒适了，他们的孩子也能受到更好的教育。他们的城市也比以前更加漂亮整洁，他们手中的武器也使得他们能够与老对手——强盗对抗了，在过去的几百年里，那些强盗随意对他们辛辛苦苦的生意课以重税。

关于宗教改革的主角们，我就讲这些。

现在，让我们来看看文艺复兴对欧洲所产生的影响，然后你就能理解，学术与文艺的复兴之后，为什么会是新一轮的宗教复兴。文艺复兴起源于意大利，并传播到法国，可它在西班牙并不是很成功，因为同摩尔人之间进行的长达 500 年的战争使得人们变得心胸狭隘并且对宗教事务变得十分狂热。虽然文艺复兴波及的范围越来越广，可一旦越过阿尔卑斯山，情形就发生了变化。

路德翻译《圣经》

北欧人与南欧人所处的地理环境完全不同，他们对待生活的态度也截然不同。意大利人生活在户外阳光灿烂的辽阔的天空下，到处都是欢乐和歌声。德国人、荷兰人、英国人和瑞典人，他们大部分时间待在家里，静听雨水拍打他们舒适的小房间紧闭的窗户。这种单调的声音使他们不苟言笑，以严肃的态度对待每一件事。他们时刻想到自己不朽的灵魂，而且不喜欢拿他们认为是神圣庄严的东西开玩笑。他们只是对文艺复兴中"人文主义"的内容，包括书籍、关于古代作者的研究、语法和课本感兴趣。但文艺复兴运动在意大利的主要成果之一，即全面地恢复古希腊与古罗马的异教文明，却使他们感到惶恐不安。

然而，教皇和红衣主教基本上都是由意大利人组成的。他们把教会变成了一个轻松愉快的俱乐部，在那里，他们优雅地谈论着艺术、音乐和戏剧，却少有提及信仰的问题。所以，个性严谨的北方人与高雅文明、但对信仰淡然处之的南方人之间产生了越来越大的裂痕，但是似乎没人意识到这会给教会带来多大的威胁。

还有几个次要原因可以解释，为什么宗教改革发生在德国而不是英国或者瑞典。德国人与罗马人之间结有宿怨，皇帝与教皇之间永不停息的争吵和战争引起了他们之间的相互仇恨。在其他欧洲国家，政权牢牢掌控在一个强有力的国王手中，统治者常常能够保护自己的臣民免遭贪婪教士的迫害。而在德国，一个傀儡皇帝统治着一大帮蠢蠢欲动的小封建主，这种政治局面使得善良的市民更加直接地受到主教和教士的摆布。文艺复兴时期的教皇们有一个癖好，就是兴建宏伟豪华的大教堂，而他们手下的高僧们为满足教皇的心愿，便变本加厉地聚敛钱财。德国人认为这是对他们的搜刮，对此他们极端反感。

除此之外，还有一个极少提到的事实。德国是印刷术的故乡。在北欧，图书十分便宜，《圣经》也不再是只能被教士们拥有与解释的神秘手抄本，它在通晓拉丁文的家庭中成了许多父亲和孩子们的必备书本，普通人都可以直接阅读《圣经》。这原来是违反教会法律的事情，可现在全家人都开始读起来了。人们发现，原来教士们告诉他们的很多事情与《圣经》中的原文有很多的不同。这就引起了怀疑，问题不断地被提出来，要是得不到适当的解答，就会引起很大的麻烦。

于是，当这些北方的人文主义者向他们曾经敬仰的僧侣们开火时，进攻就开始了。在他们内心深处，仍然对教皇怀有深深的尊重和敬畏，不敢将矛头直接指向这位最神圣的人物。至于那些懒惰无知的僧侣们，那些舒舒服服躲在富得流油的修道院高墙之后的寄生虫们，就成了他们难得的嘲讽和戏弄的对象。

不可思议的是，这场战争的领袖居然是基督教会的忠实教徒。此人名为杰拉德·杰拉德佐，人们通常称他"渴望的埃拉斯穆斯"。他是一位贫穷的孩子，生于荷兰的鹿特丹。曾经就读于德文特的一家拉丁语学校，好兄弟托马斯是他的校友。埃拉斯穆斯毕业后成为一名教士，并在修道院住过一段时间。他周游了许多地方，将自己的旅途见闻写成了游记。当埃拉斯穆斯开始其作为一名畅销小手册作家（在现代，他会被称为社论作家）的生涯时，全世界都被一本名为《一个无名小辈的来信》的手册里一系列诙谐幽默的匿名书信给逗乐了。在这些作品中，他将中世纪末僧侣中普遍弥漫的愚蠢与自负暴露在光天化日之下，采用的是一种古怪的德语混合拉丁语的打油诗形式给予揭露。埃拉斯穆斯的知识非常丰富，还精通拉丁语和希腊语。他对《新约》的希腊原文进行了校订并把它翻译成拉丁文，为我们提供了第一本拉丁文《新约》的可靠版本。他和古罗马诗人贺拉斯一样坚信，没有什么能阻止我们"唇边带着微笑来陈述真理"。

1500 年，埃拉斯穆斯去英国拜访了托马斯·摩尔爵士，在此期间，他写作了一本妙趣横生的小册子，名为《愚人颂》。他在书中运用了世界上最危险的武器——幽默攻击了僧侣以及他们盲目的追随者们。这本小册子成为 16 世纪最畅销的书，它广为流传，几乎在所有的国家里都有它的译本。这样，埃拉斯穆斯的其他著作也引起了广泛关注。他在作品中提倡对教会的诸多陋习进行改革，呼吁其他的人文主义者与他一道，参与到复兴基督信仰的伟大任务中。

不过埃拉斯穆斯提出的这些美妙计划并没有实现。由于他对待事物的方式过于理性，也过于宽容，无法取悦那些心急火燎的教会敌人们。人们期待着一位天性更强悍、更果断的人物来做他们的领袖。他来了，他的名字就叫马丁·路德。

路德是德国北部的一个非常勇敢的农民，拥有一流的才智。他上过学，是埃尔福特大学的文学硕士。后来，他是朵名沃会的重要成员之一。尔后，他到维滕堡神学院担任了大学教授，开始向那些冷淡的农家子弟解释《圣经》的道理。在业余时间里，他研究了《新旧约全书》的原文，很快他就发现，教皇和主教们所讲的话与基督本人的训示，存在着巨大的差异。

1511 年，路德因公来到罗马。这一年，波吉亚家族的亚历山大六世，这位曾为子女的利益聚敛大量钱财的教皇已经去世。朱利叶斯二世继承了教皇的位置。此人在个人品格上无可挑剔，可他却把大部分时间花在打仗和大兴土木上，所以他的虔诚并没有给这位头脑严肃的德国神学家路德留下什么印象。路德非常失望地返回维滕堡，但更为糟糕的事随之而来。

朱利叶斯教皇曾经希望他无辜的继承者修建宏伟壮观的圣彼得大教堂，庞大的工程刚开工不久就需要修缮了。亚历山大六世已经花光了教皇国库中的最后一分钱，1513 年接任朱利叶斯的利奥十世，处在了破产的边缘。他不得已恢复了一项古老的做法，以筹得急需的资金。他开始销售"赎罪券"。所谓"赎罪券"，其实就是一张羊皮纸，是人们用一笔钱换回来的一张承诺书，它允诺为罪人缩短他本应待在炼狱里赎罪的时间。根据中世纪晚期的教义，这样做完全是合理合法的。既然教会有能力赦免那些死前真心忏悔的罪人，那当然也有权力通过祈祷，缩短灵魂待在阴暗的炼狱里赎罪的时间。

很不幸的是，这些赎罪券要人们用钱来购买。但对教会而言，这样做确实是一条增加收入的轻松途径，另外，实在太穷的人也可以免费领取赎罪券。

事情发生在 1517 年。当时，一位名为约翰·特茨尔的多明我会僧侣垄断了萨克森地区的赎罪券销售权。约翰是一位擅长强买强卖的推销员。说实话，他敛财的心情太过于急切了。他的商业手法惹怒了这个小公国虔诚的信徒们。路德是一个异常诚实的人，盛怒之下，他做出了一件鲁莽的事情。1517 年 10 月 31 日，路德在萨克森宫廷教堂的门上贴上自己事先写好的 95 条宣言（或论点），猛烈抨击销售赎罪券的做法。这些宣言全部是用拉丁文写成的，普通老百姓并不能理解。路德不是一个革命者，他也无意制造一场骚乱，他只是反对赎罪券这一制度，他想让他的神职同事们知道他对他们的看法。这原来只是教士和教授们之间的私事，路德并未打算煽动起世俗老百姓对于教会的成见。

很不幸的是，在那样一个敏感的时刻，全世界都开始对宗教事务十分感兴趣。在这种情况下，要想心平气和地讨论任何宗教问题而不立即引起严重的精神骚动是不可能的。不到两个月，整个欧洲都在讨论这个萨克森僧侣的 95 条宣言。每一个人都必须选择自己的立场，支持或反对路德。每一个毫不起眼的神学人员都必须发表自己的主张。教会权威们大为震惊，命令这位维滕堡的神学教授前往罗马，向他们解释自己的行为。聪明的路德很快记起了胡斯被处火刑的下场，拒不前往，结果，罗马教会开除了他的教籍。当着支持他的公众的面，路德焚毁了教皇的敕令。从这时候起，路德和教皇之间便不可能再有和平了。

也许路德本人也没有想到，他成了一大群对罗马教会心怀不满的基督徒的领袖。在德国，许多像乌里奇·冯·胡顿这样的爱国者都赶去保护他。维滕堡、厄尔福特和莱比锡大学的学生们提出，如果当局试图囚禁他，他们一定会誓死保护他。萨克森选帝侯（指那些拥有选举德意志国王和神圣罗马帝国皇帝的权力的诸侯）向群情激奋的青年们保证，只要路德待在萨克森的土地，就没有人能伤害他。

所有的这一切都发生在 1520 年。此时，查理五世已年满 20 岁了。作为统治半个世界的君主，他不得不与教皇保持良好的关系。他发布命令，在莱茵河畔的沃尔姆斯召开一次公众大会，命令路德必须出席，并对自己的怪异的行为作出解释。这时的路德在德国已经成为他们的民族英雄，他慨然前往。在会上，路德拒绝收回他写过或说过的一切。他的良心只受上帝意志的支配，他愿意为他的良心而付出一切，乃至生命。

经过审慎的协商，沃尔姆斯会议宣布路德是上帝与人民的罪人，禁止所有的德国人给他提供庇护和饮食，并且禁止阅读这个异端分子所写的一切书籍，哪怕一个字都不允许，但是这位伟大的改革家却平安无事。对于德国北部的大多数人来说，沃尔姆斯敕令是一项令人愤怒的蛮横文件，应该受到断然唾弃。为了更好地保护路德，人们把他隐藏到维滕堡的萨克森选帝侯的一座城堡里面。在那里，他把《圣经》都译成德语，使所有人都有机会亲自阅读并自己领悟上帝的箴言，得到抗拒教皇的力量。

到了这个时候，宗教改革便不可能再是信仰和宗教的事情了。那些憎恶现代大教堂之美的人们利用这个动荡的机会，攻击并毁坏了他们不喜欢也不懂的教堂建筑。穷困潦倒的骑士们想强占原属修道院的土地以弥补过去的损失。居心叵测的王公贵族趁皇帝不在，迅速扩张自己的势力。在半疯癫的煽动者的领导下，饥寒交迫的农民趁着时局的混乱，进攻他们主人的城堡，并以旧日十字军的疯狂热情进行烧杀抢掠。

整个帝国陷入了一片混乱之中。一些王公变成了新教徒（追随路德的"抗议者"），他们迫害辖区内的天主教徒。另一些王公依然是天主教徒，便绞尽脑汁地要绞死那些新教徒。1526 年，在德国召开了斯贝雅会议，试图规范臣民的宗教信仰问题，会议宣布了一条法令，即"所有臣民必须信奉其领主所属的教派"。这项命令把德国变成了一盘散沙，成百上千个信仰不同的小公国和小侯国相互敌对，彼此征伐，造成了在今后的几百年里政治上得不到正常发展的局面。

1546 年 2 月，路德去世了。他的遗体被安葬在 29 年前他发出著名的反对赎罪券销售呼吁的维滕堡的宫廷教堂里。在短短不到 30 年的时间里，文艺复兴时期的淡漠宗教、追求幽默与嘲讽的世界，已完全被宗教改革时期的充斥着讨论、争吵、谩骂、辩论的宗教狂热世界给替代了。多年以来，教皇们赖以生存的精神帝国突然之间便土崩瓦解了。整个西欧再度成了一个战场。天主教徒和新教徒为了弘扬各自的某些神学教条，展开了难以想象的大厮杀。对我们现代人来说，这些神学教义之深奥难解，简直就像伊特拉斯坎人留下的神秘铭文。

第四十四章
宗教战争

宗教大论战的时代

16 世纪和 17 世纪是一个宗教大论战的时代。

如果你稍加注意，就会发现几乎你身边的每个人都在不断地谈论着经济，讨论与社会生活相关的工资、工时、罢工等问题。因为这些是与我们当今的社会生活息息相关的问题，也是我们这个时代关注的焦点。

可是1600年或1650年的孩子们的遭遇非常可怜。他们听到的除了"宗教"再也没有任何别的东西。他们童稚的小脑袋里充满了着诸如"宿命论""化体论""自由意志"以及其他上百个类似的奇怪词汇，表达着令他们迷惑不解的关于"真正信仰"的模糊观念，无论是属于天主教的，还是新教的。根据他们父母的意愿，他们从小就成为了天主教徒、路德派教徒、加尔文派教徒、茨温利派教徒或再浸礼教派的施洗（认为婴儿接受洗礼没有意义，成年后要接受再洗礼）。他们学习路德编纂的《奥古斯堡教理问答》，或者加尔文撰写的《基督教原理》，或者念念有词地默祷英国出版的《公众祈祷书》里的"信仰三十九条"，而且他们被告知这些代表着"真正的信仰"。

他们说过亨利八世所犯下的种种罪行：这位多次结婚的英国君主，自封为英国教会的最高领袖，把原属教会的财产全部侵吞，窃取了由教皇任命主教与教士的古老权力。当有人提及可怕的宗教法庭，还有它恐怖的地牢和许多刑讯室的神圣宗教裁判所时，这些孩子晚上肯定会噩梦连连。他们还听到同样可怕的故事。比如一群愤怒的荷兰新教徒暴民是如何捉住十几个手无寸铁的老教士，仅仅为了绞死那些持有不同信仰的人来取乐。这真是不幸，斗争中的天主教徒与新教徒双方恰恰势均力敌，要不然，这场斗争很快就会结束了。如今它整整耗费了近八代人的生命与精力，变得越来越复杂，我只能拣重要的细节告诉你。如果你想了解详情，请你在众多的关于宗教改革历史的书籍中去寻找吧。

新教徒浩大的宗教改革运动之后，便是天主教会内部的彻底改革。那些教皇们不过是业余人文主义者和从事希腊罗马古董交易的商人，他们从历史舞台消失后，取而代之的是每天花 20 个小时管理交给他们手中的那些神圣事务的严肃的人们。

修道院漫长而不光彩的幸福时光消失了。修道士和修女们不得不日出而作，一大早爬起来念诵早课，悉心研究圣哲的著作，照顾病人，并安慰垂死的人。宗教法庭睁大眼睛，夜以继日地监视着四周的动静，以防危险教义通过印刷的途径加以传播。讲到这里，按照惯例提一下可怜的伽利略。他有点儿不够谨慎，竟想凭他可笑的小望远镜观察天空，发表某些与教会正统观念全然违背的所谓行星运动规律，因而他被关进了牢房。我们应该公平对待教皇、主教及宗教法庭，我必须指出的是，新教徒和天主教一样，视科学和医学为危险的敌人。他们以同样的愚昧和不宽容把那些自主观察事物的人们当成人类最可怕的敌人。

比如加尔文，这位法国伟大的宗教改革家，日内瓦地区政治与精神上的暴君，当法国当局试图绞死迈克尔·塞维图斯（西班牙神学家、外科医生，因作为第一个伟大的解剖学家贝塞留斯的助手而出名）的时候，加尔文不

宗教裁判所

仅大力提供协助，而且当塞维图斯设法逃出法国监狱躲到日内瓦避难时，加尔文还亲自将这位杰出的外科医生关进牢房。经过漫长的审判，加尔文毫不顾及他作为一名科学家的声望，让他因为其异端邪说而烧死在火刑架上。

宗教之争就这样继续下去。我们很少有关于这方面可靠的统计资料，但总的说来，新教徒比天主教徒更早对这场无益的纷争失去兴趣。大部分由于其宗教信仰而被烧死、绞死、砍头的男男女女，他们都是些诚实善良的普通人，却不幸沦为了那个精力旺盛且极端严厉的罗马教会的牺牲品。

因为"宽容"（待你们长大之后，请一定记住它）是一种最近才出现的品质，甚至我们所谓的"现代社会"的许多人，他们也仅仅是对自己无关痛痒的事物表现出宽容。比如说，他们对一个非洲土著居民表示宽容，并不在乎他到底是一名佛教徒还是伊斯兰教徒，因为这与他们毫不相干。但是，当他们听说身边的原本为共和党人且支持征收高额保护性关税的某邻居，现在居然加入了美国社会党（1901 年成立），并且想要废除所有的关税法律时，他们就再也不能宽容了。于是，他们开始使用与 17 世纪几乎同样的词汇来谴责这位好邻居，如同一个善良的天主教徒或新教徒听说自己向来非常敬爱的好朋友沦为新教（或者天主教）的可怕异端邪说的牺牲品时候所用的词汇一样。

直到不久以前，"异端邪说"还被视为一种恐怖的疾病。现在，当我们发现有某个人不重视个人和家庭卫生，使自己和孩子们受到伤寒病或别的可预防疾病的威胁，我们便会向卫生局报告。于是，卫生局的官员便会叫来警察来协助他将这个可能对整个社区的安全构成了威胁的人带走。在 16 世纪与 17 世纪，一个异端分子，即公开怀疑天主教或新教的那些基本教条的男人或女人，他（她）往往被看成是比伤寒病毒携带者更可怕的威胁。伤寒可能（确实很有可能）摧毁一个人的肉体，可是在他们看来异端邪说毁掉的却是人们不朽的灵魂，因此对所有善良而有理性的人们来说，提醒警察留心那些反对现存秩序的异端分子，是他们义不容辞的责任。那些未曾这样做的人，就如同一个现代人发现自己的房客染上了霍乱或天花，却不电话通知最近的医生一样，应该受到谴责。

随着你们渐渐长大，你将听说许多有关预防医学的事情。所谓预防医学，简单地说，就是医生不是等病人病倒之后，才着手去医治他们。相反，医生们研究人们完全健康时的身体情况及他们饮食起居的环境，清扫垃圾，教他们该吃什么，应该避免什么不良习惯，教给他们关于保持个人卫生的一些简单知识，从而消除可能引发疾病的所有隐患。不仅如此，这些医生还会去学校，教孩子们怎样正确使用牙刷，怎样预防感冒等。

在 16 世纪，人们把灵魂的疾病（这一点我一直努力向你们说明）看得远比肉体的疾病更为可怖，因此他们组织了一套精神预防医学体系。当孩子们长到能够读书识字，就要用真正的（并且是"唯一真正"）信仰原理来教导他。事实证明，这种做法间接地促进了欧洲人的全面进步，是一件好事。新教国家里出现了大大小小的学校。虽然这些学校将大量宝贵的时间花在对"教理问答"的反复解释上面，但除了神学之外，也传授其他方面的知识。他们鼓励人们阅读书籍，这使得印刷行业得到了空前的繁荣。

与此同时，天主教徒也不甘落后。他们同样把大量的时间与精力投在教育上。在这件事情上，罗马天主教会找到了一个可靠的朋友，教会欣然与新创立的耶稣会结成了同盟。这一卓越组织的创始人是一位西班牙士兵。他在经历了一段邪恶的冒险生涯和不洁生活之后，皈依了天主教，并因此觉得自己有义务为教会作出贡献，这跟从前的许多罪人一样。他们被救世主感化，意识到自己犯下的种种罪孽，于是将他们的余生奉献到帮助与安慰那些比自己更不幸的人们。

这名西班牙人叫伊格那修斯·德·罗约拉，他于发现美洲大陆的前一年（1491 年）出生。他在战争中受过伤，并落下残疾。当他在医院接受治疗时，他看见了圣母和圣子向自己显灵，吩咐他放弃以往的罪恶生活改过自新。于是，罗约拉决心前往圣地，完成十字军的神圣使命。不过当他到达耶路撒冷的时

圣巴托罗缪之夜

候，他知道自己难以完成这一任务，于是他返回欧洲，积极投入反对路德派的战斗之中。

1534年，罗约拉在巴黎的索邦神学院学习期间，他联合另外7名学生一起成立了一个兄弟会。这8人相互起誓，他们将永远过圣洁的生活，绝不贪图荣华富贵，只要求正义，并且要将他们的身体和灵魂全部奉献给教会。过了几年，这个小型的兄弟会发展成为一个正规的组织，并且得到教皇保罗三世的认可，正式承认为"耶稣会"。

罗约拉曾经是一名军人。他严守纪律，要求绝对服从上级的命令。事实上，这成为了耶稣会取得巨大成功的主要原因之一。耶稣会专心从事教育。在对自己的教师进行了极其完备的培训之后，他们才允许教师们单独和学生进行谈话。教师与学生们生活在一起，参加各种游戏活动，他们百般慈爱地呵护着学生的思想和灵魂，结果耶稣会培养出新一代忠心耿耿的天主教徒。这些教徒就像中世纪的人们一样，严肃地对待他们的信仰职责。

不过，精明的耶稣会并没有将全部的精力都花在对穷人的教育上。他们纷纷进入当权者的宫殿，成为未来皇帝和国王的私人教师。当我向你们的讲述30年战争的时候，此中的深意，你们就会明白。不过，在这场可怕的宗教狂热最后爆发之前，还发生了许多其他重要的事情。

查理五世死后，德国和奥地利落到了他的兄弟斐迪南手中。他的其他所有领土，包括西班牙、荷兰、印度群岛和美洲，则全部由他的儿子菲利普接管。菲利普是查理五世和自己的亲表妹葡萄牙公主所生。这样近亲联姻所生的孩子行为古怪、神经有些不太正常。菲利普的儿子，不幸的唐·卡洛斯（后来经其父亲的允许而被杀死）就是一个名副其实的疯子。菲利普本人倒不那么疯癫，但是他对教会的狂热几近疯狂。他相信自己是上帝指派给人类的救世主之一。因此，要是谁固执己见，顽固地拒绝和他持同一观点，他就会被宣布为人类的敌人，必须予以消灭，以免这个人的坏榜样腐蚀虔诚的邻居们的灵魂。

当然，西班牙是一个极为富有的国家。新世界发现的所有金银源源不断地流进了卡斯蒂利和阿拉贡的财库中。但是，西班牙也患有一种奇怪的经济病。西班牙的农民都是勤劳的男人和更加勤劳的女人，但西班牙的上层阶级却对任何形式的劳动怀有极度的轻蔑，只愿意加入陆军、海军或在政府部门出任公职。至于摩尔人，他们一直是兢兢业业、工作异常勤奋的工匠，但在很早之前就被逐出西班牙。这种经济病的结果就是，作为世界珠宝库的西班牙，事实上却是一个贫穷的国家，因为它所有的钱都必须送往国外，去换取那些西班牙人自己不屑种植的小麦和其他的生活必需品。

菲利普是 16 世纪最强大国家的统治者，他的财源一直依赖于在商业繁荣之地的荷兰的税金。可这些不知好歹的弗兰芒人与荷兰人是路德和加尔文教义的忠实信徒。他们不仅清除了当地教堂里的所有偶像和神圣的画像，同时他们告诉教皇，不再把他当作是他们的牧羊人。从今以后，他们打算根据新译的《圣经》的指令和自己的良心行事。

这使国王处于一个非常尴尬的境地。一方面，他当然不能容忍他的荷兰臣民的异端邪说；另一方面，他又着实需要他们的金钱。如果他默许他们成为新教徒而不采取任何措施来拯救他们的灵魂，这是对上帝的不尽职；但如果他派宗教法庭到荷兰，并把敢于反抗的臣民在火刑柱上烧死，那他势必失去大笔的收入来源。

菲利普是一个生性多变，优柔寡断的人。在如何处理荷兰人的事情上，他犹豫了很长时间。他时而仁慈时而严厉，又是允诺又是恐吓，各种手段都尝试过了。可荷兰人依然十分倔强，继续大唱他们的圣歌，一心一意聆听路德派和加尔文派牧师的布道。绝望之下，菲利普将自己的"钢铁汉子"、手段残酷的阿尔巴公爵派往荷兰，使这些冥顽不化的"罪人们"屈服。阿尔巴首先将那些没有逃离荷兰的宗教领袖斩首，接着在 1572 年（也就是这一年，法国新教领袖都在血腥的圣巴托罗缪之夜被赶尽杀绝），阿尔巴攻下了荷兰数座城市，将城中的居民全部屠杀，以警告其他的城市。次年，他又率军围困了荷兰的制造业中心莱顿城。

与此同时，北尼德兰的七个小省份联合起来，结成了一个防御联盟，即所谓的乌德勒支同盟，并公推德意志王子奥兰治的威廉（曾作过查理五世皇帝私人秘书）为他们的军事领袖和他们的海盗水手的总司令。这些乌合之众曾以"海上乞丐"的绰号而闻名于世。为了挽救莱顿城，威廉挖开防海大坝造成一片浅水内海。然后，他率领着一支驳船、平底船组成的奇怪海军，又划又拉又推地穿过泥沼，来到莱顿城下。靠这支装备奇特的海军的帮助，从西班牙手中解救了这座城市。

西班牙国王的无敌军队首次遭到了这么耻辱的失败。它让整个世界大吃一惊，就像日俄战争中的日本人的沈阳大捷让我们这代人大吃一惊一样。莱顿城的胜利使新教徒势力获得了新的勇气对抗西班牙国王。菲利普也想出了新的办法去征服那些反叛的臣民。他雇佣了一个半疯癫的宗教狂热分子去刺杀奥兰治的威廉，但是领袖的死并未使七省屈服，相反更激起了他们的满腔怒火。1581年，他们在海牙召开了七省代表参加的议会，庄严地宣布弃绝"邪恶的国王菲利普"，并由自己来行使主权责任，在这之前，主权都掌握在"上帝恩赐的国王"的手里。

挖开大坝，拯救莱顿

这是在人民争取政治自由的斗争史上一个非常重要的事件。它比以《大宪章》的签订为终结的英国贵族发动的宫廷政变迈出的步子更大。这些善良的自由民们认为："国王与其臣民之间应该有一种默契，双方都应履行某些义务，承认一些明确的责任。如果其中的一方违背了这个契约，那么另外一方也有权终止契约的执行。"英王乔治三世的美洲臣民在1776年也得出了一个同样的结论，不过在他们和他们的统治者之间，毕竟还隔着 3000 英里波涛汹涌的大洋，可七省联盟议会这一庄严的决定（如果失败就意味着慢性死亡），是在听得见西班牙军队的炮火，并始终怀着对西班牙无敌舰队的恐惧之中作出的。他们的勇气实在让人钦佩。

有一个很古老的故事，讲的是作为新教教徒的女王伊丽莎白继承信仰天主教的"血腥玛丽"成为英国国王之后，一支庞大的西班牙舰队将出发去征服荷兰和英国。年复一年，码头的水手一直在谈论着这个故事，揣测它会不会真的到来。16 世纪 80 年代，谣言变成了事实。据那些去过里斯本的水手讲，所有的西班牙和葡萄牙的港口都在大肆建造战船。在荷兰南部（今比利时境内），帕尔玛公爵正在招兵买马，一旦西班牙舰队到来，他们就从沃斯坦德进入伦敦和阿姆斯特丹。

沉默者威廉被谋杀

1586 年，不可一世的西班牙无敌舰队向北方进发。可弗兰德海岸的港口已经被荷兰舰队重重封锁，英吉利海峡也有不列颠舰队的严密防守。习惯南方平静海域的西班牙人，不知道在这狂风劲吹的北方严寒气候下如何作战。"无敌舰队"在遭遇风暴袭击后命运将会如何，不用我在这里告诉你们。反正战争的结果是，只有几艘船绕道爱尔兰得以侥幸逃生，其他大部分战船都葬身在北海冰冷的波涛里。

战局从此发生了根本性的转变。轮

"无敌舰队"来了

到英国和荷兰的新教徒将战火烧到敌人的领土上了。

在16世纪即将结束的时候，霍特曼在林斯柯顿（一个曾为葡萄牙人服务的荷兰人）所写的一本小册子帮助下，终于发现了通往印度群岛的航线，结果成立了著名的荷兰东印度公司，由此也引发了一场争夺西班牙与葡萄牙在所属亚非殖民地的战争。

就在这个殖民征服的早期阶段，荷兰的法庭上进行了一桩颇有趣味的诉讼案。17世纪初，一位名为范·希姆斯克尔克的荷兰船长在马六甲海峡截获了一艘葡萄牙船只。希姆斯克尔克曾率领一支探险队，试图发现通往印度群岛的东北航线，结果在新泽勃拉岛冰冻的海岸上被围困了整整一个冬天。不过，他本人也因此而出名。

你应该还记得，教皇曾经把世界分成相等的两个部分，一半给了西班牙，另一半给了葡萄牙。葡萄牙人很自然地将环绕印度群岛殖民地的海域视为自己的私有财产。由于当时葡萄牙并未向荷兰七省联盟开战，因此他们宣称，希姆斯克尔克作为一家私有贸易公司的船长，无权进入他们的领土盗劫他们的船只，这是严重的非法行为，于是他们诉诸法庭。

荷兰东印度公司董事会聘请了一位名为德·格鲁特（或格鲁西斯）的杰出青年律师为他们辩护。这位聪明人的辩护词震惊了所有人。在抗辩中，他提出了一个"海洋对所有往来者都是自由的"惊人理论。他指出："一旦越出陆上大炮的射程距离，海洋就是（根据格鲁西斯本人的理论），也理应是所有国家的所有船只自由开放的公海。"这是第一次有人在法庭上公开陈述这样一种惊人的理论。这个理论随即遭到所有航海界人士的反对。

为反击格鲁西斯著名的"公海说"或"海洋自由说"，英国人约翰·萨尔登写出了著名的关于"私海"或"封闭海洋"的论文，认为一个主权国家对其周围的海域理应视为其自然领土。我之所以在此提到这个争论，是因为这个问题时至今日都没有得到解决，并且在上次世界大战中引出了各种难题和混乱。

让我们再回到西班牙与荷兰、英国之间的战争。在不到20年的时间里，西班牙人拥有的大部分有价值的殖民地，包括印度群岛、好望角、锡兰、中国沿海某些岛屿甚至日本，都被新教徒所控制。1621年，新成立的西印度公司征服了巴西。它还在北美哈德逊河出口建立了一个名为新阿姆斯特丹（今纽约）的据点，那条河是亨利·哈德逊于1609年发现并以他的名字命名的。

这些新的殖民地使得英国和荷兰在一夜之间发了大财，以致他们有钱雇佣外国士兵替他们打仗，而他们自己则可以专心从事商业和贸易。对他们来说，新教徒的反抗意味着独立和繁荣，但是在欧洲的其他地区，它却给人们带来了无尽的痛苦与恐惧。与之相比，上一次的战争就像是平日学校里的孩子们一次愉快的郊游。

1618年爆发的30年战争，最终以1648年签订著名的《威斯特伐利亚和约》而结束。这场战争是一个世纪以来日益增长的宗教仇恨的必然结果，难以避免。正如我前面说过的，它是一场恐怖而血腥的战争。人人都卷入战争，人人都在相互厮杀，直到参战各方都精疲力竭，无法再战时才停止。

在不到一代人的时间里，战争将中欧的许多地方变成了荒原。饥饿的农民不得不与更饥饿的野狼为一匹死马而进行搏斗。在德国，六分之五的城镇和村庄毁于战火。德国西部地区的帕拉丁奈特被洗劫多达28次，人口由1800万人口剧减到400万人。

几乎是从哈布斯堡王朝的斐迪南二世当选为德意志皇帝的时候，这种仇恨就迅速被点燃了。斐迪南本人是耶稣会悉心教育的成果，是一个最虔诚、最顺服的信徒。在他年轻的时候就立下誓言，要将自己领土上的一切异端分子和异端教派全部铲除，并尽自己的一切能力来信守这个誓言。在他当选皇帝的前两天，他的主要敌人腓特烈（帕拉丁奈特的新教徒选帝侯及英王詹姆斯一世的女婿），成为了波西米亚国王。这是对斐迪南的意志的直接反抗。

哈布斯堡王朝的大军直接开进波西米亚。面对强大的敌人，年轻的腓特烈国王到处求援，但是一切都是徒劳。荷兰共和国倒很愿意提供援助，可当时他们正忙于与西班牙的另一支哈布斯堡王族进行激战，心有余而力不足。英国的斯图亚特王朝则更关心如何加强自己在国内的绝对权力，而不愿将财力和人力浪费在遥远的波西米亚战争上。经过几个月的挣扎，帕拉丁奈特选帝侯被逐出了波西米亚，他的领地落入了巴伐利亚的天主教王室手中，然而这只是伟大战争的开始。

接着，哈布斯堡王朝的军队在蒂利及沃伦斯坦的率领下，攻入德国的新教领地，所向披靡，一直打到波罗的海沿岸。对丹麦的新教徒国王来说，一个强大的天主教邻居就是眼中钉肉中刺。于是，克里斯琴四世竭力在敌人还没有足够强大的时候先发制人，以保卫自己。丹麦军队进入德国，但不久就被击败了。沃伦斯坦乘胜追击，丹麦被迫求和。最后，波罗的海地区只剩下最后一个城市还掌控在新教徒手中，那就是施特拉尔松。

1630年初夏，瑞典国王，瓦萨家族的古斯塔夫·阿道尔丰斯在新教徒的最后一个桥头堡施特拉尔松登陆。古斯塔夫曾因保卫自己的国家抵抗俄国人而一举成名。作为一位野心勃勃的新教国王，他一直梦想着将瑞典变成一个北方大帝国的中心。欧洲的新教徒王公们对古斯塔夫大加欢迎，将他视为路德派的救世主。古斯塔夫旗开得胜，击败了刚刚大肆屠杀马格德堡新教徒居民的蒂利。接着，他率领军队穿越德国腹地，准备袭击哈布斯堡在意大利的领地。由于受到天主教军队的背后偷袭，古斯塔夫突然掉头，在吕茨恩战役中击败了哈布斯堡部队的主力。不幸的是，这位瑞典国王在与自己的部队失散时被杀。哈布斯堡的势力已经被摧毁。

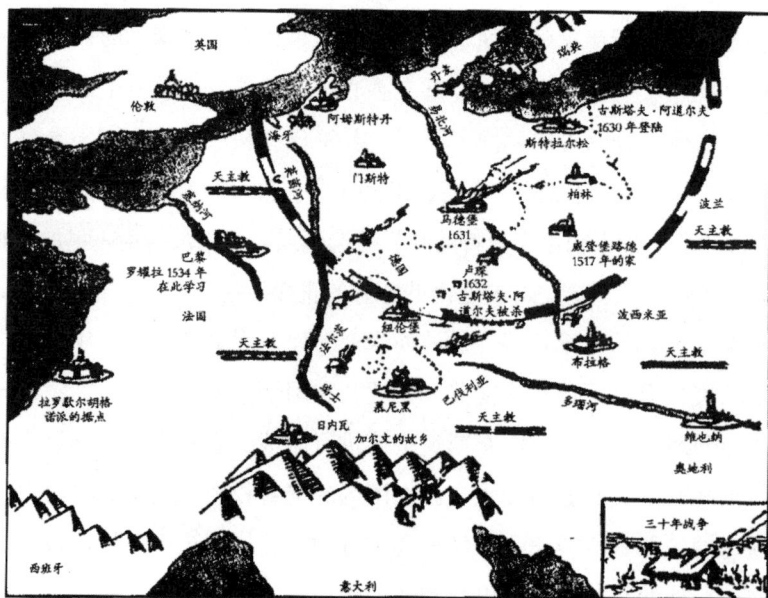

三十年战争

生性多疑的斐迪南，马上怀疑自己的手下。在他的鼓动下，他的军队总司令沃伦斯坦被暗杀。听到这一消息，一直痛恨哈布斯堡王朝的法国波旁王朝，此时却和加入新教的瑞典结为同盟。路易十三的大军入侵德国东部。瑞典将军巴纳与威尔玛的军队、法国的图伦和康代将军的军队，几支军队联合，大肆杀戮、抢掠、焚毁哈布斯堡的财产。这给瑞典人带来了名声和财富，也让他们的邻居丹麦人心生嫉妒，于是新教的丹麦向同为新教的瑞典宣战了。宣战的理由是，瑞典是天主教法国的同盟者，而法国的政治领袖，红衣主教黎塞留刚刚剥夺了胡格诺派（即法国的新教徒）在 1598 年《南特敕令》中允许的公开礼拜的权利。

1648 年的阿姆斯特丹

这是一场不幸的战争，到 1648 年以签订《威斯特伐利亚和约》而结束，像其他类似的冲突一样，没有解决任何问题。天主教国家依然信奉天主教，新教国家仍旧忠实于马丁·路德、加尔文和茨温利等人的教义。瑞士和荷兰的新教徒建立起独立的共和国，并得到其他欧洲国家的承认。法国占有梅茨、图尔、凡尔登等城市及阿尔萨斯的一部分。神圣的罗马帝国继续以外强中干的国家形式而存在，但已经有名无实，人力和财力已经大为匮乏，希望和勇气也不复存在。

30 年战争带来的唯一好处是让欧洲诸国受够了教训，足以使天主教徒和新教徒再也不敢尝试战争了。既然谁也无法消灭谁，因此他们只能和平相处。当然，这并不意味着宗教狂热与不同信仰间的仇恨从这个地球上销声匿迹了。相反，天主教和新教的争吵终止了，新教内部不同派别的争执又如火如荼地展开了。在荷兰，围绕"宿命论"的真正本质而展开的各种讨论引发了一场旷日持久的争论。宿命论实际上是一个非常模糊难解的神学观念，可在你们的曾祖辈眼里，它却是必须搞清楚的重要问题。这场争论的结果以奥登巴维尔特的约翰的人头落地而告终。约翰是荷兰著名政治家，在共和国独立的头 20 年，曾为共和国的成功做出过重要贡献，并且在促进东印度公司的发展上也表现出伟大的领导天才。在英国，这场争论导致了一场内战。

不过，在我为你讲述这场最终通过法律程序第一次将一位欧洲君主处以死刑的暴乱之前，我必须告诉你一些英国过去的历史。在这本书里面，我尽力为你们描述的，只是那些能够使我们更清楚理解当今世界状况的历史事件。如果我未曾提及某些国家，那肯定不是我存在任何的私人好恶。我非常希望我能告诉你们一些挪威、瑞士、塞尔维亚或者中国发生的事情，它们同样非常精彩。可惜这些国家对于欧洲 16 世纪和 17 世纪的发展并没有多大的影响。我只能礼貌地鞠上一躬，略过这些国家。但是，英国的情况就不一样了。这个岛国的人民在过去 500 年间的所作所为，很大程度上影响了世界每一个角落的历史进程。如果缺乏对英国历史背景的适当了解，你将无法理解今天报纸上登载的大事。你必须知道，当欧洲大陆的其他国家还处于君主专制的时候，英国是怎样发展成为一个议会制政府的。

第四十五章

英国革命

国王的"神授君权"同虽然不那么神圣却更为合理的"议会权力"相互争斗，结果查理二世被推上断头台

最早涉足西北欧的探险者是恺撒。他于公元前55年率军队渡过英吉利海峡，征服了尚为蛮荒之地的英国。在随后的400年的时间里，英国一直作为罗马的一个行省存在。当野蛮部落开始威胁罗马，频频犯境，驻守英国的罗马士兵就被召回去保卫罗马本土了。从此以后，英国沦为一个一无政府二无防御的海外孤岛。

德国北部饥寒交迫的撒克逊部落得知这一消息后，他们马上渡过北海，蜂拥到这个气候温和、土地肥沃的岛屿并安家落户。他们建立起许多独立的盎格鲁—撒克逊王国（取这个名字是因为最早的入侵者是盎格鲁人，也就是英格兰人，还有撒克逊人），但是这些小国家相互间总是争吵不断，却没有一位国王能够统一英格兰。在500多年的漫长岁月里，由于缺乏足够的防御能力，麦西亚、诺森伯里亚、威塞克斯、苏塞克斯、肯特、东英吉利，还有其他很远的地方，都不断遭到斯堪的那维亚海盗的侵袭。到11世纪，英格兰连同挪威及北日耳曼一起，被并入克努特大帝的大丹麦帝国的版图。英格兰最后一丝独立的希望也破灭了。

后来，丹麦人被赶走了。刚刚获得自由的英格兰，又第四次被外敌征服了。新的敌人是斯堪的那维亚人的另一系后裔，他们的祖先在10世纪初期入侵法国，建立起诺曼底公国。从很早开始，诺曼底大公威廉就虎视眈眈地盯着这个一海之隔的富饶岛屿了。1066年10月，威廉率军跨过海峡。同年10月14日发动了

黑斯廷战役，他势如破竹地彻底摧毁了盎格鲁—撒克逊王国。威塞克斯的哈洛德率领的疲弱之师，自封为英格兰的最高统治者。然而，无论是对威廉本人，还是对安如王朝（也称金雀花王朝）的继承者来说，英格兰并不是自己真正的家园。在他们眼里，这片岛屿不过是他们在大陆的大片领土的一部分——一块殖民地。因此，他们不得不将自己的语言和文明强加给这些尚未开化的种族。渐渐地，卑贱的"殖民地"英格兰的发展逐渐超越其高傲的宗主国"诺曼底祖国"，取得更为重要的地位。

英国民族

与此同时，法兰西的国王正千方百计地想除掉这个实际上不过是法国王室的不恭顺奴仆的强大邻居。经过将近100年的激烈战争，法国人民在圣女贞德的领导下，终于把这些"外国人"从他们的领土上赶了出去。贞德本人却在1430年的贡比涅战役中不幸被俘，被勃艮第俘获者转卖给英国士兵，最后被当做女巫处死在火刑柱上。

英国人失去了立足欧洲大陆的有利时机，因此国王们只好将全部的时间用来管理不列颠属地。另外，因为这个岛屿上的封建贵族们长期纠缠于那些奇特的世仇夙怨（这在中世纪可谓像天花和麻疹一样普遍），大部分家世古老的封建主纷纷丧命于恐怖的"玫瑰战争"。这使得国王们轻而易举地加强了皇室权力。到15世纪末期，英格兰已经成为一个高度集权的国家，由都铎王朝的亨利七世统治着。此人设立的著名的"星法院"曾给国人留下过许多可怕记忆，它运用极其严厉的手段镇压了贵族残余想要重新获得对国家政权的古老影响力的一切图谋。

1509年，亨利八世接任其父亨利七世成为英格兰国王。他统治时期是英国历史的转折点。从此，英国从中世纪的一个岛国发展壮大成一个现代化的强国。

亨利对宗教一直不感兴趣。因为自己的多次离婚，他和教皇发生了许多的摩擦。亨利还借离婚的机会宣布脱离罗马教廷，使英格兰教会成为欧洲第一个真正意义上的"国教"。在这个教会里，世俗的统治者也欣然担当了自己臣民的宗教领袖。这一和平的改革运动发生在1534年，不仅为都铎王朝得到了长期以来饱受路德派新教徒攻击的英国神职人员的支持，而且还通过没收修道院财产而大大增强了王室的实力。同时，亨利还受到商人和手工业者的欢迎。

这些自豪而富裕的岛国居民，由一道又深又宽的海峡与欧洲大陆安全地隔开，难免心高气傲，他们不喜欢一切"外国的"的东西，也不愿意由一位意大利主教来主宰他们诚实清白的英格兰灵魂。

1547年，亨利去世，把王位留给年仅10岁的爱德华一世。小国王的监护者们倾向于新式的路德派教义，因而尽其所能地推动新教事业的发展。不过小国王未满16岁便不幸夭折，由他的姐姐玛丽继任王位。玛丽是当时的西班牙国王菲利普二世的妻子，她上台的第一项举措就是把新"国教"的主教们全部烧死，并且在其他方面仿效她高贵的西班牙王室丈夫的做法。这为她赢得了"血腥玛丽"的绰号。

很幸运的是玛丽于1558年去世，由著名的伊丽莎白女王继位。伊丽莎白是玛丽的异母妹妹，是亨利八世和他的第二任妻子安娜·博林所生的女儿，但安娜后来因失宠而被处死。在玛丽执政期间，伊丽莎白曾一度被投进监狱，后由神圣罗马帝国皇帝的亲自求情才获释。因此，伊丽莎白极端仇视天主教和西班牙的一切事物。像她父亲一样，伊丽莎白对宗教漠不关心，不过她继承了父亲洞若观火的惊人判断力。伊丽莎白在位45年，不仅王室权力得到加强，而且英格兰这个欢乐的群岛的财政和税收也在不断增加，国力得到大大加强。在这一点上，女王当然得到了拜倒在她王座周围的大批极其能干男性的有力辅佐，这也使得伊丽莎白时代成为了英国历史上一个至关重要的时期。

百年战争

　　然而，伊丽莎白并不是高枕无忧。她还存在着一个非常危险的对手——斯图亚特王朝的玛丽。她是法国女公爵和苏格兰贵族的女儿。此时，她是美第奇家族凯瑟琳（法国国王法朗西斯二世的遗孀，圣巴瑟洛缪之夜大屠杀的总指挥）的儿媳。玛丽的儿子后来还成为了英国斯图亚特王朝的开国国君。玛丽是一位忠实的天主教徒，乐意与一切伊丽莎白女王的敌人结为朋友。由于她缺乏政治智慧，再加上采用极为暴力的手段镇压苏格兰境内的加尔文教徒，导致苏格兰出现了一场声势浩大的暴动，自己被迫到英国境内避难。她在英格兰待了18年，一直在策划反对伊丽莎白的阴谋，却从不想想是这个女人给予她庇护。最终伊丽莎白不得不听从了她心腹大臣的劝告，"砍掉了苏格兰女王的头"。

1587 年，苏格兰女王的头被砍，这点燃了英国与西班牙战争的导火线。不过正如我们上一章讲过的，英国与荷兰的联军击败了西班牙菲利普的"无敌舰队"。西班牙本想借机摧毁两个新教劲敌，结果一败涂地，变成了后者的一桩有利可图的冒险事业。

这时，英国人和荷兰人经多年的犹豫不决之后，终于意识到入侵印度和美洲的西属殖民地不仅是他们的正当权力，而且还可为遭西班牙人迫害的新教徒同胞的报仇雪恨。英国人是哥伦布最早的追随者之一。1496 年，英国船队在一位名为乔万尼·卡波特的威尼斯领航员的指引下，首次发现并对北美大陆进行考察。虽然将拉布拉多和纽芬兰岛发展成为殖民地的可能性很小，但纽芬兰附近的海域却给英国渔船提供了丰富的渔业资源。1 年后的 1497 年，同一位卡波特又登上了佛罗里达海岸，为英国建立海外殖民地带来了无穷无尽的机会。

接下来就是亨利七世和亨利八世在位的动乱年代。由于数不清的国内问题尚待解决，英国没有充足的财力进行海外探险。不过，到了伊丽莎白时期，国力昌盛，斯图亚特的玛丽也已深陷牢笼，水手们终于可以欣然出海远航，而用不着担心一夜之间家园变色了。当伊丽莎白还是一个小孩时，英国人威洛比就冒险驶过了北角。威洛比手下的船长之一理查德·钱塞勒为探索一条前往东印度群岛的航线，继续向东深入，结果抵达了俄国港口阿尔汉格尔。在那里，他与遥远的莫斯科帝国的神秘统治者建立了外交与商业的联系。在伊丽莎白统治初期，又有许多人顺这条航线航行。那些为"联合股份公司"利益而冒险的商人们，奠定了将在此后几百年里成为殖民地的各贸易公司的坚实基础。作为海盗兼外交家，这些人为了金钱而奋不顾身，愿意将全部身家性命作为赌注，走私者将一切能够装上船的东西统统装上船，他们贩运商品，也贩卖人口，只在乎自己的利益。他们把英国的旗帜和贞洁女王的荣誉散布到世界的各个角落。在国内，有伟大的莎士比亚正在为取悦女王而坚持不懈地努力。英格兰最杰出的头脑和最高明的智慧都在为女王献计献策，努力和她一起将亨利八世的封建遗产改造成一个现代化的民族国家。

1603 年，年已 70 岁的伊丽莎白女王去世了，詹姆斯一世当上了英国国王。

他是亨利七世的曾孙，伊丽莎白的侄子，也是她的敌人苏格兰女王玛丽的儿子。凭借上帝的保佑，詹姆斯发现自己成为了唯一一个免于欧洲大陆战祸的国家的统治者。当欧洲的天主教徒和新教徒们正斗得天昏地暗的时候，英格兰却是一派太平盛世的景象，并正悠闲地展开了一场"宗教改革"，并未走上路德教徒或洛约拉支持者的极端道路。这使得这个岛国在即将到来的殖民地争夺战中，占尽了先机。它确保了英国在国际事务中获得领导地位，一直延续到第一次世界大战结束。即使是斯图亚特王朝的灾难性冒险，也不能阻止英国的正常发展。

继承都铎王朝的斯图亚特王朝被视为英格兰的"外来者"。他们似乎既不知道也不想弄明白这一事实：都铎王室的成员可以堂而皇之地偷走一匹马，而"外来的"斯图亚特王朝的成员就算看一眼马缰绳，都会引起公众的愤怒。老女王贝斯（即伊丽莎白的昵称）在很大程度上是按自己的意愿统治着子民，且尽享爱戴。总的说来，她一直在执行着一条路线，即使诚实的（或不诚实的）英国商人的钱袋总是鼓鼓的。因此，感激涕零的人民也回过头来对老女王报以全心全意的支持。由于能从女王强大而成功的对外政策中获得利益，大家对女王在议会中的某些权利和特权上的小小不法行为，也都睁一只眼闭一只眼。

伊丽莎白时代的舞台

从表面上看来，国王詹姆斯执行与伊丽莎白女王相同的政策。可他身上极为缺乏的，是他伟大前任所具有的异常耀眼的个人热情。海外贸易继续受到鼓励，并且他作为一名天主教国王，天主教徒也并未获得任何新自由。可当西班牙满脸堆笑试图重修旧好时，詹姆斯欣然接受了。大部分英国人不喜欢这样，不过詹姆斯是他们的国王，所以他们保持沉默。

很快，人民和国王之间又起了新的摩擦。詹姆斯国王和 1625 年继承他王位的查理一世一样，他们都坚信自己"君权神授"这一法则，他们认为自己拥有"上帝恩赐的特权"，可以凭自己的心愿治理国家而不必顾及臣民们的意愿。这种做法并不新鲜。在很多方面，教皇已经是多个罗马皇帝的继承人（或者说将整个世界的已知领土统一于罗马这个单一世界帝国的观念的继承者），他们总是乐于将自己视为"基督的代理人"，并且得到了人们的普遍承认。上帝按照自己认为合适的方式统治世界，这一点没人提出质疑。作为自然而然的推论，既然上帝有权任意统治世界，而教皇代表的正是上帝的旨意，他就理所当然可以主宰一切，没有人对教皇的权威产生怀疑。

后来，路德的宗教改革深入人心，以前赋予教皇们的特权，现在则被许多皈依新教的欧洲君主接管。作为"国教领袖"，他们坚信自己是所辖领土范围内的"基督教的代言人"。这证明国王的权力从此又向前迈进了一大步，人们没有怀疑他们的统治者是否有权利这样做。他们仅仅是接受它，就像生活在当今这个时代的人们，认为议会制政府是天底下最合理、最正当的政府形式一样。如果就此得出结论：路德教派或加尔文教派对詹姆斯国王大张旗鼓宣扬他的"君权神授"观念表现出强烈的不满，这是不太公平的。诚实忠厚的英格兰民众不相信国王神圣的君权，一定还有其他的原因。

最先反对"君权神授"的是尼德兰。1581 年，当时的北尼德兰七省联盟的国民议会废黜了他们的合法君主——西班牙的菲利普二世。他们宣布说："国王破坏了他的约定，因此他也像其他不忠实的公仆一样，被人民解职了。"从那时开始，"国王应对人民负责"这一特殊的观念，便在北海沿岸国家的人民中广泛传播开来。人民因而处于非常有利的地位，而且他们有钱了。中欧地区的贫困人民长期处在其统治者的卫队摆布之下，是万万不敢讨论这个问题的，否则他们随时可能被关进离他们不远的城堡监狱。可是荷兰和英国的富有商人们，他们掌握着维持强大的陆军与海军的必要经费，并且懂得如何运用"银行信用"的万能武器，根本没有这种恐惧。他们愿意用自己的钱财所控制的"神圣君权"来反对哈布斯堡王朝、波旁王朝或斯图亚特王朝的"神圣君权"。他们知道自己口袋里的金币和先令足以击败国王拥有的唯一武器——无能的封建军队。他们敢于行动，而其他人面对这种情况要么是默默忍受困难，要么就要冒上绞刑架的危险。

当斯图亚特王朝宣称他们有权不顾职守，想做什么就做什么的时候，英格兰人民被激怒了，英国的中产阶级利用下议院作为他们反抗王室滥用权力的第一道防线。国王不但拒绝让步，反而解散了议会。在长达 11 年的时间里，查理一世实行独裁统治。他强行征收一些被大部分英国人认为是非法的税收，他随心所欲地管理着不列颠，把国家当成他自己的乡村庄园来管理。他有许多得力的助手，并且我们不得不承认，他不乏敢作敢为的勇气。

很不幸的是，查理不仅未能尽力争取到自己忠实的苏格兰臣民的支持，反而陷入与苏格兰长老会教派的斗争旋涡。由于急需用钱，虽然很不情愿，查理还是不得不再次召集议会。会议于 1640 年 4 月召开，与会者怒火中烧，争相做抨击性的发言，最后终于乱成一团。几个星期后，议会再次被解散。同年 11 月，一个新议会组成了。可这个议会甚至比前一个更加强硬。议员们现在已经明白，议会最终必须解决的是"神圣君权的政府"还是"议会的政府"的问题。他们对国王的主要顾问官发起攻击，并处死了其中的 6 个人。他们强硬地宣布了一项法令，该法令规定未经他们的同意，国王无权解散议会。最后，在 1641 年 12 月，议会向国王提交了一份《大抗议书》，详细陈述了人民对他们的统治者的种种不满。

1642 年 1 月，查理悄悄离开了伦敦来到乡村，希望在那里寻找自己的支持者。国王和议会双方各组织了一支军队，准备在君主的绝对权力和议会的绝对权力之间，决一死战。在这场斗争中，英格兰势力最强的宗教派别，即所谓的清教徒们（他们是英国国教徒，尽了最大的努力来纯洁他们的教义），很快走到了最前列。一支清教徒组成的"虔诚兵团"由著名的奥利弗·克伦威尔率领。

他们凭借严明的纪律及对神圣目标的坚定信念，很快成为了反对派阵营的榜样。查理的军队两次被击败。在 1645 年的纳斯比战役失败之后，国王狼狈逃到苏格兰，却很快被苏格兰人出卖给了英国。

接着是阴谋和反抗时期。苏格兰长老会发生了叛乱，反对英格兰清教徒。1648 年 8 月，克伦威尔在普雷斯顿盆地激战三昼夜之后，结束了第二次内战，并攻占了苏格兰首都爱丁堡。与此同时，克伦威尔的士兵们早已厌倦了不切实际的谈论，不愿在宗教辩论上浪费时间，他们决定自己采取行动。他们冲进议会，除掉了议会中所有不赞成清教徒教义的人。于是，旧议会剩下的其他代表控告国王犯了严重的叛国罪。上议院拒绝参加审判，因此一个临时成立的特别审判团判处国王死刑。1649 年 1 月 30 日，查理一世神情平静地从白色大厅走上了断头台。那一天，神圣的人民通过自己选出的代表，第一次处死了一位未能对自己在现代国家中的地位做出正确理解的统治者。

国王查理被处死后的那段时期通常被称作克伦威尔时期。这位开始并不合法的英格兰独裁者，于 1653 年被正式推为护国公。在他统治的 5 年间，他继续奉行伊丽莎白女王广受欢迎的路线。西班牙再度成为英格兰的主要敌人，向西班牙人开战变成了一个全国性的神圣大事。

英国的商业和商人的利益被置于最优先考虑的地位，最本质的新教教义得到了切实的维护。在维持英格兰的国际地位上，克伦威尔是成功的。然而在社会改革方面，他却遭到惨败。毕竟，世界是由许多人共同组成的，他们的所思所想、所作所为极少一致。从长远来看，这似乎是一种明智的准则。一个仅由少数人组成，由少数人领导并为少数人服务的政府是不可能长久生存的。在反击国王滥用权力的行动中，清教徒是一支代表进步的正义力量，而一旦作为英格兰的绝对统治者，他们的严苛的信仰原则确实让人无法忍受。

1658 年，克伦威尔去世，他严厉的统治已经使得斯图亚特王朝不费吹灰之力就复辟了他们的旧王朝。事实上，流亡的王室成员受到了人们"救世主"般的欢迎。在他们眼里，温和的清教徒们的虔诚枷锁和查理一世的暴政同样令人难以忍受。只要斯图亚特王室的接班人愿意忘记他们不幸的已故父辈所一再坚持的"神圣君权"，承认议会在统治国家方面的至高权力，人们还是愿意做忠诚的臣民。

整整两代人为实现这样的安排付出了不懈的努力。不过斯图亚特王室显然没有从老国王的悲剧中吸取教训，而且恶习难改。1660 年，查理二世回国继位。他虽然性格温和，却是个无能之辈。他天性的懒惰，与生俱来的追求安逸的本性，加上能够对所有人撒谎，使他暂时避免了与自己的臣民发生公开冲突。1662 年，他通过了《统一法案》，将全体不信奉国教的神职人员清除出各自的教区，彻底摧毁了清教徒的势力。1664 年，查理二世又通过了所谓的《秘密集会法令》，以流放西印度群岛作为威胁，试图阻止不信奉国教者出席宗教集会。这看起来又回到了"君权神授"的老路。人民开始流露出过去众所周知的不满现象，议会也在为国王提供资金的事情上碰到了很大的困难。

既然无法从一个心怀不满的议会手中得到资金，查理二世便私下从他的近邻兼表兄，法国的路易国王那里借款。他以每年 20 万英镑的代价出卖了他的新教盟友，还暗自得意地嘲笑着议会的那些可怜的傻瓜。

经济上的独立，一夜之间使查理国王对自己的力量有了很大的信心。他曾在自己的天主教亲戚中流亡了很多年，对他们的宗教信仰不免也产生了一种莫名的好感。或许，他能使英国回归对罗马的信仰。于是，查理颁布了一项《赦罪宣言》，取消了那些压制天主教徒与异教徒的旧法令。这一行动正好发生在查理的弟弟詹姆斯成为了一名天主教徒的时候。所有这一切不免让人们产生怀疑。他们开始担心这是教皇策划的又一个可怕的阴谋。一股新的骚动正在岛上悄悄蔓延。不过大部分人还是希望能够阻止内战的再次爆发。因为对他们来说，无论是国王专制，还是天主教信仰，甚至是"君权神授"，都比同一民族同胞之间自相残杀要好。然而另一群人并没有这么宽厚，他们是大家都害怕的异教徒。他们坚定不移地相信自己的教义，他们的领导者是那些不愿看到绝对王权重来的位高权重的贵族们。

在此后 10 年的时间里，这两大阵营一直相互攻击，并逐渐发展成为两大党派的对峙。其中之一被称为"辉格党"，代表反抗国王的中产阶级的利益。他们得到这个可笑的名称，是因为在 1640 年的时候，苏格兰长老会的教士带领了许多辉格党人或赶马人进军爱丁堡反对国王。另一派叫"托利党"，"托利"原用于称呼爱尔兰反王室人士，现在用来指国王的支持者，颇具讽刺意味。虽然辉格党与托利党针锋相对，但双方都不愿挑起事端。他们都耐心地等到查理二世终老天年，安静地死于床上，并且也允许信奉天主教的詹姆斯二世于1685年继承他的哥哥的王位。然而，詹姆斯先是设立一支"常备军"（这支军队将由信奉天主教的法国人指挥），将国家置于外国干涉的严重危险之下；又于1688年颁布第二个《赦罪宣言》，命令所有的英国国教教堂都要宣读这项法令。这时，他的绝对权力已经超出了一个合理的界限。这条界限是只有那些最受欢迎的统治者在极其罕见的情形下才可以超越的。人们开始公开地流露不满。7位主教拒绝服从国王的命令，被指控犯了"叛国诽谤罪"送上了法庭。可当陪审团大声宣布被控者"无罪"时，赢得了广大民众的掌声与喝彩。

正巧在这个不幸的时刻，詹姆斯（他在第二次婚姻中娶了信奉天主教的摩德纳伊斯特家族的玛丽亚为妻）喜得贵子。这意味着王位将由一个天主教孩子来继承，而不是他的新教徒姐姐玛丽或安娜。人们对这个新生王子的来历产生了怀疑。因为玛丽亚年岁已大，看上去不会生儿育女了。这完全是一个阴谋，是用心险恶的耶稣会教士将这个身世离奇的婴儿偷偷带进皇宫，好让未来的英国有一位天主教君主。一时间流言沸沸扬扬，越传越离谱儿。看起来似乎另一场内战一触即发。与此同时，来自辉格党和托利党的一位德高望重人士联合给詹姆斯的长女玛丽的丈夫、荷兰共和国的首脑威廉三世去信，邀请他来英格兰，将这个国家从一个合法但一点儿也不受欢迎的君主手中拯救出来。

1688年11月15日，威廉在图尔比登陆。由于不希望让自己的岳父成为另一个殉教者，于是帮助他安全逃到了法国。1689年1月22日，威廉召开议会会议。同年2月23日，威廉和他的玛丽一起继任英国国王，终于挽救了这个国家的新教事业。

这时的议会早已不再满足作为国王的咨询机构的角色，而是充分利用这个机会获得更大的权力。1628年颁布的《权利请愿书》被从档案室的某个早被遗忘的角落里翻了出来。接着又通过了更严厉的《权利法案》，要求英格兰君主必须是英国国教教徒。不仅如此，该法案还进一步宣称，国王无权废除法律，也没有权力纵容某些特权阶层违法乱纪。该法案还规定"没有议会的批准，国王不得擅自征税，也不得擅自组建军队"。因此，在1689年，英格兰议会享有了其他欧洲国家从未听说过的自由权利。

不过，并非仅仅因为这些宽容的措施，威廉的统治时期才被英国人记忆至今。在他生前，他首创了一种"责任内阁"的政府形式。当然，没有哪位国王能一个人治理国家，即便能力极其出众的君主也需要几个可靠的顾问。都铎王朝就有着一个"大顾问团"，全部由贵族和教士组成。不过这个团体发展得过于庞大臃肿了，后来它被精简成一个小型的"枢密院"。再后来，由于这些枢密院成员时常到宫殿的一间内室与国王见面，商讨国家大事，这种做法逐渐形成一种惯例。从此，他们被称为"内阁委员会"。不久以后，"内阁"一词就流行起来了。

与以前的大部分英国君主一样，威廉也从各个党派中挑选自己的顾问。随着议会的势力不断强大，威廉发现辉格党占据议会的多数席位，想在托利党人的帮助下治理国家几乎是不可能了。于是，托利党人被清除出局，整个内阁交到清一色的辉格党人手中。几年后，当辉格党人在议会中失去他们的势力后，国王不得不向托利党的领袖们寻求支持。直到1702年去世为止，威廉由于一直忙于与法王路易交战，无暇顾及国家大事。事实上，所有重要的国内事务全部交给内阁处理。1702年，威廉的妻妹安娜继位。这种情形依然没有改变。1714年，安娜去世（她的17个子女没有一个活得比她长），詹姆斯一世的外孙女苏菲的儿子、汉诺威家族的乔治一世继位，这种情形才宣告结束。

乔治是一位粗俗的君主，从未学过半句英语。英国这套复杂的政治制度如同深奥的迷宫，让他晕头转向。他索性把所有的事情都交给自己的内阁，也不参加让他心烦的会议。由于一句话都听不懂，出席这些会议对他来说一种折磨。这样，内阁养成了一种习惯，以不打扰国王的方式自行处理英格兰与苏格兰（1707年，苏格兰的议会与英国议会合并）的一切事务。而国王乔治也情愿大部分时间都待在欧洲大陆上，逍遥自在。

乔治一世和乔治二世执政时期，一系列杰出的辉格党人组成了国王的内阁委员会，其中罗伯特·沃波尔爵士任职长达21年。因此辉格党的领袖们不仅被公认为责任内阁的首脑，而且是议会多数党的领袖，乔治三世继位后，企图将权力重新控制在自己手中，不让内阁管理政府的实际事务。但他的努力带来的灾难性后果，使他的继任者们再也不敢有此图谋。因此，从 18 世纪早期开始，英国就产生了代议制政府，由责任内阁负责管理国家事务。

当然，这个政府并不能代表社会所有阶层的利益。只有不到总人口的二分之一的人有选举权。但是，它为现代的议会制政府打下了最初的基础。借助一种温和而有序的方式，议会剥夺了国王的权力，把它放在越来越多的民众代表手里。此举并没有给英国带来太平盛世，却挽救了这个国家，使它避免了 18 世纪和 19 世纪发生在欧洲大陆上的灾难性的大革命。

第四十六章
势力均衡

另一方面，在法国，"君权神授"比以往任何时候都大行其道，统治者的权欲在新发明的"权力均衡"的法则面前才有所收敛

为了和前一章有个对照，让我告诉你们当英国人民为自由而战的时候，欧洲大陆的法国都发生了些什么。自古以来，适当的人于适当的时间在适当的国家出现，就是我们常说的天时地利人和，这种天作之合是极其罕见的。可在法国，路易十四就是这一理想的化身。不过对欧洲其他国家的人民来说，没有他，大家的日子都会好过一点儿。

当时，法国是欧洲大陆人口最多、国力最强盛的国家。路易十四继位时，马萨林与黎塞留这两位伟大的红衣主教刚刚经过不懈努力，把古老的法兰西王国变成17世纪强有力的集权国家。路易十四本人也出类拔萃、能力超群。就拿20世纪的人们来说，不管我们是否承认，我们一直生活在太阳王时代辉煌记忆的包围之中。路易十四的宫廷所创造的完美礼仪和优雅谈吐，现在仍然是我们现代人社交生活的基础与标准。在国际和外交领域，法语依然作为外交和国际会议的官方语言沿用至今。

因为早在200多年前，法语的优美措辞和精巧表达就已达到了任何语言无法到达的高度。路易十四的剧院至今仍是我们学习戏剧艺术的典范，在它面前，我们只能自叹天赋鲁钝、才学有限。在太阳王统治时期，法兰西学院（由黎塞留首创）开始在国际学术界占据着无可取代的一席之地，其他国家则以效仿为荣。凡此种种，不胜枚举。就连我们现在的"菜单"一词用的还是法文，这并非偶然。高雅的法式烹调艺术是人类文明的高级表现形式之一，它最初的出现就为了满

足这位伟大君主的享受。总而言之，路易十四开创了一个极其绚丽豪华、温文高雅的时代，这一时代至今仍能使我们获益良多。

很不幸的是，在这幅辉煌灿烂的画卷背后，还存在着令人沮丧的阴暗面。国际舞台上的辉煌光彩，往往意味着国内的悲惨与苦难。路易十四的法国也难逃例外。1643 年，路易继承了他父亲的王位，直到 1715 年去世。法国政府在长达 72 年的时间里被他一个人独揽，几乎是整整两代人的时间。

我们必须充分理解"大权独揽"这个词的概念。在历史上，有许多国家建立过被我们称为"开明专制主义"的高效独裁制度，而路易十四就是这一特殊制度的开创者。他并不是那种仅仅扮演君主角色，而把国家事务当成儿戏的不负责任的国王。事实上，开明时代的君主们励精图治、工作勤奋，远远超过他们的任何臣民。他们日理万机，起早贪黑，在紧紧抓住允许他们随心所欲行使"神圣君权"的同时，也强烈感受到随之而来的"职责的神圣"。

当然，国王不可能事必躬亲。他必须组织一些能够帮助他管理国家事务的可靠的助手和顾问：比如一两个将军、三五个外交政策的专家、几个高智商的财政顾问与经济学家。不过这些高级顾问并没有自己的独立意志，只能向国王提出建议，而后按君主的意愿行事。对广大老百姓来说，他们的神圣国王本身就代表着整个国家与政府。祖国的荣耀也变成了一个王朝的荣耀，这一点与我们美国的理想是完全对立的。法国属于波旁王朝，由波旁王朝统治，为波旁王朝服务。

这种君主专制的不足之处是显而易见的。国王就是一切，"朕即国家"，其他人则什么也不是。那些在过去手握权柄的贵族逐渐退出了政治舞台，被迫放弃他们以前享有的那部分权力。如今，一个手上沾满墨水的皇室官僚，坐在远离巴黎政府大楼的绿意盎然的窗前，执行着 100 年前封建领主所做的工作。那些没有工作的封建领主则移居巴黎，在路易十四高雅宜人的宫廷自娱自乐。很快，他们的庄园经济就陷入了一种危险的境地，即众所周知的"缺席地主所有制"。在不到一代人的时间里，原来那个工作勤奋刻苦的封建主阶层成了凡尔赛宫里彬彬有礼却毫无用处的懒汉。

当《威斯特伐利亚和约》签订的时候，路易十四年仅 10 岁。这一条约宣告

30 年战争的终结，同时也意味着哈布斯堡王朝在欧洲大陆的统治地位的终结。一个像路易这样年轻有为的人当然会把握住这个机会，来使自己的王朝取代从前的哈布斯堡王朝，成为欧洲的新霸主。1660 年，路易与西班牙国王的女儿玛丽亚·泰利莎结婚。不久，他那半疯癫的岳父，也是哈布斯堡王室西班牙分支的菲利普四世去世了，路易立即宣称西班牙属下的荷兰部分（今比利时）为他妻子嫁妆的一部分，并将其据为己有。这样的无理要求对欧洲和平无疑是灾难性的，并且威胁到新教国家的安全。在荷兰七省联盟的外交部长扬·德·维特的领导之下，历史上第一个伟大的国际联盟——荷兰、英国和瑞典的三国同盟于 1664 年诞生了。不过，它并未维持太长的时间就解体了。路易十四用金钱和花言巧语收买了英国的查理国王及瑞典议院，让他们袖手旁观。被盟友们出卖的荷兰只得孤军奋战。1672 年，法国军队大举入侵荷兰，长驱直入攻入荷兰腹地。于是，堤防再度开启，法兰西太阳王像以前的西班牙人一样，深陷在荷兰沼泽的淤泥中。1678 年签订的《尼姆威根和约》，不但没能解决什么实际问题，反而点燃了另一场战争的导火线。

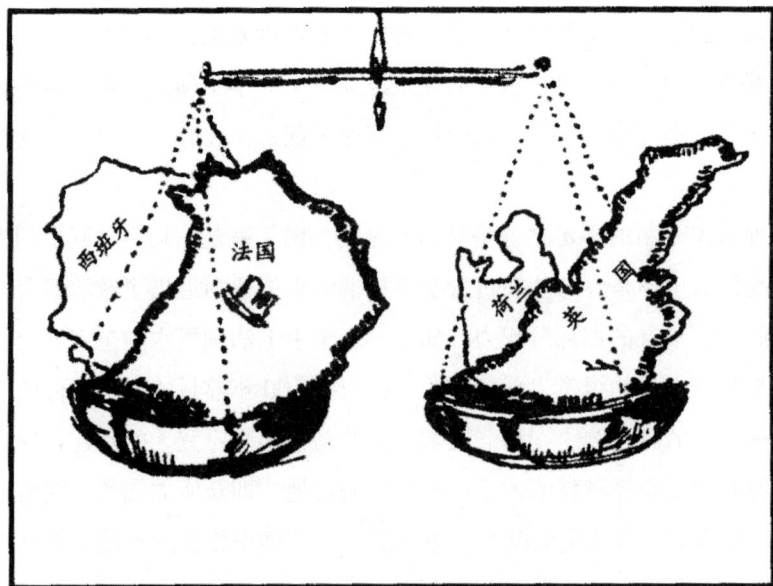

势力均衡

第二次侵略发生在 1689~1697 年间，最终以《里斯维克和约》宣告结束。同样也没有给予路易十四热切渴望的统治欧洲的地位。虽然路易的宿敌扬·德·维特不幸死于荷兰的暴民之手，但他的继任者威廉三世（在前一章你曾见过）继续挫败了路易十四成为欧洲霸主的一切努力。

1701 年，西班牙哈布斯堡王族的末代国王查理二世去世后，一场争夺西班牙王位的战争便爆发了。1713 年战争结束，签订了《乌得勒支和约》，但是没有解决任何问题，但这场战争却使得路易的国库破产了。在陆战中，法军虽取得了胜利，却遭到了英国与荷兰的海上联军的猛烈反击，使法国最终赢得整场战争的美梦化为泡影。正是在这长期的较量中，诞生了一个新的国际政治的基本原则：从今往后，由一个国家来单独统治整个欧洲和整个世界，任何时候都是不可能的。

这就是所谓的"权力均衡"原则。它并不是一条成文法律，但在 300 年的时间里，人们像遵守自然法则一样去遵守它。提出这一观念的人士认为，处于民族发展阶段的欧洲，只有在整个大陆的各种矛盾与利益冲突处于绝对平衡的状态下，才能存续下去。绝不能允许任何国家或势力支配别人。在 30 年战争中，哈布斯堡王朝就成为了这一法则的牺牲品。不过，他们是无意识的牺牲者。那场战争的主要问题被宗教冲突的迷雾给掩盖了，我们不知道潜藏在冲突之下的真正含义，以至于人们并不能好好把握这场战争的实质。从那以后，我们开始意识到，在具有国际重要性的一切事务中，经济利益始终是问题的主要原因。我们开始发现一种新型的政治家正在成长，他们是些精明务实、手持计算尺和现金出纳机的政治家。扬·德·维特是这个新型政治派别的第一位成功的倡导者。威廉三世则是它第一个伟大的学生。路易十四尽管拥有无比的名誉和荣耀，却成为了第一个有意识的牺牲品。在他之后，重蹈覆辙的人几乎从未间断。

第四十七章
俄国的兴起

神秘的莫斯科帝国在欧洲巨大的政治舞台突然崛起

你们知道，哥伦布发现美洲是在 1492 年。就在那年年初，一位名为舒纳普斯的提洛尔人，率领提洛尔地区大主教的一支科学远征队，携带着盛赞他优良品质的介绍函，想要到达传说中神秘的莫斯科城，可惜他没有成功。当时的人们只有一个模糊的概念，认为莫斯科帝国坐落在欧洲的最东边。当舒纳普斯千辛万苦抵达莫斯科大公国的边界时，他被毫不客气地拒之门外，因为这个神秘的帝国不欢迎外国人进入他们的国家。舒纳普斯只得改道前往土耳其异教徒控制下的君士坦丁堡，以便在他结束探险回国的时候向他的大主教有个交代。

61 年后，试图寻找通往印度的东北航道的英国的理查德·钱塞勒船长，被一阵狂风刮进白海，到达了德维纳河的入海口。他在霍尔莫戈里发现的村落，离 1584 年建立阿尔汉格尔城的地方只有几小时的路程。这一次，外国来访者们被邀请前往莫斯科，并允许拜见了统治莫斯科帝国的大公陛下。他们带着俄罗斯与西方世界所缔结的第一份通商条约回到英国。很快，其他国家纷纷循迹而至，这片神奇土地的面纱一点点被揭开。

从地理上说，俄国是一片广袤的大平原。横贯其间的乌拉尔山脉低矮平缓，无法构成对入侵者的防御屏障。河流很宽，但通常较浅。这里是游牧民族理想的放牧之地。

当罗马帝国经历着几度兴亡盛衰之时，斯拉夫部落早就离开中亚故土，漫无目的地在德涅斯特河与第聂伯河之间的森林与草场上往来游荡。希腊人有时也遇见过这些斯拉夫人，三四世纪的旅行者也曾提到过他们。不然，他们就会像在1800 年的内华达州的印第安人一样鲜为人知。

俄罗斯的起源

　　不幸的是，一条便利的商路纵贯了这个国家，扰乱了这群淳朴人民的游牧生活。这就是从北欧通往君士坦丁堡的主要干道。它沿波罗的海岸延伸到涅瓦河口；然后穿过拉多加湖，顺沃尔霍夫河向南前进；之后横渡伊尔门湖，逆拉瓦特小河而上；然后有一段陆上短途直达第聂伯河；最后沿第聂伯河顺流而下进入黑海。

古代的斯堪的纳维亚人很早以前就发现这条路线。9世纪,他们开始在俄罗斯北部定居,就像其他北欧人在为法国和德国建立独立国家打下最早根基一样。在862年,北欧人有三兄弟渡过波罗的海,建立起3个小王朝。在这三个人里面,只有鲁里克活得最长。他吞并了两位兄弟的领土,在北欧人第一次到达该地的20年后,一个以基辅为首都的斯拉夫王国建立起来了。

从基辅到黑海的路程很短。不久后,一个斯拉夫国家存在的消息便在君士坦丁堡流传开来。这意味着,热情的基督传教士们又有了一片传播耶稣福音的好地方。拜占庭的传教士纷纷沿第聂伯河北上,很快深入了俄罗斯腹地。他们发现,这儿的人民居然崇拜着一些居住在森林、河流及山洞里面的奇怪神祇,于是传教士便告诉他们有关耶稣的故事。没有罗马教士与之竞争,拜占庭和传教士们于是毫不费力地收编了他们。因为这时罗马教会的人正忙于教化野蛮的条顿人信仰基督,无暇理会遥远的斯拉夫部落。因此,俄罗斯人很自然地接受了拜占庭的宗教、文字以及关于艺术和建筑的最初知识。由于拜占庭帝国(东罗马帝国的遗迹)已经变得非常东方化,失去了它原有的欧洲特点,结果俄罗斯人也深受其影响,相应地带上了许多东方的痕迹。

从政治上讲,这些在辽阔的俄罗斯平原兴起的国家发展得并不是很好,遭遇了许多困难和折磨。按北欧人的习俗,将每份遗产均分给所有子女。一个小国刚建立不久,就要把面积不大的国家分成八九份,而儿子们又按习俗将自己的财产分给越来越多的后代。就这样,这些相互竞争的小国总是在不停地争吵。于是,这一时期是一个混乱不堪的年代。当红色的光芒映红东方的地平线,告诉人们一支亚洲蛮族部落将要入侵时,局面已变得无可挽回。这些小国犹如一盘散沙,面对强大的敌人,根本无法组织起任何防御和反攻。

正是在1224年,鞑靼人的第一次大规模入侵发生了。伟大的成吉思汗率领他的游牧部落在征服了中国、布拉哈、塔什干及土耳其斯坦后,首次出现在西方。斯拉夫军队在卡拉卡河附近遭毁灭性打击,俄国的命运由蒙古人来摆布。不过正如其从天而降一样,这些蒙古人又突然间消失了。13年后,也就是1237年,蒙古人再次造访俄罗斯。在不到5年的时间里,他们征服了辽阔的俄罗斯平原,成为了这片土地的主宰。直到1380年,莫斯科大公德米特里·顿斯科夫在库利科夫平原把他们击败，俄罗斯人才重新获得了独立。

总之，俄罗斯人整整用了200年的时间，才将自己从外族统治的枷锁中解放出来。这个枷锁让俄罗斯人痛苦、反感、难以忍受。它将斯拉夫农民变成了悲惨的奴隶。要想存活下去，俄罗斯人只能乖乖在他们肮脏的蒙古主人面前爬行，而这些黄种人则端坐在俄罗斯南部草原的帐篷中，朝他们的奴隶吐口水，享受着充当主人的快乐。这把枷锁剥夺了俄罗斯人民的荣誉感与尊严，使得这里的人民长期处于饥饿、痛苦、虐待和肉体的责罚之中。直至每一位俄罗斯人，无论是农民还是贵族，一个个变得像一条条精疲力竭的丧家之犬，因为他们常常受到抽打责罚，他们的精神已经崩溃，如果没有得到主人许可，甚至连摇尾乞怜他们也不敢。

逃跑是不可能的。鞑靼可汗的骑兵迅捷如风而又冷血无情。无边无际的大草原不会给任何人逃到邻近安全地域的机会，所以他们只能保持沉默，忍受黄种主人加给他们的种种折磨，否则就必死无疑。当然，欧洲本应该出手帮忙，不过当时的欧洲正忙于自己的事情，教皇和皇帝正忙于开战，镇压这样那样的异端分子，哪儿能想到正陷于水深火热中的斯拉夫人？所以他们将斯拉夫人命运交给他们自己，迫使他们自我拯救。

在众多的小公国中，有一个是由早期的北欧人建立的，它最终成为俄罗斯的"救星"。它位于大平原的心脏地带，它的首都莫斯科坐落在莫斯科河畔一座陡峭的山岩上面。这个小公国靠着时而在必要时讨好鞑靼人，时而在安全限度内对其稍加反抗的生存技巧，在14世纪中期确立起自己民族领袖的地位。我们必须记得，鞑靼人完全缺乏建设性的政治才能，他们只是毁坏的"天才"。他们不断征服新土地，主要目的就是为了增加财政收入。因为必须采用征税的方式，所以鞑靼人不得不允许旧政治组织的某些残余继续存在下去。因此，俄罗斯的许多小城在大汗的恩赐中存续下去，以便作为征税人，为充实鞑靼可汗的国库而掠夺他们的邻邦。

莫斯科公国以牺牲周围的领地为代价，自己发展壮大。最后，它终于积累了足够的实力，可以公开反对他的主人鞑靼人并且获得了相当成功。莫斯科作为俄罗斯独立事业的领导者，被视为本民族的圣城和中心，尤其是对那些对斯拉夫民族美好未来一直深信不疑的人而言。公元 1453 年，君士坦丁堡落入土耳其人手里。10 年之后，在伊凡三世的治理之下，莫斯科向西方世界明确宣告，斯拉夫民族对拜占庭帝国及君士坦丁堡的罗马帝国传统享有世俗与精神上的双重继承权。一代人之后，在伊凡雷帝的苦心经营下，莫斯科公国的大公已经异常强盛，他们采用了"恺撒""沙皇"这样的称号，并要求西方各国的承认。

1598 年，随着费奥特尔一世的去世，古代北欧人鲁里克的后代所执掌的古莫斯科王朝结束了。在接下来的 7 年里，一半鞑靼血统、一半斯拉夫血统的鲍里斯·戈特诺夫坐上沙皇宝座。他执政的时代决定了俄罗斯人民的未来命运。俄罗斯虽然幅员辽阔、土地富饶，但财政十分拮据。这里既没有贸易也没有工厂。它仅有的几座城市若按欧洲的标准衡量，也不过是一些脏乱的村镇。这是一个由强有力的中央集权政府及一大群目不识丁的无知农民所组成的国家。它的政府受到斯拉夫、斯堪的纳维亚、拜占庭及鞑靼影响，是一个奇怪的政治混合体。

莫斯科

除了国家利益，他们什么也不承认。为保卫这个国家，他们需要一支军队。为征集税收来供养军队，为士兵发饷，它又需要文职人员。为向大大小小的文职人员支付薪水，它又需要土地。不过在东部和西部的辽阔荒原上，土地是最廉价的商品，但是如果没有劳动力来经营土地、饲养牲畜，土地也就没有价值。因此，过去游牧部落的基本权力被一项一项剥夺了，最终在 17 世纪初叶，他们才被正式恩准，沦为了土地的附庸。俄罗斯农民从此不再是自由人，而是奴隶或者农奴。直到 1861 年，他们的命运还是极其悲惨，以致纷纷死去时，这个国家的统治者才开始重新考虑他们的命运。

在 17 世纪，这个新兴国家领土不断扩大，向东迅速延伸到西伯利亚。随着实力日增，俄罗斯已经成为其他欧洲国家不敢轻视的一支重要力量。1618 年，鲍里斯·哥特诺夫去世。俄罗斯贵族从他们自己人当中选出一员成为新沙皇。他就是费奥多之子罗曼诺夫家族的米歇尔，曾经住在克里姆林宫外的一间小房子里。

1672 年，他的曾孙，另一位费奥多的儿子彼得出生了。当这个孩子成长到 10 岁的时候，他同父异母的姐姐索菲亚成为俄罗斯女王。于是，小彼得被送到帝国首都郊区的外国人聚居地去生活。那里聚居着苏格兰酒吧主、荷兰商人、瑞士药剂师、意大利理发匠、法国舞蹈教师和德国男教师，这些使这位年轻的王子对那个以不同方式处事、遥远而神秘的欧洲产生了一种难以磨灭的早年印象。他模糊地感觉到一定存在着一个与俄罗斯截然不同的世界。

当彼得 17 岁的时候，他突然将姐姐索菲亚赶下王位，自己成为俄罗斯的沙皇。他不满足做一个半野蛮、半东方化民族的沙皇，决心要成为一个文明国家的伟大君主。不过，要想把一个拜占庭与鞑靼混合的俄罗斯变成一个强大的欧洲帝国，这并不是一件小事。它需要强有力的手腕和精明的头脑。彼得恰好两者兼备。1698 年，把现代欧洲移植到古老俄罗斯体内的高难度手术正式施行了。最终，病人没有死掉，但过去 5 年发生的事情明确表明，它始终没有从手术的惊吓中真正恢复过来。

第四十八章
俄国与瑞典之争

为了争夺东北欧的霸主地位，俄国与瑞典进行了多次战争

公元 1698 年，沙皇彼得启程前往欧洲，开始了他的第一次西欧之旅。他途经柏林，前往当时工商业最发达的荷兰和英格兰。当他还是个小孩子时，彼得用自制的小船在父亲的乡间池塘里划水，差点儿被淹死。这种对水与生俱来的酷爱伴随着彼得的一生。在现实中，这种恋水情节促使他执著地为俄罗斯这个内陆国家开辟一条通往公海的通道。

当这位苛刻无情的青年统治者在海外考察期间，一群聚集在莫斯科的旧体制的拥护者们开始破坏他的所有改革。皇室卫队斯特莱尔茨军团突然发动叛乱，迫使彼得飞速返回国内。他自任首席行政官，将斯特莱尔茨的成员全部处死。叛乱的首领，彼得的姐姐索菲亚被囚禁在一所修道院。这样一来，彼得凭着毫不留情的铁腕手段使他的统治得到巩固。1716 年，当彼得第二次前往西欧时，又发生了一次叛乱事件。这次，反叛军的首领是彼得半疯癫的儿子阿利克谢。彼得被迫又一次火速返回。阿利克西斯在囚禁他的牢房里被活活打死。那些旧式的拜占庭的追随者被迫艰辛跋涉几万千米，被流放到西伯利亚的一座铅矿，并在此终老余生。从此，再也没有发生过对他不满的暴动，直到他死的那一刻。他得以放手进行改革。

我们很难列出彼得改革的年表。他雷厉风行，大刀阔斧，他并不遵守任何章法。他火速地颁布各种法令，多得让人难以计数。彼得仿佛觉得，在此之前发生的一切事情都是错误的。所以，必须在尽可能快的时间里使整个俄国得到改变。到他死的时候，彼得成功地为俄罗斯留下了一支 20 万人的训练有素的陆

军和一支拥有 50 艘战舰的海军。旧的政府体制在一夜间被废除了。名为"杜马"的贵族议会被解散了，取而代之的是沙皇身边的一个由国家官员组成的咨询委员会，称为参议院。

俄罗斯被划分为八大行政区域，即行省。全国各地都在大兴土木，建起了城市，修筑了道路。沙皇心血来潮地建立起各种工厂，根本不考虑是否接近原材料的产地。多条运河在开挖之中，东部山脉的矿藏也得到了开发。在这片到处充斥文盲和愚昧的土

彼得大帝在荷兰造船厂里

地上，大兴教育，中小学校普遍建立起来，高等教育机构、大学、医院及职业培训学校也如雨后春笋般出现，为新俄罗斯培养急需的专业技术人才。他鼓励荷兰造船工程师以及世界各地的商人和工匠到俄罗斯定居。印刷厂纷纷建立，不过所有出版的书籍必须由严厉的皇家官员严格审查。一部新法典面世了，详细规定每个阶层必须承担的义务。所有的民法与刑法体系都被收集并印制成卷装书。老式俄罗斯服装被明令禁止，帝国警察手持剪刀，守候在所有的乡间道口，一夜间将长发披肩、胡子满脸的俄罗斯山民变成面容干净、修饰一新的文明西欧人。

在宗教事务上，沙皇绝不容忍任何人与之分享权力。在欧洲出现过的教皇与皇帝的权力之争，根本不可能发生在俄罗斯。1721 年，彼得自任俄罗斯教会的首脑，莫斯科主教被废除，神圣的宗教大会成为国家一切事务的最高权力机构。

但是，由于旧势力在莫斯科根深蒂固，这些改革都无法成功，于是彼得决定迁都，建设新都的地址被选在波罗的海沿岸不宜人居的沼泽地带。1703 年，彼得开始开发这片土地，40 万农民花费数年时间艰苦施工，为这座新的帝国城市奠定基石。瑞典人进攻彼得，企图摧毁这座新建的城市。奴役和疾病使成千上万参与筑城的农民丧生，但工程不分冬夏仍顽强地继续着。不久这座人造城

市就在荒凉的沼泽地上耸立起来。1712 年，它正式被宣布为"帝国首都"。又过了十几年，它已拥有 7.5 万居民。尽管泛滥的涅瓦河水每年都要将整个城市淹没两次，但彼得以无可动摇的坚强意志修建了堤坝和运河，洪水不再为害城市。彼得战胜了大自然。当 1725 年彼得去世的时候，圣彼得堡已经成为北欧最大、最辉煌的城市。

彼得大帝修建新都

一个危险对手的突然崛起当然会令它所有的邻居们感到惶恐不安。对彼得来说，他也一直注视着他的波罗的海对手瑞典王国的一举一动。1654 年，因三十年战争而出名的英雄，瑞典国王古斯塔夫·阿道尔丰斯的独生女克里斯蒂娜宣布放弃王位，到罗马做一名虔诚的天主教徒。古斯塔夫的一个新教徒的侄子（查理十世）从瓦萨王朝末代女王手里继承了王位。在查理十世和查理十一世的领导下，新王朝把瑞典的发展推向了顶峰。不过在 1697 年，查理十一世因病猝死，继承他王位的查理十二世是个年仅 15 岁的小男孩。

这是北欧诸国期待已久的大好时机。在 17 世纪发生的激烈宗教战争期间，瑞典以牺牲邻居们的利益为代价独自发展壮大。现在这些国家认为，该是算账的时候了。于是，俄国、波兰、丹麦和萨克森联手对瑞典发动战争。1700 年 11 月，在著名的纳尔瓦战役中，彼得缺乏训练的新军遭到了查理率领的瑞典军队毁灭性的重创。查理是那个年代最伟大的军事天才之一。在击败彼得后，他转而攻击其他敌人。在接下来的9年里，他长驱直入，一路烧杀抢掠，摧毁了波兰、萨克森、丹麦和波罗的海各省的大量城镇村庄。此时此刻，彼得却在遥远的俄罗斯养精蓄锐，加紧训练自己的士兵。

终于，在1709年的波尔塔瓦战役中，莫斯科人一举击溃了疲惫不堪的瑞典军队。查理仍然是一位浪漫飘逸的英雄，一个非常独特的人物。不过复仇已经没有希望，他葬送了自己的国家。1718年，查理因意外事故或被刺身亡（具体情形我们也不知道）。到1721年签订《尼斯塔特和约》时，瑞典除继续保留芬兰外，丧失了此前在波罗的海的所有领地。彼得苦心缔造的新俄罗斯帝国一跃成为北欧的霸主。不过，有一个新的对手正在悄然崛起，它就是普鲁士王国。

第四十九章

一个名叫普鲁士的小国，在德国北部的阴湿的土地上突然崛起

普鲁士的历史，是一部欧洲边疆地区的变迁史。早在公元9世纪，查理曼大帝将古老文明的中心从地中海地区向欧洲东北部的荒野地区转移。他的法兰克士兵依靠武力，使得欧洲的边界一步步向东推移。他们从异教徒斯拉夫人和立陶宛人手里夺取了很多土地。这些人定居在波罗的海与喀尔巴阡山之间的平原地区。法兰克人管理这些边远地区同美国在尚未独立成州之前管理土地的方式非常相似。

边陲省份的勃兰登堡最初是由查理曼一手建立起来的，目的是防御野蛮的撒克逊部落对其东部领土的袭击。文德人是定居在这一地区的斯拉夫部落，在10世纪被法兰克人征服。他们的勃兰纳博集市后来成为了以此得名的勃兰登堡省的中心。

从11世纪到14世纪，一个接一个的贵族家族作为帝国总督管理着这个边疆省份。最后在15世纪，异军突起的霍亨索伦家族，成为了勃兰登堡的选帝侯，登上了历史舞台。他们苦心经营，着手将这个贫瘠荒凉的边疆地区变成现代世界上最强大的帝国之一。

刚被欧美联合力量赶下历史舞台的霍亨索伦家族（指第一次世界大战德国战败，霍亨索伦家族的德意志皇帝退位），他们最初来自德国南部地区，出身低微。公元12世纪，霍亨索伦家族的弗雷德里希通过一次幸运的婚姻，成为勃兰登堡的主人。从此，他的后代利用一切机会来扩大自己的势力。经过几个世纪的苦心攀爬与巧取豪夺，霍亨索伦家族居然爬到了选帝侯的地位。"选帝侯"

这个称号是给予那些自治的王公们的，他们有资格被选为古德意志皇帝。在宗教改革时期，他们站在了新教徒这一边。到17世纪早期，霍亨索伦家族已经成为德国北部最有权势的公侯之一。

在30年战争期间，新教徒和天主教徒都疯狂地劫掠了勃兰登堡与普鲁士。不过，在选帝侯弗雷德里希·威廉的悉心统治下，战争创伤很快得以治愈，国内一切经济与智慧的力量都被他聪明地调动起来，一个人尽其才、物尽其用的新国家很快就被建立起来。

现代的普鲁士是一个个人抱负与愿望完全和社会整体利益融合的国家。这个风气要归功于弗雷德里希大帝之父，弗雷德里希·威廉一世。此人是一个勤劳简朴的普鲁士军士，热爱庸俗酒吧里的故事及浓烈的荷兰烟草，极度讨厌浮华虚饰（特别是来自法国的）。他只有一个信条，就是恪尽职守。他对自己严厉，对下属们（无论是将军还是士兵）的软弱行径也不能容忍。他和儿子弗雷德里希的关系都从来没有亲热过，非常疏远。父亲的粗鲁与儿子的温文尔雅显得格格不入。儿子喜欢法国式的礼仪，热爱文学、哲学和音乐，而这些都被父亲视为脂粉气予以否定。正是这两种迥异的气质爆发了严重的冲突。弗雷德里希试图逃往英国，中途被抓了回来，并被送往军事法庭。最痛苦的是，弗雷德里希还被迫目睹了帮助他出逃的好友被处斩。尔后，作为对他惩罚的一部分，弗雷德里希被遣送到外省的某个小要塞，学习日后作为一个国王所应该具备的治国安邦之道。年轻的王子实在是因祸得福。当1740年，弗雷德里希继承了王位，他对于如何治理国家已经了如指掌。从为贫家孩子办理出生证明，到复杂无比的国家年度预算的细枝末节，他都样样精通。

作为一个作家，特别是他那本《反马基雅维利》的著作中，弗雷德里希对这位古代佛罗伦萨历史学家的政治观点表示了反对和轻蔑。马基雅维利曾建议他的王侯学生们：如果为了国家的利益，在必要的时是可以撒谎和欺诈的。可在弗雷德里希看来，理想的统治者应该是人民的第一公仆。他赞成的是以路易十四为榜样的开明君主。在现实中，弗雷德里希虽然夜以继日、每天为他的人民工作20多个小时，但他却不能容忍身边有任何顾问。他的大臣们不过是一些高级职员。普鲁士是他的私有财产，凭他自己的意志进行治理，并且绝不容许任何事情影响国家的利益。

1740年，奥地利皇帝查理六世去世。他生前曾在一张羊皮纸上写下了一份正式协议，企图以白纸黑字的形式保护他唯一的女儿玛丽亚·特利莎的合法地位。不过，这位老皇帝刚刚被安葬进哈布斯堡王族的祖坟，弗雷德里希的普鲁士军队就已浩浩荡荡地开向奥地利边境，占领了西里西亚地区。普鲁士宣称，根据某项古老且不那么让人信服的权利，他们有权占领西里西亚（甚至整个欧洲中部的所有一切）。经过几场激烈的战斗，弗雷德里希完全征服了西里西亚。尽管有好几次弗雷德里希都面临被击败的边缘，但是他最终站稳了脚跟，粉碎了奥地利人的多次反击。

整个欧洲都为这个新兴强国的突然崛起而震惊不已。在18世纪，日耳曼本来是一个被宗教战争毁掉的民族，不被任何人看重。弗雷德里希凭着和彼得大帝相似的意志与精力，在极短的时间里，使普鲁士赫然屹立在世人面前，将以往的轻蔑转变为深深的恐惧。普鲁士举国上下被治理得井井有条，国库充实，那里的人民很少抱怨，人民安居乐业，司法体系得到改善，古老的酷刑被废除。通畅的道路，优良的学校和大学，再加上清廉谨慎的管理，一切都使臣民们感到，为国家的付出是值得的，他们乐意尽力去做。

几百年来，日耳曼一直是法国、奥地利、瑞典、丹麦及波兰等国争霸的战场，在普鲁士光辉榜样的鼓励之下，他们的自信得以恢复。这一切都是那个身形瘦小、长着鹰钩鼻，成天穿着制服带着烟草味的小老头的杰作。他的面容里带着天生的信心与蔑视，喜欢对他的邻邦们说许多滑稽可笑但着实令人不悦的话。只要能从谎言中得到实惠，他就会不顾事实，玩弄18世纪外交上恶意诽谤的把戏。他虽然写下了《反马基雅维利》这本书，但是这与他的行动完全是两码事。1786年，他的末日到来了。朋友们全都离他而去，他也没有孩子。他在孤独中死去，只有一个仆人和他忠实的狗陪在他身边。他爱他的狗甚于爱人类，用他自己的话说，狗永远不会忘恩负义，并且对它的朋友永远忠诚。

第五十章

重商主义

欧洲新成立的民族或王朝国家的致富之路以及重商主义的由来

　　我们已经看到在 16 世纪和 17 世纪，现代国家是如何发展成形的。它们的起源都各不相同，有的是国王励精图治的成果，有的是出于偶然，还有一些则是得益于地理条件。不过，一旦建立起来，这些国家都无一例外地努力加强自身建设，并试图对国际事务发挥尽可能大的影响。当然，所有这一切都需要花

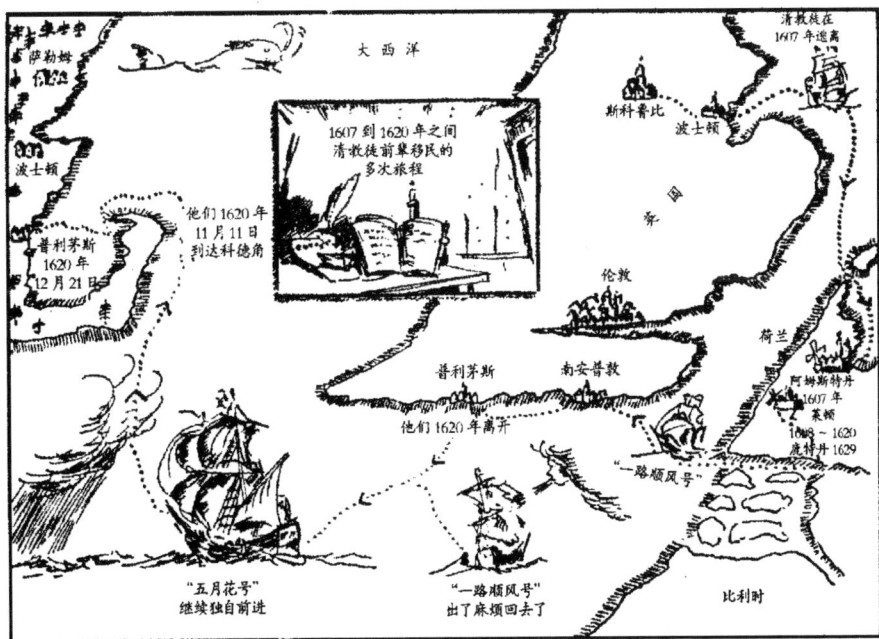

清教徒前辈移民的旅程

费很多的金钱。中世纪的国家由于缺乏强有力的中央集权，因而它们的生存无法依靠富裕的国库。国王从皇家领地内征到税收，作为国王和国家的行政事务开支。现代的中央集权国家，情况则更加复杂。古老的不计酬劳的高尚的骑士精神已经灭迹了，取而代之的是国家雇佣的官员或官僚体制。要维持陆军、海军和国内的行政管理体系，其花费往往数以百万计。然后问题就出来了，到哪里去找这么多钱？

中世纪的黄金和白银都是稀有商品。我已在前面给你们讲过，中世纪普通的人们通常一生也见不到一个金块，只有居住在大城市的居民才对金银司空见惯。美洲的发现以及秘鲁银矿的开采改变了这一切，贸易中心从地中海地区转移到大西洋沿岸。意大利古老的"商业城市"丧失了它们经济上的重要位置。新的"商业国家"出现了，黄金和白银也不再是珍奇之物。

贵重金属通过西班牙、葡萄牙、英国和荷兰开始源源不断地流入欧洲。16世纪欧洲开始出现自己的政治经济学研究者，他们提出了一个"国富"理论。在他们看来，这个理论不仅十分健全，并且对他们各自的国家都非常有利。他们认为，黄金和白银是实际的财富。因此，他们认为，国库和银行里拥有最多金银现金的国家就是最富有的国家。既然金钱代表着强大的军队，那么最富有的国家当然也就是最强大的国家，当然就可以统治世界。

我们将这种理论称为"重商主义"。当时欧洲各国对此深信不疑，就像早期的天主教徒相信奇迹会发生或当今的美国人相信关税的魔力一样。在现实中，重商主义是这样发挥作用的：为得到最大限度的贵金属储备，一个国家必须在出口贸易上做到贸易顺差。如果你对邻国的出口量超出邻国对你的出口量，他就会欠你的钱，不得不将它的黄金付给你以抵偿债务。因此，形成你赚他赔的局面。作为这种信念的结果，几乎17世纪的每一个国家都采取这样的经济政策：

1.尽一切可能获取大量贵重金属（金、银）。

2.鼓励对外贸易优先于发展国内贸易。

3.鼓励那些将原材料加工成可供出口的制造品的工厂。

4.鼓励生育，因为工厂需要大量的工人，而一个农业社会无法提供足够的工人。

5.实行国家监督，必要时随时进行干涉。

16世纪至17世纪的人们并没有把国际贸易看成是一种不以人的意志为转移的自然法则，而是努力通过政府政令、国家法律和财政资助来规范贸易的运作。

16世纪，查理五世接受了这种"重商主义"理论（当时还是一种全新的事物），并推广到自己统治的欧洲广大领域。英国女王伊丽莎白也效仿这种做法。法国的波旁王朝，尤其路易十四是这一主义的狂热追随者。他的财政大臣柯尔伯成更是"重商主义的先知"，整个欧洲都把他视为指路明灯，都满怀景仰地寻求他的点拨。

海上势力

在克伦威尔执政时期，他的外交政策其实就是对重商主义理论的实际运用，而且始终针对其富有的对手荷兰共和国。因为承运大部分欧洲日常商品的荷兰船主们具有自由贸易的倾向，所以英国要不惜一切代价加以摧毁。

我们很容易理解，这样

欧洲如何征服了世界

一种体系对殖民地会造成多么大的灾难性的影响。在重商主义之下，殖民地无非是黄金、白银和香料的源源不断地出产地，只能为宗主国的利益进行开采。亚洲、美洲和非洲的贵金属以及这些热带国家的原材料，完全被宗主国所垄断，而它们不过是刚好拥有这块特殊的殖民地。外人不得进入这个辖区，当地人也不允许和悬挂外国国旗的商船进行贸易。

不可否认，重商主义刺激了那些制造业不发达的国家发展新兴工业。它为这些国家在修建道路，开挖运河，改善交通工具等方面提供了更有利的条件。它要求工人掌握更熟练的技巧，让商人拥有更高的社会地位，同时它还大大削弱了贵族地主的势力。

另一方面，它也造成了巨大的灾难。它使得殖民地土著居民遭受最无耻、最残酷的剥削。它把宗主国的普通人民置于更可怕的生存环境中。它在很大程度上助长了世界变成一个充满火药味的大兵营，它把世界分割成许多小块的领土和属地，每一块领地都为自己的直接利益服务，随时想方设法要摧毁邻居们的势力，夺取它们的财富。他们如此强调财富的重要性，以致每一个普通人都把致富当作唯一的美德。经济制度也像外科手术和女性的时装一样千变万化。在 19 世纪，重商主义终于被抛弃，人们开始推崇一种自由而公开的竞争体制。至少我了解的情况是这样的。

第五十一章

美国独立战争

18世纪末，欧洲听说了一个奇怪的消息，是有关北美大陆的荒野上所发生的奇特的事情。曾经因为国王查理支持"君权神授"而惩罚了他的清教徒的后代，又为争取独立的故事增添了新的篇章

为了方便起见，我们必须回到几个世纪以前，对早期争夺殖民地战争的历史作一番简单的回顾。

在欧洲30年战争前后，有许多欧洲国家纷纷以民族或王朝为基础重新建立起来。在资本和贸易利益的驱使下，这些国家的统治者在亚洲、非洲和美洲为攫取更多的殖民地而打得不可开交。

西班牙人和葡萄牙人是最早探索印度洋和太平洋地区的。100多年以后，英国人和荷兰人出现在历史舞台上。对英国和荷兰来说，这反而是一个优势。前期开创性的艰巨工作已经完成，更有利的是，早期的航海探险家们由于常采用暴力手段，亚洲、美洲和非洲的土著居民对他们非常仇视，于是英国人和荷兰人受到朋友甚至救世主般的欢迎。

我不能说，这两个民族就有多么高尚的品德。他们首先是商人，他们从不让传教因素干涉他们富有常识的实际头脑。一开始，所有欧洲国家在与弱小民族交往时，往往都表现得非常野蛮。

英国人和荷兰人的高明之处在于，他们知道适可而止。只要能够得到他们所想要的香料、金银和税收，他们倒是很乐意让当地居民随心所欲地生活。

因此，英国人和荷兰人没费多大力气便在世界上最富饶的地方站稳了脚跟。可是目标一旦得以实现，他们便开始为争夺更多的领地而相互交战。

　　令人们感到惊讶的是，争夺殖民地的战争从来没有在殖民地本土上爆发，而是发生在4800多千米之外的海上，由交战双方的海军来决定。这是自古以来战争中一个最有趣的规定（也是历史上为数极少的几条可信的规定之一），即"取得制海权的国家最终也能控制陆地"。到目前为止，这条法则依然有效。也许飞机诞生以后能改变这种状况。

　　不过在18世纪，作战双方都没有飞机，不列颠的海军最终为英国赢得了幅员辽阔的美洲、印度及非洲的大片殖民地。

　　17世纪发生在英国与荷兰之间的一系列海战，我们对它毫无兴趣，在此我也不想详述。它像所有实力过于悬殊的对抗一样，都以强者最终获胜而收场。不过英国与法国（它的另一竞争对手）的战争对我们理解这段历史就要重要得多，因为占优势的英国皇家海军最终击败法国舰队时，初期的许多战争都是在我们北美大陆上进行的。

　　在这片辽阔富饶的国土上，英国人和法国人同时声称，已经发现的一切东西以及白种人还未发现的一切，全部归他们所有。1497年，卡波特在北美登陆；27年之后，乔万尼·韦拉扎诺也拜访了这个海岸。卡波特悬挂的是英国国旗，韦拉扎诺则扛着法国国旗。因此，英国和法国都宣布自己才是整个北美大陆的真正主人。

　　17世纪，在缅因州与卡罗来纳之间，英国建立了10个小规模的殖民地。当时的殖民者

"五月花"号复原图

通常是一些不信奉英国国教的特殊派系的难民们，譬如1620年来到新英格兰的清教徒，或者1681年定居于宾夕法尼亚的贵格会教徒。这些小型的拓荒者社区就在海岸边，在那里人们远离皇室的监督与干涉，在较为自由宽松的环境下过着更加幸福的生活。

白人如何在北美定居

　　与此相反，法国的殖民地却一直受到国王的严密控制。法国严格禁止胡格诺教徒或新教徒进入这些殖民地，因为害怕他们向印第安人传播危险的新教教义会妨碍耶稣会传教工作顺利进行。因此，相对于邻居兼对手的法国殖民地来说，英格兰殖民地建立的基础更健康、更扎实。这些殖民地几乎可以说是英国中产阶级商业力量的恰当体现，而法国的北美据点里住着的却是一群漂洋过海的国王的臣仆。他们日夜思念着巴黎舒适的夜生活，一有机会就想返回法国。

　　不过从政治上说，英国殖民地的状况是不尽如人意的。法国人在 16 世纪已经发现了圣劳伦斯河口。他们从大湖区一路南下，终于到达了密西西比地区，沿墨西哥湾建立起数个要塞。经过一个世纪的苦心经营，一条由 60 个法国要塞构成的防线隔断了大西洋沿岸的英国殖民地与北美大陆的联系。

　　英国给各个殖民公司颁发了土地许可证，允许他们开发“从海洋到海洋的所有土地”。文件上写得非常美妙，但在现实中，英国的殖民地最多只能延伸到法国的要塞前。要突破这条防线当然是有可能的，可这需要花费大量的人力和金钱，甚至还会爆发残酷的战争。当后来战争真的爆发时，英法双方都借助当地印第安部落各种族的人屠杀邻国白种人。

　　只要斯图亚特王朝继续统治着英国，就不会有与法国开战的危险。为了打破议会权力，建立独裁统治，斯图亚特王朝需要借助波旁王朝的力量。不过到了 1689 年，最后一位斯图亚特王室成员从英国的土地上消失，英国国王换成了路易十四最顽强的敌人——荷兰的威廉，从此一直到 1763 年签署的《巴黎条约》，英法两国为争夺印度与北美殖民地拼得你死我活。

法国人探索西部

正如我此前所说，在这些战争中，英国海军多次击败法国海军。由于法国与其所属殖民地的联系被切断，英国将它们据为己有。到巴黎和约签订的时候，整个北美大陆已经落入英国人手中。卡蒂埃、尚普兰、拉塞里、马奎特等一代代法国探险家的艰苦努力都化为乌有。

在这片辽阔的土地上，只是很小的一部分有人定居。从马萨诸塞到卡罗来纳及弗吉尼亚（两个纯粹为谋取利润而专门种植烟草的地区），延伸着一条狭长的人口稀少的地带。从1620年起，到达此地的清教徒们就一直住在这里（他们在信仰问题上非常执著，无论英国的国教还是荷兰的加尔文教义他们都不屑一顾）。不过有一点必须指出，在这片天空辽阔、空气清新的新土地上居住的人们，同他们宗主国的同胞的性情截然不同。在孤独无助的旷野荒原中，他们学会了独立和自力更生。他们是一批刻苦耐劳、精力充沛的人们的后代。在那个年代，懒惰、怯懦的人是不会冒着生命危险远渡重洋的。美洲的殖民者痛恨处处受到限制、压抑和迫害，痛恨呼吸不到自由的空气。正是这些让他们在祖国生活得并不愉快，他们要自己主宰自己，按自己喜欢的方式行事。英国的统治阶级似乎没有理解这一点，英国殖民当局仍然对他们横加阻挠。他们彼此非常不满，相互仇恨。

仇恨带来更多的仇恨。实际上究竟发生了什么，我们没有必要在此详述。如果当时有一位比乔治三世聪明一些的国王，或者乔治不是那么信赖他的首相——懒散冷漠的诺思勋爵，很多矛盾完全可以避免。当北美殖民者意识到和平谈判不能解决分歧时，他们便拿起了武器，从忠诚的臣民变成了叛乱者。他们一旦成为俘虏，就会被德意志士兵处死。这个德意志士兵是乔治国王按当时一个有趣的习俗雇来打仗的，条顿王公把整个军团卖给出价最高的买主。

英格兰与其北美殖民地之间的战争持续了7年之久。在大部分之间里，反叛者一直处于劣势。大多数人，特别是城市居民，他们依然对国王忠心耿耿，他们主张妥协，很乐意发出求和的呼声。一位伟大人物——华盛顿继续坚持殖民者的反叛事业。

在一小部分勇敢者的辅助下，华盛顿指挥着他装备奇差但十分坚定的军队，不断地削弱国王的势力。一次又一次，他的军队濒临彻底失败的边缘，他以他的雄才大略在最后关头扭转战局。他的士兵总是饥寒交迫，但是他们对自己的领袖绝对忠诚，一直坚持到取得最后的胜利。

不过，除了华盛顿指挥的一系列辉煌战绩以及去欧洲成功说服法国政府和阿姆斯特丹银行家的本杰明·富兰克林外交的胜利之外，还有一些发生在革命初期的更为有趣的事情。当时，来自不同殖民地的代表们在费城集会，共商大事。那是独立战争发生的第一年，一船又一船的援兵正从不列颠群岛被源源不断地运来北美，北美沿海地带的大部分城镇依然掌握在英国政府手中。在此危急的时刻，只有那些对自己事业的正义性坚定不移的人才有勇气在 1776 年 6 月和 7 月做出那个历史性的决定。

1776 年 6 月，来自弗吉尼亚的理查德·亨利·李向大陆会议提议："这些联合起来的殖民地是，并且有权是自由而独立的州。他们对于英国国王的义务应该解除，因而它们与大不列颠帝国间的一切政治联系也必须断绝。"

新英格兰的第一个冬天

这项申请得到马萨诸塞的约翰·亚当斯附议，于 7 月 2 日正式实施。1776 年 7 月 4 日，大陆会议正式颁布了《独立宣言》。该宣言由托马斯·杰斐逊起草。他为人严谨，精通政治学和政府管理，注定要成为美国最著名的总统之一。

《独立宣言》发表的消息传到欧洲后，接下来的是殖民地人民的最终胜利，以及 1787 年通过的《美国宪章》（美国的第一部成文宪法）。人们对此极为关注。

在欧洲，高度集权的君主制度随 17 世纪的宗教战争之后发展起来，此时已达到了它权力的顶峰。国王的宫殿越建越大，越来越宏伟豪华，而国王领地上的城市的周围迅速滋生了很多贫民窟。这些贫民窟中的人们生活在绝望与无助之中，骚动不安的迹象已经表露出来。上等阶层——贵族与政府职员，也开始怀疑现存社会的经济和政治制度。北美殖民者的胜利正好向他们表明了，很多不久前是不可能的事情，其实是完全可能的。

乔治·华盛顿

正如一位诗人所说，莱克星顿战役的枪声"震撼了全世界"。这稍微有些夸张，因为至少中国人、日本人和俄罗斯人（更别提澳大利亚人和夏威夷人，他们刚刚被库克船长发现，但不久就因库克制造了麻烦而杀死了他）根本就没听见。不过，这枪声确实越过了大西洋，引爆了欧洲不满现状的火药库。法国随之爆发了大革命，从彼得堡到马德里的整个欧洲都为之震动，把旧的国家制度与外交方法埋葬在民主的巨石之下。

第五十二章

法国大革命

伟大的法国革命向世界宣示了自由、平等、博爱的原则

在我们谈到"革命"之前，我们最好先解释一下"革命"一词的真正含义。一位伟大的俄国作家认为（俄国人在这方面是最有发言权的），"革命"就是"在短短数年之内，彻底推翻过去几个世纪以来根深蒂固的旧制度。这些制度一度曾显得那么天经地义、那么不可动摇，甚至连最激进的改革者在他们的著作中也不敢肆意加以攻击。革命就是在短时间内，使一个国家原有的社会、宗教、政治与经济的根基土崩瓦解"。

在 18 世纪，这个时代的法国文明开始腐朽变质，于是就发生了这样一场革命。经过路易十四长达 72 年的专制统治，法国国王已经变成了君权至上——"朕即国家"。以前曾为封建国家忠实服务的贵族阶层现在也无职无权，整天无所事事，沦为了凡尔赛宫廷浮华生活的点缀品。

然而，18 世纪的法国奢侈之

荒野中的木屋

风盛行，耗费令人震惊。这笔钱完全来自于形形色色的税收。不幸的是，法国国王的权势还没有强大到迫使贵族和教士纳税的地步。这样一来，巨大的赋税负担便完全落到农民身上。当时的法国农民住在阴暗的茅屋棚里，生活困苦不堪。他们与过去的地主不再保持密切的联系，而是变成了残忍无能的土地代理人的牺牲品，生存环境每况愈下。即使有个好收成，除去沉重的赋税，他们也所剩无几，他们凭什么还要竭尽全力地干活呢？因此，他们便大着胆子，荒废农事。

于是，我们可以看到下面的画面：法国国王在装饰浮华的皇宫里悠闲地散步，身后尾随着一群趋炎附势、急切想升官发财的贵族。所有这些人全部靠盘剥牛马不如的农民生活而存在。这是一幅令人不愉快的图画，没有一丝一毫的夸张。我们必须记住，所谓的"天朝制度"还有另外的一面，这是难以避免的。

一个与贵族阶层有着密切联系的富有的中产阶级（通常的联姻方法是某个富有银行家的女儿嫁给某个穷男爵的儿子），再加上由法国最滑稽的人们组成的宫廷，他们齐力将优雅精致的生活艺术推向极致。由于国家禁止有识之士过问政治、经济问题，他们便只能悠闲度日，把时间耗费在最抽象的空谈之上。

人的思维模式和行为模式常常与时装一样容易走向极端，因而那个年代矫揉造作的社会很自然地对他们认为"简朴的生活"产生了极大的兴趣。于是，法国（及其殖民地与属国）的至高无上的主人——法国国王带着王后，再加上一大群侍臣，都去住在乡村小屋里，他们穿上挤奶女工和牧童的服装，模样滑稽可笑，假装是古希腊欢乐谷中的牧羊人。簇拥在国王与王后周围的，有宫廷弄臣的长袖善舞与诙谐滑稽，有宫廷乐师演奏动听的小步舞曲，有宫廷理发师精心设计的贵重头饰。直到有一天，纯粹出于无所事事和极端的烦闷，这个绕着凡尔赛宫（路易十四建造的远离城市喧嚣的一个大娱乐场）旋转的小圈子里的人们开始一个劲儿地谈论起那些与他们的生活距离最远、最无关的话题，犹如饥饿的人只谈论食物一样。

当伏尔泰，这位勇气十足的老哲学家、剧作家、历史学家、小说家及所有宗教与政治独裁的死敌猛烈抨击与《风俗论》有关的一切时，整个法国都为之鼓掌叫好。由于观众太多、太踊跃，伏尔泰的戏剧只能在站场里演出。当让·雅克·卢梭谈论起原始人，并向他的同时代人描绘出一幅原始先民如何生活于纯真和快乐之中的美妙画面（他对原始人的了解与他对儿童的了解一样少得可怜，可他却被公认为儿童教育方面的权威），整个法国都在读他的《社会契约论》。当听到卢梭呼吁"重返主权在民，而国王仅仅是人民公仆的幸福时代"的呼吁，人们不禁泪流满面。

伟大的孟德斯鸠也出版了他的《波斯人信札》。在这本书中，两个著名的波斯旅行者揭开了当代法国社会黑白颠倒的实质，他们嘲笑一切，上至国王，下至陛下的600个糕点师傅中最卑微的那个。这本小册子很快风行起来，在短时间内连出四版，并为孟德斯鸠的下一本著作《论法的精神》赢得了成千上万名的读者。在《论法的精神》中，一位虚构的男爵将优秀的英国政治制度与法国的现行体制进行了对比，极力呼吁建立行政、立法、司法三权分立的政治制度以取代法国的君主专制制度。巴黎出版商布雷东宣布，他将邀请狄德罗、德朗贝尔、蒂尔戈及其他一系列杰出作者，合作编写一本"包罗所有新思想、新科学、新知识"的百科全书，公众的反应空前强烈。22年后，当第28卷最终完成的时候，警察的干预已无法压制公众对此书的热情。它对整个法国社会作出危险而重要的评论，已经广泛地传播开来。

在这里，我想给你们一个小小的忠告，当你阅读一本有关法国大革命的小说或观看某部法国大革命方面的戏剧和电影时，你会很容易得到一个印象：所谓的法国大革命完全是一帮来自巴黎贫民窟的乌合之众们的一场大骚乱。不过事实并非如此。暴动往往在革命的舞台上演，但他们通常是在那些中产阶级专业分子的鼓动与领导下发起冲锋。这些人将饥渴盲目的大众用作他们威力无比的盟军。然而，真正引起革命的基本思想最初是由少数几个才华横溢的优秀分子提出来的。一开始，这些思想被引荐到旧贵族们迷人的客厅，供国王陛下和那些腻烦透顶的绅士、贵妇们消遣。这些处境赏心悦目但危险无比的客人们玩起了社会批评这个危险的爆竹，直到火星不小心从与这座大房子一样老旧腐朽的地板裂缝里掉了下去，一直落到了杂乱不堪堆满陈年杂物的地下室，引起了火苗。这时，惊起了一片救火的呼声。偏偏房主对世上的一切事物都倍感兴趣，可就是没学会如何管理他的财产。由于他不懂得如何扑灭这小小的火苗，所以火势迅速蔓延，熊熊大火将整座建筑烧为灰烬。这就是所谓的法国大革命。

为了便于叙述，我们可以将法国革命分为两个阶段。从1789年至1791年为第一个阶段，是人们还或多或少尝试君主立宪制度的阶段。这种尝试以失败而告终，这其中的原因一部分是因为国王本人的愚蠢和缺乏诚信，另一部分是由于局势的发展已经失控。

从1792年至1799年，出现了一个共和国，人们首次试图建立一个民主形式的政府。不过，这次尝试因社会常年骚乱和人们对社会改革丧失信心而统统付之东流。法国大革命最终以暴力的形式爆发出来。

断头台

当法国背负起40亿法郎的巨额债务，国库几近倒闭，已经无法再立新税目来增加收入时，甚至连国王路易（他是一位灵巧的锁匠和优秀猎手，可极其缺乏政治才华）也隐约感觉到，应该采取一些补救措施了。于是，他召见了蒂尔戈，任命他为财政大臣。安尼·罗伯特·雅克·蒂尔戈也就是人们常说的奥尔纳男爵。60多岁的他曾经是一个正处于迅速消失之中的土地贵族的杰出代表。作为一名成功的外省总督兼能力出众的业余政治经济学家，他确实竭尽全力来挽救危局。但不幸的是，他并没有创造奇迹。由于再不可能从衣衫褴褛、面有菜色的农民身上收取更多的税收，因此必须让从未缴纳过税的贵族与神职人员也为国家财政尽一点儿必要的义务了。这使得蒂尔戈沦为了凡尔赛宫的公敌。更糟的是，可怜的财政大臣还不得不面对皇后玛丽的忌恨，因为这位皇后非常讨厌"节俭"这个可恶字眼。不久，蒂尔戈被冠以"不切实际的幻想家"和"理论教授"，他的官位当然也岌岌可危。1776年，他被迫辞去了财政大臣的职务。

继"理论教授"之后的是一个讲求实际的生意人。这位工作勤奋、任劳任怨的瑞士人名为内克尔，他靠做粮食投机生意以及与人合伙创办一家国际银行而发家致富。他野心勃勃的妻子硬把他推上这个他力所不及的政界，以便为她的宝贝女儿争得一定的地位。后来，他的女儿真的嫁给了瑞士驻巴黎大使德·斯特尔男爵，并成为19世纪初期知名的文化人士。

和蒂尔戈一样，内克尔带着满腔热情投入了工作。1781年，他递交了一份关于法国财政状况的审计报告。可路易十六根本看不懂这份复杂的报告。他刚刚派遣了一支军队去北美，帮助当地的殖民者反抗他们共同的敌人——英国人。由于这次远征耗资巨大，国王要求内克尔搞到急需的资金以解燃眉之急，但是他没有增加税收，反而印发了更多统计和数据，更有甚者，他居然也开始用起"必要的节俭"之类的讨厌字眼来了，这意味着他作为财政大臣的日子就不长了。1781年，他被当作一个无能的官员被国王解职了。

继"理论教授"和讲求实际的"生意人"之后的是一位伶俐讨巧、左右逢源的人物。他向所有人许诺，只要他们信任他无懈可击的运作体系，他保证每人每月都能拿到自己的钱。这个人就是查理·亚历山大·德·卡洛纳，一个一心只想往上爬的官员。他靠着自己的勤奋和不择手段的欺瞒谋取了高位。他发现国家已经债台高筑，可他聪明过人，想要拉拢每一个人。于是，他发明了一个快速的补救办法：借新债还旧债，拆东墙补西墙。这是一个老掉牙的办法，但取得了立竿见影的效果。自古以来，这样做的结果无疑是灾难性的。在不到3年的时间里，法国又新增了8亿法郎的巨额债务。只要国王陛下和他可爱的王后陛下提出要求，他就会毫无顾忌、笑容可掬地签上自己的大名。要知道，这位迷人的王后早年在维也纳便养成了花钱大手大脚的习惯，现在要她改掉几十年的习惯是不太现实的。

最后，就连对国王唯命是从的巴黎议会（是一个高级法庭，而不是立法实体）也无法坐视不管，决定要采取措施。卡洛纳计划再借8000万法郎的外债。由于那一年农作物歉收，饥饿与悲惨的生活在法国的乡村地区蔓延。如果再不采取明智的措施，法国经济就会走向崩溃。国王还是像以前一样并没有认识到问题的严重性。征求一下人民代表的意见难道不是一个好主意吗？自从1614年以后，全国性的三级会议就从未召开过。面对日益逼近的恐慌，人们要求召开三级会议，然而毫无主见的路易十六认为这个要求"太过分"，因而拒绝了。

为平息民怨，路易十六在 1787 年召开了一个知名人士的集会。这是一次全国的显贵们的聚会，讨论该做点儿什么，能做点儿什么，并不触及封建地主和教会的免税特权。指望这些贵族老爷们在政治、经济上做出牺牲，这是不可能的。这 127 名显贵们断然拒绝放弃他们的任何一项古老的权力。于是大街上饥肠辘辘的群众要求重新起用他们信任的内克尔做财政大臣。显贵们当然不同意，饥民们就开始砸碎玻璃，并发生了一些其他的暴力事件。显贵们仓皇而逃，卡洛纳随之也被免职。

主教洛梅尼·德·布里昂纳，一个平庸无能的家伙，被任命为新的财政大臣。路易十六在饥饿民众的暴力威胁下，只得同意"尽可能快地"召开三级会议。这一含糊其辞的允诺当然不能让任何人满意。

近一个世纪以来，法国从未出现过如此严寒的冬天。庄稼不是毁于洪水就是在地里被冻死。普罗旺斯省的所有橄榄树几乎都枯死了。虽然私人慈善机构进行了一些捐助，可面对 1800 万的饥民，这点儿救济实在是收效甚微，到处都是哄抢面包的混乱场面。如果是在 20 年前，这些骚动本来可以靠军队的武力镇压下去。但是，新的哲学思想已经发挥了作用。人们开始意识到，靠枪杆来对付饥饿的肠胃，绝不是最好的办法。更何况，来自社会底层的士兵们也不像以前那样可靠了。在此危急关头，国王必须做出明确的决断，来挽回民众对他的信心。可他又一次犹豫了。

在各地各省，新思想的追随者们纷纷建立起一些独立的共和政体。在忠实的中产阶级中间，也能听到"没有代表就不纳税"的呼声（这一口号是 15 年前由美洲反抗者提出来的）。

路易十六

法国处于无政府状态的震荡之中。

为了安抚民众，挽回王室声望，政府出人意料地突然取消了以往非常严格的出版审查制度。一时间，大量的印刷品如洪流般席卷了整个法国。每一个人，不管身份贵贱，都在批评别人或遭到别人的批评。超过 2000 种形形色色的小册子相继出版。洛梅尼·德·布里昂纳在一片斥责与叫骂声中下了台。内克尔被急忙召回，重任财政大臣，尽其所能地平息全国的骚乱。消息传出之后，巴黎股市暴涨了 30%。民众的激愤情绪暂时得到缓和。1789 年 5 月，三级会议即将召开，整个国家最杰出的头脑将汇聚一堂，这肯定能迅速解决所有问题，将古老的法兰西王国重新建为一个健康幸福的家园。

当时流行这样一种观点，人民的集体智慧能够解决所有的困难。实际上这种观点被证明是一种灾难性的错误。特别在局势最为严重的时期，个人的努力得不到发挥。内克尔不仅未能将政府权力牢牢掌握在自己手里，反而让一切放任自流。此后，在关于如何改造旧王国的最佳方案上，又爆发了一场新的激烈辩论，各地警察的权力遭到削弱。巴黎近郊的人们在职业煽动家的领导之下，逐渐意识到自己的力量，并开始扮演在此后大动荡的岁月里一直属于他们的角色。他们的野蛮暴力被大革命的领袖用作工具，来夺取他们不能通过立法途径得到的利益。

作为对农民和中产阶级的安抚，内克尔同意他们在三级会议里获得双倍代表的席位。就这一问题，西厄耶神甫写作了一本著名的小册子《什么是第三等级》。他在书中宣称，第三等级（对中产阶级的称呼）应该代表着一切。过去他们什么也不是，现在则希望争取自己的权力。他的书表达了当时关心国家利益的绝大多数人的愿望。

最后，选举在难以想象的混乱状态下举行。待到结果公布，一共有 308 名神职人员代表、258 名贵族代表和 621 名第三等级代表打点行装前往凡尔赛宫。不过，第三等级不得不带上额外的行李，即被称为"纪要"的长篇报告，写满了他们的选民的不满和抱怨。舞台已经搭建好了，即将上演的是拯救古老法国的最后一幕。

1789 年 5 月 5 日，三级会议在凡尔赛宫召开。国王情绪极为沮丧，常常想发脾气。教士阶层和贵族阶层也宣称，说他们不愿意放弃任何一项神圣的权力。国王命令三个等级的代表在不同的房间里开会，讨论他们各自的不满，但是遭到第三等级的拒绝。1789 年 6 月 20 日，他们在一个网球场（为这个非法会议所匆忙布置的会场）庄严宣誓。他们坚持要求所有三个等级，教士、贵族和第三等级应该共同聚会，并将他们的决定告知了国王。国王最终作出了让步。

当"国民会议"，也就是三级会议开始讨论法兰西王国的局势时，国王大发雷霆，然后他再次犹豫不决。他宣称他绝对不会放弃自己的绝对君权。尔后他就外出打猎了，把对国家大事的所有烦恼焦虑抛到了九霄云外。当他打猎回来，他又让步了。这位国王似乎养成这样的习惯，他总是喜欢选择错误的时间用错误的方法来做一件正确的事情。当民众吵吵嚷嚷，提出 A 要求，国王对他们大发雷霆，不给他们任何好果子吃。之后，当叫嚣的贫民包围了陛下的宫殿，国王便屈服了，答应给人民要求的东西。不过此时，人民提出的已经是 A 要求加上 B 要求，闹剧就这样重复地演下去。当陛下正准备屈服于自己热爱的人民，向同意 A 要求及 B 要求的文件上签上自己的大名时，人民又变卦了。他们威胁说，除非陛下答应 A 要求加 B 要求加 C 要求，否则就要杀掉所有王室成员。就这样，人民的要求一项项增加，用尽了整个字母表，直到把国王送上了断头台。

很不幸的是，国王总是比形势慢半拍，而他自己永远认识不到这一点，甚至当他将自己高贵的头颅搁放在断头台上时，他仍觉得自己是一个饱受迫害与虐待的人。他倾尽自己有限的能力，来关爱自己的臣民，可这些家伙回报他的却是天底下最不公正的虐待。他永远也不明白自己究竟做错了什么？

我经常提醒你们，历史没有"假如"。我们可以很轻松地说，"假如"路易十六是一个精力充沛、铁石心肠的人，那么法国的君主专制也许就会幸存下去，但国王并不能主宰一切。"即便"他拥有拿破仑般的冷血和才干，在那艰苦的岁月里，他的王位也很可能断送在他的妻子手中。王后玛丽·安东奈特是奥地利皇太后玛利亚·特利莎的千金。她的身上综合了那个时代典型的美德与恶习。

面对三级会议的威胁，玛丽·安东奈特不甘心无所作为，决定采取行动，策划了一个反革命阴谋。内克尔被突然免职，皇家军队应召进驻巴黎。当消息传开，愤怒的民众冲向巴士底狱。1789 年 7 月 14 日，起义的人们捣毁了这座熟悉且倍遭憎恨的权力象征。它早就不是政治监狱，现在只是用作关押小偷和轻微刑事犯的城市拘押所。许多贵族感到情况不妙，纷纷仓皇出逃。国王和平常一样什么也没有做。巴士底狱被攻占的那天，他优哉游哉地去皇家林苑打猎一天，最后还因射死几只鹿而兴奋不已。

8月4日，国民议会开始工作了。在巴黎群众的强烈的呼声中，国民议会废除了王室、贵族及教士的一切特权。8月27日，发表了著名的《人权宣言》，它是法国第一部宪法的序言。到目前为止，局面还在控制之中，但是王室似乎并没有接受教训。人民普遍怀疑国王会再次干预改革。结果在10月5日，巴黎发生了第二次暴动并蔓延到凡尔赛，直到人们将国王带回巴黎市内的宫殿，暴乱才最终被平息。不放心把国王留在凡尔赛宫，人们希望密切监视他，以便控制他与在维也纳、马德里及欧洲其他地区的亲戚们的联系。

与此同时，在第三等级的领袖贵族米拉波的领导下，开始整顿混乱的局势。不幸的是，他还没来得及挽救国王的地位，便于1791年4月2日去世了。他的死使路易开始担心起自己的性命。6月21日傍晚，国王悄然出逃。人们根据钱币上的头像认出了他，在瓦雷内村附近将他截住并送回了巴黎。

巴士底狱

1791 年 9 月，法国第一部宪法正式获得了通过，完成使命的国民议会成员便打道回府了。1791 年 10 月 1 日，立法会议召开，继续国民议会未完成的事业。在这次民众代表的新议会中，有许多激进的革命分子。其中最大胆、最激进的一个派别是雅各宾党，这个党派因经常在古老的雅各宾修道院举行政治聚会而得名。这些年轻人（他们中的大部分人来自职业阶层）喜欢发表慷慨激昂、充满暴力色彩的演说。当报纸将这些演说传到柏林和维也纳的时候，普鲁士国王和奥地利皇帝便决定采取行动拯救他们的好兄弟。当时，列强们正忙于瓜分波兰领土，那里的不同政治派别相互争斗，使整个国家局势十分混乱。任何人都可以任意占据一两个行省。即便如此，欧洲的国王和皇帝们还是不愿丢下路易十六，设法派出一支军队进入法国，解救自己落难的同胞。

于是，整个法国突然陷入可怕的恐慌之中。多年饥饿与苦难所累积的仇恨，此时到达了可怕的顶峰。在巴黎，国王居住的杜伊勒里宫遭到民众的猛攻。忠于王室的瑞士卫队拼死保卫他们的主子，但是优柔寡断的路易在民众正要撤退时下令停火。灌饱了劣质酒精的民众，趁着血液里的酒精的作用，在震天的喧嚣声中冲进王宫，将瑞士卫队的士兵全部杀光。随后，他们在会议大厅里捉住了路易，宣布终止他的权力，并将他囚禁在丹普尔老城堡。

然而，奥地利和普鲁士军队在继续推进。恐慌变成了歇斯底里，使善良的男男女女变成了凶残的野兽。1792 年 9 月的第一个星期，人们冲进监狱，杀死了所有的在押囚犯，然而当局并没有干预。以丹东为领导的雅各宾党人深知，这场危机关系到革命的成败，只有采取最极端、最野蛮的方式，才能拯救他们。1792 年 9 月 21 日，立法会议关闭，成立起一个新的国民公会。这是一个几乎完全由激进革命党人组成的机构。国王被正式控以最高叛国罪，被带到大会接受审判。他被判罪名成立，并以 361 票对 360 票的表决结果（他的表兄奥尔良公爵所投的那票决定了路易的命运）被判处死刑。1793 年 1 月 21 日，路易平静而不失尊严地走上了断头台。他到死也没有弄明白这些枪声和骚乱到底是为了什么，而他又那么高傲，耻于下问。

接着，雅各宾党将矛头转向国民公会中一个较温和的派别——吉伦特党人。其成员大部分来自于南部的吉伦特地区。雅各宾派组成了一个特别的革命法庭，

21 名领头的吉伦特党人被判处死刑，其他成员相继自杀。他们都是一些诚实、能干的人，却太过于文气、温和，难以在恐怖的岁月中生存下去。

1793 年 10 月，雅各宾党人宣布暂停宪法的实施，直到宣布和平为止。由丹东和罗伯斯庇尔领导的一个小型"公安委员会"独揽了一切权力。基督教与公元旧历都被废除。一个"理性的时代"（托马斯·潘恩在美国革命期间曾极力鼓吹的）带着它的"革命恐怖"，终于莅临人世。在 1 年多的时间里，它以每天七八十人的速度屠杀着好人、坏人和保持中立的人。

国王的独裁统治被彻底摧毁了，取而代之的是少数人的暴政。他们对民主怀着疯狂的热爱，认为那些与他们的观点相悖的都要统统杀掉。法国变成了一个屠宰场。人人岌岌可危，相互猜疑。原国民议会残留的几个成员害怕自己成为断头台的下一批候选者。出于恐惧，他们最终联合起来反抗已经将自己的大部分同伴处死的罗伯斯庇尔。这位"唯一真正纯洁的民主战士"试图自杀，但没有成功。人们匆匆包扎好他受伤的下巴，并将他拖上了断头台。1794 年 6 月27 日（根据奇特的革命新历，这一天也就是第二年的热月 9 日），少数人的暴政终于结束，全巴黎市民如释重负，欢欣鼓舞。

不过，法兰西所面临的形势依然十分危险，政权必须掌握在少数几个强有力的人手中，直到革命的诸多敌人被赶出法国本土。当衣不蔽体、食不果腹的革命军队在莱茵、意大利、比利时、埃及等各条战线浴血奋战，击败大革命的所有敌人时，一个由 5 人组成的督政府成立起来。他们统治法国长达 4 年之久。之后，权力落到一个名为拿破仑·波拿巴的天才将军手里，他于 1799 年担任了法国的"第一执政官"。在接下来的 15 年里，古老的欧洲大陆变成了一个史无前例的政治实验的实验场。

第五十三章

拿破仑

拿破仑生于 1769 年，是卡洛·马利亚·波拿巴的第三个儿子。他父亲是科西嘉岛阿雅肖克市的一位诚实的公证人，名声很好。卡洛贤良的妻子叫莱蒂西亚·拉莫莉诺。事实上，拿破仑并不是法国人，而是一个地道的意大利人。他所出生的科西嘉岛曾经是古希腊、迦太基及古罗马帝国在地中海的殖民地。多年来，科西嘉人为了获得独立进行着不懈的努力。一开始，他们努力想摆脱热那亚人的统治，到 18 世纪中叶以后，他们又想摆脱法国人的控制。法国人先是好心帮助科西嘉人为自由而战，后来为了自己的利益又将该岛据为己有。

在生命的头 20 年，年轻的拿破仑是一位坚定的科西嘉爱国者——科西嘉的"辛·费因"成员之一，他希望将自己热爱的祖国从法国令人痛恨的枷锁中解救出来。出乎意料的是，法国大革命满足了科西嘉人的独立要求，因此在布里纳军事学院接受完良好的军官训练后，拿破仑逐渐将自己的精力转移到为他的宗主国服务上来。尽管他法语说得很笨拙，既未学会正确的拼写，说话还带着严重的意大利

法国革命波及荷兰

口音，但他最终成为了一名具有法国国籍的法国人。后来，他终于变成了所有法国优秀德行的最高表率。一直到今天，他仍被视为法国人才的典范。

拿破仑是那种典型的雷厉风行的人。他的全部政治与军事生涯加起来还不到 20 年。可就是在这段短短的时间里，他打的仗、取得的胜利、征战的路程、征服的土地、杀戮的人数、推行的革命，却将欧洲大地搅得天翻地覆。他推行过的改革比任何人都要多，连伟大的亚历山大大帝和成吉思汗也无法做得到。

拿破仑个子矮小，早年健康状况不佳。他其貌不扬，乍见之下难以给人留下深刻的印象。直到他生命的最后时光，每当不得不出席某些盛大的社交场合，他的仪态举止仍显得那么笨拙。良好的教养、高贵的门第和巨大的财富，这些优势他一样都没有。他白手起家，完全凭着自己的努力向上爬。他的青年时代，大部分时间都穷困潦倒，常常吃了上顿没下顿，不得不用些奇怪的方式挣几个钱。

他也没有什么文学天赋。有一次参加里昂学院举办的作文竞赛，他的文章在 16 名参赛选手中排名第 15 位，即倒数第二。不过凭着对自己的命运和辉煌未来的坚定的信念，拿破仑克服了这一切困难。野心是他一生主要的动力。他对自我的坚强信念、他对签署在信件上以及在他匆匆建起的宫殿里的大小装饰物上反复出现的那个大写字母"N"的崇拜、他要使"拿破仑"这个名字成为世界上仅次于上帝的最重要的东西，也就是所有这一切欲望将拿破仑带到了从未有人达到过的荣誉顶峰。

当他还是一个领半薪的陆军中尉时，年轻的波拿巴就非常喜欢古希腊历史学家普卢塔克所写的《名人传》。但是，他从未打算用古代英雄的崇高道德标准来要求自己的生活。他似乎完全缺乏使人类有别于兽类的那些深思熟虑和为他人着想的细腻情感。很难准确地说他一生中除了爱自己之外，是否还会爱别人。他对母亲倒是非常恭敬。不过莱蒂西亚本身就具有高贵妇女的气质，并且像所有意大利母亲一样知道如何管教自己的孩子，并赢得他们应有的尊重。有一段时间，拿破仑确实爱过他美丽的克里奥尔妻子约瑟芬。她是马提尼克的一名法国军官的女儿，德·博阿尔纳斯子爵的遗孀。博阿尔纳斯在指挥一次对普鲁士军队的战役失败后，被罗伯斯庇尔处死，约瑟芬便成了寡妇，后来得以嫁给拿破仑。可是当约瑟芬没有给拿破仑生下一儿半女时，拿破仑便决然和她离婚，另娶了奥地利皇帝的年轻貌美的公主。在拿破仑眼里，这次婚姻看起来很不错。

在指挥一个炮兵连围攻土伦的著名战役中，年轻的拿破仑一举成名。期间，拿破仑还深入研究了马基雅维里的思想。他显然听从了这位佛罗伦萨政治家的建议。在此后的政治生涯中，只要食言对他犹豫，他就毫不守信。"感恩图报"这个字眼从未出现在他的个人字典里。平心而论，他也从不指望别人感激他。他完全漠视人类的苦难。在 1798 年的埃及战役中，他本来答应给战俘们一条生路，但旋即将他们全部杀掉。在叙利亚，当他发现不可能将伤兵们运到船上时，便平静地用氯仿将他们悄悄杀死。他命令一个不公正的军事法庭判处昂西恩公爵死刑，在完全没有法律根据的情况下枪毙了他，唯一的理由就是"需要给波旁王朝加以警告"。他下令将那些为祖国独立而成战俘的德国军官就地枪决，毫不怜悯他们反抗的高尚动机。当蒂罗尔英雄安德烈斯·霍费尔经过英勇抵抗，最终落到他的手里的时候，拿破仑竟然把他当成一名普通的叛徒处死了。

总之，当我们真正研究拿破仑的性格的时候，我们就能明白那些焦虑的英国母亲为什么在哄孩子们入睡时会说："如果你们再不听话，专拿小孩当早餐的波拿巴就要来捉你们了。"拿破仑关心他军队中的每一个部门，唯独对医务工作从不过问。由于不能忍受士兵们发出的汗臭，他不惜毁掉他的军装，一个劲地往身上喷洒科隆香水。关于这位奇怪的暴君的坏话我已经说了很多，甚至还可以继续说下去，但我必须承认，我心中还是有一些隐约的怀疑。

现在，我舒舒服服坐在一张堆满书籍的桌子旁边，一只眼睛盯着打字机，另一只眼睛看着我的小猫利科丽丝，它对复写纸情有独钟。此时此刻，我正在写着"拿破仑皇帝是一个最卑鄙的人。"不过，这时如果我碰巧往窗外的第七大街张望，我看到长长的马车、大车的队伍突然停了下来，在隆隆的鼓声中，一个小个子穿着他破旧磨损的绿色军装，骑着白马走在纽约的大街上，那么天知道会发生什么。可我担心，我多半会不顾一切地抛下我的书本和我的小猫、我的家以及我所有的一切东西，追随他在任何地方。我的爷爷就这样做了，老天知道他并非生来就是一个英雄。数百万人的祖父也跟着这个骑白马的小个子走了。他们没有得到任何奖赏，而且他们也不希望得到什么回报。他们欢天喜地、斗志昂扬地追随这个科西嘉人，为他浴血奋战，缺胳膊少腿，甚至丢掉性命也在所不惜。他将他们带到离家数千英里的地方，让他们冒着俄国、英国、西班牙、意大利、奥地利的炮火挺进，而当战士们在死亡中痛苦挣扎的时候，他却双眼仍平静地仰望着天空。

假如你要我对此做出解释，我确实说明不了。我只能猜出其中的一个原因——拿破仑是一位最伟大的演员，他把整个欧洲大陆当作他施展才华的舞台。无论何时何地，他都能精确地作出最能打动观众的姿态，他总能说出最能触动听众的言辞。无论是在埃及的荒漠，站在狮身人面像和金字塔前，还是在浸透露水的意大利草原上向他的士兵们演讲，他的姿态、他的言语都一样富有感染力。在任何时候，他都能控制局势。甚至到了自己生命的最后时刻，他已经是大西洋中部一个小岛上的一名流放者，一个任凭庸俗可憎的英国总督摆布的垂死病人，他仍未从主角的位置上退下来。

滑铁卢惨败之后，除了几个可靠的朋友外，再没人见过这位伟大的皇帝。欧洲人都知道他被流放到圣赫勒拿岛上，他们知道有一支英国警卫部队夜以继日地严密看守着他。他们还知道英国舰队严密监视在朗伍德农场上的皇帝的警卫队。不过，无论是他的朋友还是敌人，都没有忘记他。当疾病与绝望最终夺去他的生命的时候，他那无言的目光仍然注视着这个世界。时至今日，他在法国人的生活中的影响力与100年前一样具有一股强大的力量。那时，人们哪怕仅仅看一眼这个面色灰黄的小个子，就会吓昏过去。他曾在神圣的克里姆林宫养过马，曾把最有权势的人当仆人一样使唤。

仅仅为你大概描述一下的他生平就需要两卷书了。如果要想讲清楚他对法国所做的巨大政治变革以及他颁布的后来为大多数欧洲国家采纳的新法典，还有他在公众场合所发挥的积极作用，那就需要几千页了。但是我可以用几句话解释，为什么他的前半生如此成功而最后10年却一败涂地。从1789~1804年，拿破仑是法国革命的伟大领袖。他不仅仅是为个人荣誉而战。他之所以能够——将奥地利、意大利、英国、俄国打得落花流水，就是因为他和他的士兵们都是"自由、平等、博爱"这些民主新信仰的热切追随者，是王室贵族的敌人，是人民大众的朋友。

然而到了1804年，拿破仑把自己封为法兰西的世袭皇帝，请来教皇庇护七世为他加冕，就像利奥三世在公元 800 年为法国的另一位伟大的国王查理大帝加冕一样，这一情景有着无尽的诱惑反复出现在拿破仑眼前，使他渴望着重温旧梦。

一旦登上王位，旧日的革命领袖摇身一变，成为哈布斯堡君主的拙劣的模仿者。拿破仑抛弃了他的精神之源——雅各宾政治俱乐部。他不再是被压迫人民的保护者，而是一切压迫者、一切暴君的首领。他的行刑队的子弹时刻都准备射向那些胆敢违抗皇帝的神圣意志的人们。1806 年，当神圣罗马帝国的凄惨残余被扫进历史的垃圾堆，当古罗马辉煌的遗迹被一个意大利农民的孙子彻底摧毁的时候，没有人为它洒下一滴同情的眼泪。但是，当拿破仑的军队入侵西班牙，逼迫西班牙人民承认一位他们鄙视厌恶的皇帝，并大肆屠杀仍旧效忠于他们原来统治者的马德里人时，舆论便开始反对这位昔日的英雄。尽管他过去曾在马伦各、奥斯特利茨及上百次其他战役中获胜。从那时起，当拿破仑从革命的英雄变成旧制度所有邪恶品行的化身时，英国才得以播种迅速扩散的仇恨的种子，使所有诚实正直的人民变成法兰西新皇帝的敌人。

当英国的报纸报道法国大革命"恐怖时期"的细节时，英国人便深恶痛绝。100 多年前，查理一世统治时期，他们也曾经上演过一场自己的大革命。可是与法国革命翻天覆地的动荡相比，英国的革命简直不值一提。在广大英国人眼里，雅各宾党人不啻杀人不眨眼的魔头，而拿破仑更是群魔之首，人人得而诛之。于是，从 1798 年开始，英国舰队就封锁了法国港口，破坏了拿破仑取道埃及入侵印度的计划，使他在经历尼罗河沿岸一系列辉煌胜利之后，不得不狼狈撤退。最后到 1805 年，英国人终于盼来了战胜拿破仑的机会。

在西班牙西南海岸靠近特拉法加角的地方，内尔森将军彻底摧毁了拿破仑不可一世的舰队，使法国海军遭到重创。从那时候起，拿破仑被困在了陆地。即便如此，如果他能识时务，接受欧洲列强提出的体面的和平条件，拿破仑仍然可以坐在欧洲霸主的位置上。可惜拿破仑被自身的辉煌成就冲昏了头脑，他不能容忍任何人、任何对手与他平起平坐。于是，他把仇恨转向了俄罗斯，那里有广袤的大草原和无数的人愿意充当他的炮灰。

只要俄罗斯还处在凯瑟琳女皇半疯癫的儿子保罗一世的统治下，拿破仑就知道该如何对付它。可是保罗变得越来越不负责任，他的臣民不得不将他处死，否则所有人都被流放到西伯利亚的铅矿做苦力。继任保罗的是他的儿子亚历山大沙皇。亚历山大并不像他父亲那样对这位法国篡位者心存好感，而是将他视为人类的公敌，一个不折不扣的和平破坏者。他是一位虔诚的人，相信是上帝选中他，来把世界从邪恶的科西嘉诅咒中解救出来。他毅然加入了普鲁士、英格兰和奥地利组成的反拿破仑同盟，但是他被打败了。他尝试了 5 次，结果 5 次都失败了。1812 年，他又一次激怒了拿破仑，气得这位法国皇帝两眼发黑，发誓在莫斯科要让他们签下求和条约。然后，从西班牙、德国、荷兰、意大利等广大的欧洲地域，一支支不情愿的部队被迫向遥远的北方进发，去为伟大皇帝受伤的尊严进行复仇。

从莫斯科撤退

其结果众人皆知。经过两个月的长途跋涉，拿破仑大军终于抵达了俄罗斯的首都，并在神圣的克里姆林宫建立起他的总部。1812 年 9 月 15 日深夜，莫斯科突然失火。大火一直燃烧了四个昼夜，到第五天傍晚的时候，拿破仑不得不下令撤退。两星期之后，大雪纷纷扬扬地下起来，厚厚的积雪覆盖了森林和原野。部队在雨雪泥泞中艰难前行，直到 11 月 26 日才抵达别列齐纳河。这时，俄军全力反攻。哥萨克骑兵蜂拥而上，团团包围了溃不成军的"法国军队"。法军损失惨重，直到 12 月中旬，第一批幸存者才在德国东部城市出现。

随后，即将发生反叛的谣言纷纷传开了。"是时候了，"欧洲人说道，"我们摆脱这无法忍受的法兰西枷锁的日子已经到了。"他们躲过无处不在的法国间谍的监视，搜集到一些旧的枪支，做好了战斗的准备。不过未等他们搞清楚到底发生了什么事情时，拿破仑带着他的一支新军队回来了。原来皇帝陛下丢下了溃败的军队，自己乘坐轻便的雪橇，秘密地赶回了巴黎。他发出最后的号召招募士兵，他要保卫神圣的法兰西领土不受外敌的侵犯。

大批十六七岁的孩子跟随着他去东边迎击反法盟军。1813 年 10 月 16 日至 19 日，恐怖的莱比锡战役开始了。整整 3 天，身穿绿色军服和蓝色军服的两大帮男孩殊死搏斗，直到埃斯特河被鲜血染成了红色。10 月 17 日下午，兵源充足的俄国部队突破了法军的防线，拿破仑丢下部队再次逃跑了。

他返回巴黎，有意让位给他幼小的儿子，但反法盟军坚持由已故的路易十六的弟弟路易十八继承法国的王位。在哥萨克骑兵和普鲁士骑兵的簇拥之下，这位目光迟钝的波旁王子成功地进入了巴黎。

至于拿破仑，他成了地中海厄尔巴小岛上的统治者。他在那里把他的马夫组织成一支小小的军队，在棋盘上进行厮杀。

当拿破仑离开法国，法国人开始意识到他们失去了多么宝贵的东西。在过去 20 年间，尽管代价高昂，但那毕竟是一个充满了光荣与梦想的岁月。那时的巴黎是世界的首都，是辉煌的中心，而现在的这位肥胖的波旁国王在流放期间不学无术、毫无长进，他的懒惰与庸俗让巴黎人生厌。

1815 年 3 月 1 日，正当反法同盟的代表们准备着手重新划分欧洲版图的时候，拿破仑却突然在戛纳登陆了。在不到一周的时间里，法国军队就丢下了波旁王室，纷纷前往南方，投奔这个"小个子"。拿破仑长驱直入，于 3 月 21 日抵达巴黎。这一次，他更加谨慎了，提出了求和，可盟军坚决予以拒绝，坚持开战。整个欧洲都联合起来反抗这个"背信弃义的科西嘉人"。拿破仑迅速挥师北上，力争在盟军集结力量之前将他们各个歼灭。不过现在的拿破仑已经不是当年的他了。他疾病缠身，易于疲劳。当他本应打起十二分的精神，指挥他的先头部队发动奇袭时，他却卧床不起了。另外，他也失去了许多对他忠心耿耿的老将领，他们都战死了。

　　6月初，他的军队进入了比利时。同月 16 日，他击败了布吕歇尔率领的普鲁士军队。不过他手下的一位将军没有遵照命令将退却中的敌军彻底歼灭。

　　两天后，拿破仑在滑铁卢与威灵顿统率的军队遭遇。到下午 2 时，法军看起来似乎赢得了战争。下午 3 时的时候，东方的地平线上出现一股沙尘。拿破仑以为那是自己的增援骑兵部队，此时他们应该把英国军队彻底击败。到下午 4 时的时候，他才发现，原来是布鲁歇尔一边咆哮怒骂，一边驱赶着精疲力竭的部队进入战斗的中心。此举打乱了拿破仑部队的阵脚，而且他没有了后援部队。他只能吩咐部下尽可能保住性命，然后自己又逃跑了。

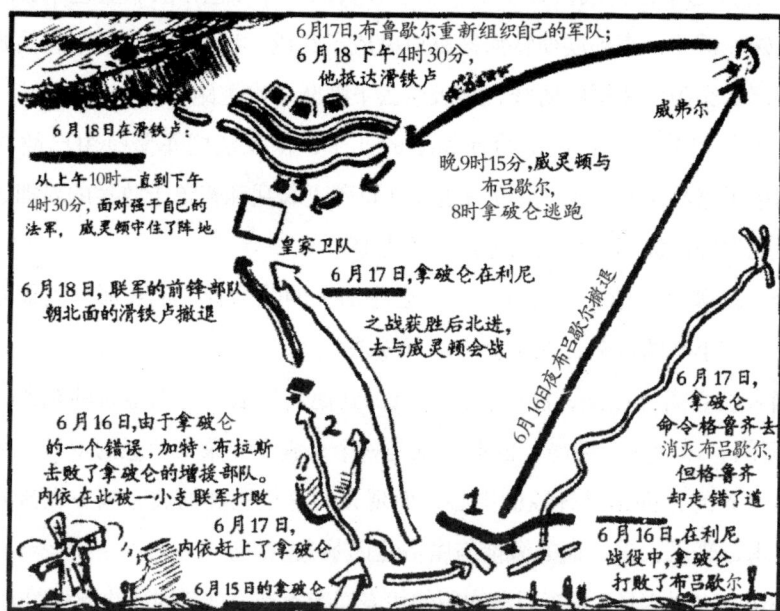

滑铁卢战役

　　他第二次让位给他的儿子。到他逃离厄尔巴岛刚好 100 天的时候，他来到了海边，他打算去美国。在 1803 年，仅仅为了一首歌，他将法国殖民地路易斯安那（当时正处于被英国占领的危险之中）卖给了刚刚成立的美利坚合众国。所以他说："美国人会感激我，他们会给我一小片土地和一间房子，让我在那里安详地度过晚年。"然而，强大的英国舰队监视着法国所有的港口。拿破仑夹在盟国和英国的海军之间，进退维谷，别无选择。普鲁士人要将他枪毙。看起来，英国人可能会对他网开一面。拿破仑在罗什福特焦急等待着，希望局势会有所变化。滑铁卢战役之后两个月，拿破仑收到了法国新政府的命令，限他24小时内离开法国领土。这位永远的悲剧英雄只好给英国摄政王（国王乔治三世正在疯人院）写信，告之陛下他准备"将自己像狄密斯托克斯一样交付到敌人手上，希望能在敌人的火炉旁寻求欢迎……"

7月15日，拿破仑登上战舰"贝勒罗丰"号，并将自己的佩剑交给霍瑟姆海军上将。在普利茅斯港，他被转送到"诺森伯兰"号上，驶往他最后的流放地——圣赫勒拿岛。在那里，他度过了生命最后的7年时光。他曾想写自己的回忆录，他和看守人员发生争吵，不断缅怀过往的岁月。非常奇怪的是，至少在他的想象中，他回到了他原来的起点。他还记得自己为革命艰难作战的日子。他试图告诉自己，他一直都是"自由、平等、博爱"这些伟大原则的真正朋友，它们由那些衣衫褴褛的国民议会的士兵们带到世界各地的各个角落。他总喜欢回忆自己作为总司令和执政官的生涯，很少提及他失去的帝国。有时，他会想起他的儿子赖希施坦特公爵——他热爱的"小鹰"。现在，他的"小鹰"住在维也纳，被他的哈布斯堡表兄们当作"穷亲戚"收留了下来。想当初，这些表兄们的父辈只要一听到拿破仑的名字，就会吓得两腿直哆嗦。在临终之前，他正带领着他的军队走向胜利。他发出一生中的最后一道命令，让米歇尔·内率领卫队出击。然后，他就与世长辞。

拿破仑走上流浪之路

　　不过，如果你想为他的奇特一生寻求解释，如果你真想知道一个人仅仅凭其超人的意志是如何统治这么多人这么长的时间的，请你一定不要去阅读他的传记。这些书的作者要么憎恨他，要么就是无比地崇拜他。你也许能从这些书籍中了解到许多事实，但是"感觉历史"比知道历史更加重要。在你有机会听到那首名为《两个投弹手》的歌曲之前，千万不要去读那些形形色色的书籍。这首歌由生活在拿破仑时代的伟大德国诗人海涅作词，由著名的音乐家舒曼谱曲。每当舒曼去拜见法国岳父的时候，他就能见到拿破仑，这位德国的敌人。这下你清楚了，这首歌是两位有充分理由憎恨这位暴君的人的作品。去听听这首歌吧！然后你就会明白上千本书也无法告诉你的道理。

第五十四章

神圣同盟

拿破仑被送往圣赫勒拿岛后，那些屡战屡败于这位"可恶的科西嘉人"手下的欧洲统治者们就在维也纳会晤，试图废除法国大革命带来的多项变革

欧洲各国的皇帝、国王、公爵、首相、特命全权大臣以及一般的大使总督主教们，还有紧随他们身后的秘书、仆人和随从人员，他们的大事小事曾因可怕的科西嘉人的突然重返（如今，他只能整日在圣赫勒拿岛的烈日下备受煎熬）而被粗暴地打断了。现在，他们又回到了自己的工作岗位。庆祝胜利是情理之中的事情。于是，他们举行了各种宴会、花园酒会和舞会。在舞会上，他们跳起了一种全新的、令人吃惊的"华尔兹"舞，这引起了那些仍在怀念旧时代小步舞的女士先生们的极大反感。

在整整一代人的时间里，他们处于惶恐不安的隐退状态之中。因此，危险终于熬过去了，谈起革命期间所遭受的种种痛苦与磨难，他们就难免喋喋不休。他们期望捞回损失在可恶的雅各宾党人手里的每一个铜板。这些不值一提的野蛮革命者居然敢杀了他们神圣的国王，还废除假发，拿巴黎贫民窟的破烂马裤来取代凡尔赛宫廷式样优雅的短裤。

你们一定会觉得可笑，因为我竟会提到这样一些鸡毛蒜皮的小事。不过，著名的维也纳会议就是由一长串这样荒谬的事情构成的。有关"短裤与长裤"的问题他们就讨论了好几个月，相形之下，萨克森的未来安排或西班牙问题的最终解决方案反倒成了无关紧要的细枝末节。普鲁士国王陛下甚至特意定制了一条短裤，以此向公众表达自己对任何与革命有关的东西的极度蔑视。

另一位德国统治者在表现他对革命的仇恨方面也不甘落后。他严正颁布了

到特拉法尔角去

一条法令：凡是他的臣民缴纳给那位法国篡位者的所有赋税，必须重新向自己的合法统治者再缴纳一次，因为当他们在遭受科西嘉魔王的无情统治的时候，他们的国王正在遥远的地方默默地爱着他们的子民。诸如此类，维也纳会议上的荒唐事情一个接着一个。直到有一个人气得喘不过气来，疾呼道："看在上帝的份上，老百姓为什么不抗议、不反抗呢？"是啊，为什么不反抗呢？因为人民已经被战争和革命弄得疲惫不堪。他们绝望至极，只要有和平，根本不在乎下一步会发生什么，或者以怎样的方式被什么样的人统治。战争、革命、改革这些字眼已经耗尽了他们的全部精力，使他们感到从未有过的疲惫和厌倦。

18世纪80年代，人们都围着自由之树载歌载舞。王公们热情拥抱他们的厨子，公爵夫人和仆从一起跳着卡曼纽拉舞。他们真诚地相信，一个自由、平等、博爱的清静世界已经降临这个充满邪恶的人间。不过伴随新纪元而来的，是造访他们客厅的革命委员，还带着十几个衣衫褴褛、饥肠辘辘的士兵。当革命委员返回巴黎向政府报告，"被解放国家"的人民是以极大的热情接受法国人民奉献给友好邻居们的自由宪法时，他们还顺手牵走了主人家的银质餐具。

当他们听说有一个叫"波拿巴"或"邦拿巴"的年轻军官，将枪口对准暴乱的民众，镇压了巴黎发生的最后一次革命骚乱时，他们不由得长长地松了一口气。为了安宁，牺牲一点儿自由、平等、博爱，那也是可以接受的。可没过多久，这位"波拿巴"或"邦拿巴"就成了法兰西共和国三个执政官之一，后来又成了唯一的执政官，最后成了法兰西皇帝。他比此前的任何统治者都更为强大、更有效率，他毫不怜悯地压迫着他可怜的臣民。他强征他们的子弟入伍，强迫他们漂亮的女儿嫁给手下的将军，抢走他们的油画和古董去充实自己的博物馆。他把欧洲变成一个大兵营，屠杀了几乎整整一代青年人的性命。

现在，他已经不在这个世界上了。人们（除了少数职业军人）只剩一个愿望：让他们平安度日。有过一段时间，他们可以自治，可以选举自己的市长、市议员和法官，可是这套体制在实践中却惨遭失败，因为新的统治者不仅毫无经验，而且好大喜功。出于纯粹的绝望，人们求助于旧制度的代表。他们说："你们像过去一样统治我们吧。告诉我们欠你多少税款，我们照单全付。我们正忙于修复自由时代所留下的创伤。"

幕后操纵维也纳会议的大人物们，他们当然会尽力满足人们对和平、安宁的渴望。会议的主要产物是神圣同盟的缔结。它使警察机构变成国家事务的最重要的力量。那些胆敢对国家政策提出任何批评的人士，都将受到最严厉的惩罚。

欧洲终于有了安宁之日，但却是墓地一样的沉寂。

出席维也纳会议的三位最重要人物分别是俄国的亚历山大皇帝、代表奥地利哈布斯堡家族的梅特涅首相及前奥顿地区的主教塔列朗。在历次法国政府危机四伏的动荡中，塔列朗仅仅凭借自己的精明和狡猾，奇迹般地在法国政府的动荡更迭中生存了下来。现在，他代表法国来到奥地利首都，千方百计地为法国在拿破仑造成的废墟中捞取任何可能的好处。就像打油诗里描写的快活青年对旁人的白眼浑然不觉一样，这位不请自来的客人闯到了宴会，开心地大吃大喝，好像他真的受到邀请一样。不久，他真的坐在餐桌的主席的位置，用他妙趣横生的故事逗得大家开心，以自己的迷人风度赢得众人的好感。

在抵达维也纳的前一天，塔列朗意识到盟国已分裂成两个敌对的阵营。一方是妄图吞并波兰的俄国和想要占领萨克森的普鲁士；另一方是奥地利与英国，它们想阻止这种掠夺，因为无论是由俄国还是普鲁士来主宰欧洲，都会有损于英奥两国的利益。塔列朗凭借高超的外交手腕挑拨离间，使双方剑拔弩张。由于他的努力，使法国人民免遭欧洲在皇权下所忍受的10年压迫。他在会议上争辩道，法国人民在这件事情上其实是毫无选择的，是"科西嘉恶魔"强迫他们按其意志行事。现在拿破仑已经死亡，路易十八登上了王位。塔列朗请求说："给他一次机会吧！"而盟国也愿意看到一位合法君主端坐在革命国家的王位上，于是痛快地作出了让步，给了波旁王朝这个机会，但是波旁王朝大肆滥用特权，以致 15 年后被再度赶下台。

维也纳三巨头中的第二号人物是奥地利首相梅特涅，哈布斯堡外交政策的领袖，全名文采尔·路德，梅特涅－温斯堡亲王。他是一位大庄园主，一位风度翩翩的英俊绅士，腰缠万贯，能力非凡。不过，可惜他所成长的社会与在农庄里挥汗如雨的平民大众相距太远。青年时代，梅特涅曾在斯特拉斯堡大学求学，当时正值法国大革命的爆发。斯特拉斯堡是《马赛曲》的诞生地，也曾经是雅各宾党人的活动中心。在梅特涅的忧伤记忆里，青年时代快乐生活被粗暴地打断了，一大群并不胜任的市民被突然召去从事他们力所不能及的工作，暴乱分子杀戮无辜的生命来庆祝新自由的曙光。可梅特涅却没能看到群众的真诚和热情，也没有看到当妇女和儿童将面包和水塞给衣衫褴褛的国民自卫军，目送他们穿过城市，奔赴远方的战场为法兰西祖国英勇献身时，他们眼里所闪烁着的希望和神采。

一切使这个年轻的奥地利人深感厌恶，认为此举太野蛮，太不文明了。如果真的需要一场战斗，那也应该由穿着漂亮制服的年轻人，骑着高头大马，在绿色原野上厮杀，但是将整个国家变成一个发散恶臭的军营，流浪汉一夜之间被提拔为将军，这看起来不仅恶劣，而且愚蠢。他常常会在某个小型晚餐会上对法国外交官说："看看吧，你们那些精致的思想都带来了什么？你们喊着要自由、平等、博爱，可最终得到的却是拿破仑。如果你们不胡思乱想，安于现状，情况会比现在好多少啊！"于是，他就会阐述自己那套关于"维持稳定"的社会制度。他倡导重返大革命前旧制度的正常状态，那时每个人都快快乐乐，也没人胡说什么"天赋人权"或"人人生而平等"。他的这种观点是发自内心的，也正因为他意志坚强、

让神圣同盟害怕的幽灵

才能卓越、具有惊人的说服力，因此他也成了一切革命思想最危险的敌人之一。梅特涅一直活到 1859 年，他目睹了 1848 年的欧洲革命将自己的全部政策扫进历史垃圾堆，那是一个彻底的失败。突然间，他发现自己成了欧洲最遭人憎恨的家伙，不止一次面临被愤怒的市民处死的危险。但是，直到生命的最后一刻，他依然认为自己做的都是正确且有益的事情。

真正的维也纳会议

他固执地认为，相对于自由，人民更喜欢和平，而他努力给了人们最想要的东西。公正地讲，我们不得不说他所全力构建的世界和平是非常成功的。各大国之间有 40 年的时间没有互相厮杀。直到 1854 年，俄国、英国、法国、意大利、土耳其为争夺克里米亚爆发了一场大战，和平局面才被打破。这么长时间的和平，在欧洲大陆创下了历史纪录。

这场"华尔兹"舞会的第三号人物是亚历山大沙皇。他是在其祖母、著名的凯瑟琳女皇的宫中长大的。这位精明的老妇人教给他"俄国的荣誉高于一切"的观念。他还有一位瑞士籍的私人家庭教师——一位伏尔泰和卢梭的狂热崇拜者。教师极力向他幼小的心灵灌输人道主义博爱的思想。这两种不同的教育，使长大后的亚历山大奇怪地混合了自私的暴君与感伤的革命者两种气质。在他疯癫的父亲保罗一世在位期间，亚历山大饱受屈辱。他被迫目睹了拿破仑在战场上大规模的屠杀，俄军凄惨的溃败。后来他时来运转，他的军队为同盟国赢得了胜利。俄罗斯一跃成为欧洲的救世主，人们把这个强大民族的沙皇当做能够救治世界上许多疾苦的神一样拥戴。

可亚历山大本人并不太聪明。他不像塔列朗和梅特涅那样熟知人性，也不明白外交上的奇怪游戏。当然，亚历山大爱慕虚荣（在这种情形下哪有不虚荣的呢），喜欢群众的掌声与欢呼。很快，他便成为维也纳会议的焦点人物，而梅特涅、塔列朗和卡斯尔雷（精明干练的英国代表）正围坐桌边，一边惬意地喝着匈牙利甜酒，一边决定该做什么事情。他们需要俄国，因此对亚历山大毕恭毕敬。不过亚历山大本人越少插手会议的实际事务，他们就越高兴。他们甚至对亚历山大提出的组织"神圣同盟"的计划大加赞同，以便他无暇他顾，这样他们就可以放手处理紧急的事情。

亚历山大喜好交际，参加各种聚会，结识朋友。在这些场合，沙皇显得既轻松又快活，但是他的性格中还存在着截然不同的另一面。他试图忘掉某些难以忘却的事情。1801 年 3 月 23 日晚，他焦急地坐在彼得堡圣米歇尔宫的一间房间里，等待着他父亲退位的消息，但是保罗拒绝签署那些喝得醉醺醺的官员们强塞到他桌前的文件。官员们盛怒之下，用一条围巾将他活活勒死。随后他们下楼去告诉亚历山大，他就是整个俄罗斯土地的皇帝了。

亚历山大是一个非常敏感的人，那个可怕的夜晚一直纠缠在他脑海中，挥之不去。他曾经在法国哲学家们的伟大思想中受过熏陶，他们不相信上帝，只相信人的理性。不过，仅有理性并不能使沙皇摆脱心灵的困境。他开始出现幻听幻视，感觉到形形色色的形象和声音从他身边飘过。他试图找到一条途径，使自己不安的良心平静下来。他开始变得非常虔诚，沉迷于神秘主义。这种对神秘和未知世界的奇特崇拜和热爱，就像底比斯、巴比伦的神庙一样久远。

法国大革命期间产生的那种可怕的激情以一种奇怪的方式影响着那个时代人们的性格。经历了 20 年恐惧与焦虑折磨的男男女女，都变得有些神经兮兮。每听到门铃声响，他们就会惊跳起来。因为这响声可能意味着，他们的独生儿子"光荣战死"的噩耗。革命期间所大肆宣扬的"兄弟之爱"或"自由"等口号，在痛不欲生的农民耳里，都毫无意义。他们愿抓住任何能救其脱离苦海的东西，使他们重拾面对生活的勇气。在痛苦与悲伤之中，他们很容易被一些人所欺骗，这些人伪装成先知的样子，把他们从《启示录》中某些晦涩章节里挖出来的新奇教义传播给人们。

1814 年，已经求教过许多大师的亚历山大听说了一个新出现的女先知的事情。据说她预言世界末日的到来，并劝诫人们及早忏悔。这个人就是冯·克吕德纳男爵夫人。作为一位年龄和名声都难以确定的女人，这位俄国女人的丈夫是保罗沙皇时代的一名外交官。她挥霍掉丈夫的钱财，还因种种风流韵事使她丈夫颜面尽失。她的生活极为放荡，直到她精神失常。后来，因目睹一位朋友的突然死亡，她皈依了宗教，从此厌弃了生活中的一切快乐。她向一位鞋匠忏悔自己以前的罪恶。这位鞋匠是一位虔诚的摩拉维亚兄弟会成员，也是被1415年的康斯坦斯宗教会议烧死的老宗教改革家胡斯的虔诚的追随者。

接下来的10年中，这位俄国女人在德国为王公贵族"皈依"宗教的工作忙碌着。她一生中最大的野心就是让欧洲的救世主亚历山大皇帝相信，他的方式是错误的。亚历山大正处忧伤之中，任何能给他一线慰藉的人的，他都乐意听听，因而他愿意会见这位男爵夫人。1815年7月4日晚上，男爵夫人被带进沙皇的营帐。她第一眼看见这位大人物时，发现他正在读《圣经》。我们不知道男爵夫人究竟对亚历山大说了些什么，但当她3小时后离开时，陛下泪流满面，并发誓说"他的灵魂终于得到了安宁"。从那天起，男爵夫人便成了沙皇忠实的伙伴和精神导师。她跟随沙皇来到巴黎，然后又到维也纳。当亚历山大不出席舞会的时候，他就把时间花在男爵夫人的祈祷会上。

你也许会问，我为什么要把时间花在这个故事上？难道19世纪的种种社会变革不比一个精神错乱的女人的人生经历更重要吗？当然重要。不过这个世界上已经有够多的历史书，它们能精确而详尽地告诉你那些历史大事。我想让你学到更多的东西。我想让你在看待历史事件的时候，不要把任何事情都当作是理所应当的。不要满足于这样一句话"某时某地发生了某事件"这样简单的陈述。你要去发掘隐藏在每个行为下面的动机，这样你才能更好地了解你周围的世界，你也将更有机会去帮助别人。只有这样，才是唯一真正令人满意的生活方式。

我不希望你认为"神圣同盟"只不过是1815年签署的一纸空文，早已在国家档案馆中被废弃和遗忘。神圣同盟也许已被遗忘，但绝不能不产生任何影响。神圣同盟直接导致了门罗主义的诞生，而倡导"美洲是属于美洲人的"门罗主义对你的生活产生了独特的影响。这就是我为什么要给你详细讲这一文件是如何产生的，以及隐藏在这一重申基督教对责任的忠诚奉献的宣言背后的真正动机。

神圣同盟是两个人共同努力和结果。一个是遭受了可怕精神刺激，试图抚平灵魂不安的不幸男人；另一个是虚度半生，人老珠黄，只能靠扮演自命不凡宣扬新奇教义的先知来满足虚荣心与欲望的野心勃勃的女人，他们俩的古怪结合造就了"神圣同盟"。我告诉你这些细节，并不是在泄露任何秘密。像卡斯尔雷、尔梅特涅和塔列朗这等清醒理智的人物，他们当然知道这位多愁善感的男爵夫人能力有限。梅特涅可以很轻易地把她赶回德国，只要给皇家警察的指挥官写个条子，事情就解决了。

然而，法国、英国和奥地利还要依赖与俄国的友好，他们不敢触怒亚历山大。他们不得不容忍这位愚蠢的老女人，因为他们没有别的办法。因此，虽然他们全都视神圣同盟如粪土，甚至不值得为它浪费纸张，可当沙皇向他们朗诵以《圣经》为基础创作的《人类皆兄弟》的潦草初稿时，他们只能耐着性子去倾听。这是创建神圣同盟想要达到的目的，文件的签署人庄严地宣布"在管理各自国家的事务及处理与别国政府的外交关系时，应以神圣宗教的戒条，也就是基督的公正、仁慈和和平为唯一的指引。这不仅适用于个人行为，同时也要对王公的会议产生直接影响，作为强化人类制度，改进人类缺陷的唯一方针来指导每一步工作。"尔后，他们又相互保证，他们将保持团结，"本着一种真正牢不可破的兄弟关系，把对方当作自己的同胞，在任何情况、任何地点相互施以援手。"诸如此类。

最后，虽然奥地利皇帝对此毫不理解，但是他还是签署了"神圣同盟"。法国的波旁王室也签了字，时势使它非常需要拿破仑宿敌的友谊。普鲁士国王也加入了，他希望他的"大普鲁士"计划得到亚历山大的支持。当然，受俄国摆布的所有欧洲小国也都签了字。英国没有加入，因为卡斯尔雷认为这尽是荒唐的鬼话。教皇也没有签字，因为他痛恨一个希腊东正教徒和一个新教徒插手他的事务。苏丹也没有签字，因为他对这件事并不太了解。

不久后，欧洲的老百姓就不得不对此事加以注意了。隐藏在神圣同盟里一大堆空洞词句背后的，是梅特涅在各大国之间纠集起来的五国盟军。这些军队可是认真的，他们的存在无疑在警告世人，不能让所谓的自由派破坏欧洲的和平。这些自由主义者被视为乔装打扮的雅各宾党人，他们唯一的目的就是重返革命时代。欧洲人对1812年、1813年、1814年和1815年的伟大解放战争的热情开始消减，在战场上冲锋陷阵的士兵也希望和平，也对即将到来的幸福生活怀有真诚的信念。

不过，人们并不需要神圣同盟和列强会议强加给他们的那种和平。他们惊呼自己被欺骗，被出卖了，但是他们小心翼翼，唯恐自己的话被秘密警察听到。反动势力胜利了。策划这一股反动的人真诚相信他们的方法对人类的利益是非常有必要的。实际上，就像他们怀有险恶居心一样，他们的动机也同样让人难以忍受，它不仅制造了大量不必要的痛苦，而且大大阻碍了政治改革的正常进程。

第五十五章
强大的反动势力

他们试图通过镇压一切新思想来为世界开创一个和平宁静的时代，他们使秘密警察成为国家最高权力机构。不久，各国监狱都人满为患，关押的都是要求人民自治的人

想要清除拿破仑洪水所带来的祸害几乎是不可能的，古老的防线被冲得荡然无存。历经四十朝代的宫殿遭到严重破坏，以致无法居住。其他的王宫则拼命扩张地盘，殃及不幸的邻居。这场革命的洪水退去之后，留下许多奇怪杂乱的革命教义的残余，如果要强行清除它们，必定会给整个社会带来风险。不过维也纳会议的政治工程师们尽了他们最大的努力，他们也确实取得了种种"成就"。

多年以来，法国搅得世界不得安宁。人们几乎是出于本能的害怕这个国家。虽然波旁王朝借塔列朗之口，允诺以后要好好治理国家，但"百日政变"使欧洲国家明白，如果拿破仑再次脱逃，将会出现什么可怕的后果。于是他们开始未雨绸缪。荷兰共和国成了王国，比利时甘心沦为新尼德兰王国的一部分（由于比利时没有参加 16 世纪荷兰人争取独立的战争，它一直属于哈布斯堡王朝的领土，先后由西班牙和奥地利统治）。无论是新教徒控制的北方，还是天主教徒主导的南方，他们对这种联合不以为然，但也没人提出反对意见。因为它可能有利于欧洲的和平，而这才是该主要考虑的因素。

波兰曾希望能大大获利，因为一个名为亚当·查多伊斯基的人是亚历山大沙皇的密友，并且在整个反拿破仑战争及维也纳会议期间一直担任沙皇的高级顾问。他们有理由期望很多东西。波兰被划为俄国的半独立属地，由亚历山大出任国王。这种解决办法不能让任何人满意，引起了极大的不满，由此引发了

第三次革命。

丹麦一直追随拿破仑，是他最忠实的盟友，因此它也受到了极为严厉的制裁。7年前，英国舰队闯进了卡特加特附近海域，突袭哥本哈根，并掠走所有丹麦军舰，彻底断了丹麦再次向拿破仑表达忠心的后路。维也纳会议则采取了进一步的惩罚措施。它将挪威从丹麦划分出去（前者从1397年的卡尔马联盟之后，一直与丹麦联合），并把它当成礼物奖赏给背叛拿破仑的瑞典国王查尔斯十四世，因为他背叛了把他扶上王位的拿破仑。非常离奇的是，这位瑞典国王本来是个法国人，名叫贝纳道特。他作为拿破仑的副官长来到瑞典，当霍伦斯坦－格特普王朝的最后一位统治者去世之后，身后未留下子嗣，友好的瑞典人就请贝纳多特当上了这个国家的国王。从1815年至1844年，他尽心尽力统治着这个收养他的国家（尽管他从未学会该国语言）。他极其聪明，治国有方，赢得了瑞典和挪威人民的共同尊重。可他没能成功将这两个在天性和历史截然不同的国家结合在一起。二元化的斯堪的纳维亚国家从来就成不了什么气候。1905年，挪威以一种最平和有序的方式，建立起一个独立的王国，而瑞典也乐得祝愿挪威"迅速发展"，明智地让它走自己的道路。

意大利人自从文艺复兴之后，一直深受侵略之苦，所以他们对波拿巴将军寄予厚望。可当了皇帝的拿破仑却让他们非常沮丧。他们没有得到一个统一的意大利，相反他们的国家被划分为一系列小公国、公爵领地、小共和国及教皇国。教皇国是整个意大利半岛（除那不勒斯外）治理得最为糟糕的地区，人们的生活非常悲惨。维也纳会议废除了几个拿破仑建立的小共和国，取代它们的是几个古老的公国，并把它们分给了哈布斯堡王室中的有功之臣。

可怜的西班牙人发动过反抗拿破仑的伟大民族运动，并不惜为了他们的国王而牺牲他们优秀的儿女。可当维也纳会议允许国王陛下返回其领地时，西班牙人却受到严厉的惩罚。这个邪恶的人物就是斐迪南七世，他余生的最后4年是在拿破仑的监狱中度过的。为打发坐牢时光，他给自己心爱的守护神像编织外套。他重新恢复了已被大革命废除的残酷的宗教法庭和刑房，来庆祝自己的回归。他是一个令人厌恶的家伙，不但他的人民，就连他的4个妻子也同样鄙视他，可神圣同盟却坚持要维护他的合法王位。为了摆脱这个万恶之源，以及建立一个立宪王国，正直的西班牙人做出了种种努力，最后都以屠杀和流血而告终。

自1807年王室成员逃到巴西的殖民地，葡萄牙便一直处于没有国王的状态。在1808~1814年的半岛战争期间，葡萄牙一直是威灵顿的军队的物资供应基地。1815年后，葡萄牙依然是英国的行省，直到布拉同扎家族重返王位。这个维持了若干年的美洲唯一的帝国，于1889年倒台后变成了共和国。

在东欧，希腊人和斯拉夫人依然在苏丹的统治之下，他们的悲剧境况从未有过任何改善。1804年，一位叫布兰克·乔治（卡拉乔戈维奇王朝的创建者）的塞尔维亚养猪人发动反抗土耳其人的起义，但是他被敌人打败了，最后被他自以为是朋友的另一塞尔维亚领袖杀害。杀害他的人名为米洛歇·奥布伦诺维奇，后来成为塞尔维亚奥布伦诺维奇王朝的创始人。这样，土耳其依然是巴尔干半岛无可争议的主人。

早在2000年前，希腊人就丧失了独立。他们先后受到过马其顿人、罗马人、威尼斯人、土耳其人的统治。现在，他们寄希望于自己的同胞，科孚人卡波·德·伊斯特里亚。他跟波兰的查多伊斯基同为亚历山大最亲密的私人朋友，也许他能为希腊人争取点儿什么。维也纳会议对希腊人的要求不屑一顾，他们感兴趣的是让所有"合法"的君主，不管是基督教的、伊斯兰教的或其他教的，都坐在他们尊贵的王位上。因此，希腊人什么也没盼到。

维也纳会议犯下的最后一个也可能是最大的错误，就是对德国问题的处理。宗教改革和30年战争使繁荣富强的德国变成一片无可救药的政治废墟。它被划分为两三个王国、四五个大公国、许多个公爵领地以及数百个侯爵领地、男爵领地、选帝侯领地、自由市和自由村，由一些只在歌舞喜剧里才能见得到的千奇百怪的统治者分别治理着。腓特烈大帝曾建立了强大的普鲁士帝国来拯救一盘散沙的德国，但是普鲁士在他去世后不久又四分五裂了。

许多这样的小国家都有获得独立的愿望，但是拿破仑否决了他们的要求。在总共300多个国家里，只有52个存续到了1806年。在为独立而斗争的伟大岁月里，许多年轻的德国士兵都梦想着建立一个统一而强大的国家。可是，如果没有强有力的领导，统一是不可能的。谁能担当这个领导者的角色呢？

在讲德语的地区一共有 5 个王国。其中的两个是奥地利和普鲁士，他们各自拥有上帝恩准的神圣国王，而其他 3 个国家，巴伐利亚、萨克森和维腾堡的国王却是拿破仑时代的产物。由于他们一度是拿破仑皇帝的忠实党羽，因此在其他德国人眼里，他们的爱国信誉不免要大打折扣。

维也纳会议确立了新的日耳曼同盟，即一个由 38 个主权国家组成的，现在在奥地利皇帝的统一管理下。这种临时性的解决方案，人人都不满意。确实，一个日耳曼大会在古老的加冕典礼城市法兰克福召开了，目的是讨论"共同政策及其重要性"。可 38 名成员分别代表 38 个小国的利益，做出任何决定都需要全票通过（这种议会规则在 18 世纪曾经毁掉了强大的波兰王国），因此著名的德国联邦成了全欧洲人的笑柄，这个古老帝国的政治家们不得不开始模仿 20 世纪四五十年代我们中美洲邻国的那些做法。

这对于为民族理想牺牲一切的德国人来说，简直是奇耻大辱，但是维也纳会议并不关心"臣民们"的个人情感。有关这方面的论述就此告一段落。

难道没有人反对吗？当然有。当人们对拿破仑的憎恨逐渐冷却，当人们反抗拿破仑统治的热情渐渐平息，当人们对"维护和平与稳定"背后的巨大阴谋有了清醒的认识，他们便开始低声抱怨了。他们甚至扬言要举行暴动。可是他们能做什么呢？他们只不过是手无寸铁的平民，完全处于无权无位的弱势。何况，他们正面对着世界上前所未有的最残酷无情且极富效率的警察体系，处处受到严密监控，只能像羔羊一样任人宰割。

维也纳会议的参与者们真诚地相信，"革命的思想导致拿破仑犯下篡夺王位的罪行"。他们觉得他们有责任将那些所谓的"法国思想"的拥护者们消灭干净，这是顺应天意民心的神圣之举。就像宗教战争时的西班牙国王菲利普二世一边无情地烧死新教徒或绞杀摩尔人，一边觉得他的残酷作为只不过是听从了自己良心的召唤一样。16 世纪的教皇和 19 世纪初的欧洲国王或首相都可以随心所欲地统治自己的臣民，如果谁胆敢质疑这一神圣权力，就会被视为"异端"，所有忠实的市民都有责任向最近的警察局检举他，让他受到应有的惩罚。

1815 年的欧洲统治者们却从拿破仑那里学到了"统治效率"的技巧，因此他们干起反异端工作时，比 1517 年完成得更加出色。1815 年至 1860 年这段时间，是政治密探大显身手的时代。间谍无孔不入。他们出入王公贵族的宫殿，他们深入最下层的低级酒店。他们透过钥匙孔窥探内阁会议的进程，他们偷听市政公园里人们的闲谈。他们监视着海关和边境，以免那些没有正常签证的人离境。他们检查所有的包裹行李，任何一本可能带有危害"法兰西思想"的书籍都不允许带进皇帝陛下的领土。他们和大学生一起坐在大学礼堂里，如果哪位教授说了一句反对当局的话，那么他马上就会大祸临头。他们悄悄跟在上教堂的儿童身后盯梢，以防他们逃学。

密探们的许多工作都在是教士的帮助下完成的。在大革命期间，教会吃尽了苦头。它的财产被没收，一些教士被杀。所以，当公安委员会于1793年10月废除对上帝的礼拜仪式时，受伏尔泰、卢梭和其他法国哲学家的无神论思想熏陶的那代年轻人，竟在理性的祭坛旁翩翩起舞，教士与贵族们一起度过了漫长的流亡生涯。现在，他们随盟军士兵一起重归故里，准备复仇。

甚至耶稣会也于1814年卷土重来，继续他们教育年轻一代的工作。他们打击教会敌人的做法未免太过火了。他们在世界的各个角落建立"行政区"，向当地人传播天主教的福音。不过它们很快发展成一个正式的贸易公司，经常干预当局的内部事务。在葡萄牙伟大的改革家、首相马奎斯·德·庞博尔掌权时期，耶稣会教士们曾一度被逐出葡萄牙领土。在1773年，应欧洲主要天主教国家的要求，教皇克莱门特十四世废止了他们的做法。现在，他们又重操旧业，将"服从"、"热爱合法君主"的道理灌输给孩子们，以至于使他们在碰到诸如玛丽·安东奈特被送上断头台这类情形时，不至于发出笑声来。

即使是新教国家普鲁士，情形也好不了多少。1812年，伟大的爱国领袖，对篡位者发起神圣反抗的诗人、作家，他们如今都被贴上了"危险煽动家"的标签，成了威胁现存秩序的危险分子。他们的家被搜查，他们的信件受到检查，他们被迫每隔一段时间向警察汇报自己的状况。普鲁士教官把冲天的怒火都发泄到年轻一代的身上，对他们非常苛刻。当一群学生在古老的瓦特堡，吵吵嚷嚷但无伤大雅地庆祝宗教改革300周年时，敏感的普鲁士当局竟将其视为一场可怕的革命前兆。当一名诚实却不够机灵的神学院学生鲁莽地杀死了一个在德国执行公务的俄国间谍后，普鲁士各大学受到警察的监视，教授们未经任何形式的审讯，便纷纷被投入监狱或遭到解雇。

当然，俄国在实施这些反革命行动方面就显得更加可笑了。亚历山大已经从他突发的虔诚狂热中恢复过来，又逐渐患上了忧郁症。他十分清醒自己能力有限，也明白他在维也纳会议上成为了梅特涅和克吕德纳男爵夫人的牺牲品。因此，他对西方的厌恶之情与日俱增，开始变成一位名副其实的俄罗斯统治者，把兴趣放在君士坦丁堡，那个古老的圣城曾经是斯拉夫人的启蒙老师。随着年龄增长，亚历山大越发努力工作，但成绩却越来越差。当他端坐于自己的书房时，他的大臣们把整个俄国变成了一个军事营地。

这不是一幅美丽的画面。也许，我该缩短对这个大反动时期的描述。但是，我认为，让你们更深入了解这段历史也是一件好事。要知道，这种倒行逆施的尝试已经不是第一次了，结果都是以失败而告终。

第五十六章
民族独立

然而，人们对民族独立的热情如此强烈，根本无法压制。南美洲人首先揭竿而起，反抗维也纳会议的反动政策。紧随其后的是希腊人、比利时人、西班牙人及其他许多欧洲弱小民族，为19世纪谱写了许多独立战争的篇章

有人也许会说："如果维也纳会议采取了这样那样的行动，而非采用那样这样的决策，那么19世纪的欧洲历史就会是完全不同的。"也许吧，但这种说法是毫无意义的。出席维也纳会议的人们刚刚经历了法国大革命，对过去20年的恐怖与无休止的战争记忆犹新。他们聚集在一起的目的就是确保欧洲的"和平与稳定"，而且他们认为这是欧洲人民最想要的。这些人就是我们所说的"反动人士"。他们自以为是地认为人民大众是管理不好自己的。他们试图对欧洲版图重新划分，并想以此来保证最大可能的永久的成功。虽然他们最终失败了，但并非是因为他们用心险恶。总的说来，他们是沉湎于对平静的青年时代的幸福日子的回忆中的守旧派，盼望着重回"过去的好时光"。可他们没有意识到，许多革命的思想已经在欧洲人民心中深深地扎下了根来。这是一种不幸，但还算不上罪恶。法国革命将一件事情不仅教给了欧洲，同时也教给了美洲，人们开始认识到，世界人民必须有自己的民族自主权。

拿破仑从未敬畏过任何事，也没有尊重过任何人，所以在对待民族感情和爱国热情方面，他显得极其粗暴。可在革命早期，一些革命将领宣扬这样一种新理论："民族性既不是一个政治边界问题，也不是圆颅骨或阔鼻梁的问题，而是一种发自内心和灵魂的情感问题。"在他们教育法国的孩子们说法兰西民族伟大时，也鼓励西班牙人、荷兰人、意大利人做同样的事情。很快，这些卢

梭的信徒、深信原始人的优越天性的人们便开始向过去挖掘，并在封建城堡的废墟下发现他们伟大种族的遗骸，并认为自己是他们软弱的后裔。

19世纪上半期是一个充满伟大历史发现的时代。世界各地的历史学家都忙着出版中世纪的宪章和中世纪初期的编年史，结果在每一个国家都引发了对自己古老祖国新的自豪感。这些感情的萌生大部分是建立在对历史事实的错误解释之上。不过在现实政治中，事实真相并不重要，重要的是人们愿不愿意相信它是真的，而在大多数国家，国王和人民都对他们祖先的荣誉和声望坚信不疑。

可维也纳会议没有打算感情用事。大人物们以几个王朝的最大利益为出发点，重新划分了欧洲版图，并且将"民族感情"与其他危险的"法国思想"统统列入了禁书名单。

不过，任何会议都不能逃脱遭受历史辛辣嘲讽的命运，维也纳会议也不例外。出于某种原因（它可能是一条历史法则，至今还未引起学者们的足够重视），"民族"对于人类社会的稳步发展似乎是十分有用的。任何阻挡这股潮流的尝试，就像梅特涅试图阻止人们自由思考一样，必然遭到失败。

很奇怪的是，民族独立的大火竟然是在远离欧洲的南美开始点燃的。西班牙由于深陷拿破仑战争的泥沼，为其在南美大陆的殖民地创造了一段相对独立的美好时光。后来西班牙国王沦为拿破仑的阶下囚，南美殖民地人民依然对他忠心耿耿。当1808年约瑟夫·波拿巴被其兄任命为西班牙新国王时，人民拒绝承认他。

事实上，唯一深受法国大革命影响、发生剧烈动荡的南美殖民地是哥伦布第一次航行所到达的海地岛。1791年，法兰西议会突然迸发出博爱与兄弟之情，宣布给予海地的黑人兄弟迄今为止为他们的白种主人享有的一切权利。但很快，他们就出尔反尔，宣布收回先前的承诺，这导致海地黑人领袖杜桑维尔与拿破仑的内弟勒克莱尔将军之间爆发了一场持久的可怕战争。1801年，杜桑维尔应邀和勒克莱尔见面，商讨和平的问题。法国人郑重向他保证，绝不加害于他。杜桑维尔相信了他的白人对手，结果被带上一艘法国军舰，不久之后就死在一所法国的监狱中。可海地黑人最终赢得了独立，并建立起自己的共和国。顺便说一下，当第一位伟大的南美爱国者试图将自己的国家从西班牙的枷锁中解放出来，海地黑人曾作出了极大的贡献。

1783 年，西蒙·玻利瓦尔生于委内瑞拉的加拉加斯城，他曾在西班牙求学。在大革命时代，他访问过巴黎，对法国当局的统治政策有一定的了解。在美国居住一段时间后，玻利瓦尔就回国了。当时，委内瑞拉人民对母国西班牙的不满情绪四处蔓延，要求民族解放的呼声一浪高过一浪。1811 年，委内瑞拉正式宣布脱离西班牙独立，玻利瓦尔是革命领袖之一。遗憾的是，不到两个月，起义失败了，玻利瓦尔被迫开始了他的逃亡生涯。

在此后的 5 年里，玻利瓦尔为这项前途并不光明的伟大事业付出了一切。他将自己的全部财产捐献给革命。不过，若非得到海地总统的援助，他的最后一次远征是不可能获得胜利的。于是，争取独立的起义烈火迅速蔓延到整个南美大陆，很快西班牙发现如果没有援助，它不可能镇压这场叛乱。于是，它急忙向神圣同盟求助。

这一形势使英国深感忧虑。如今，英国的船主已经取代了荷兰，成为全世界最主要的海上承运商。他们正急切期盼着从南美人的独立浪潮中狠赚一把。因此，英国人希望美国能够从中干预。可是美国参议院并没有制订这样的计划，就是在众议院里，也有很多人反对干涉西班牙的事务。

恰逢此时，英国内阁更迭。辉格党下台，托利党人上台组阁。精明干练、善用外交手腕的乔治·坎宁当选国务大臣。他发出暗示，只要美国政府愿意出面反对"神圣同盟"镇压南美殖民地起义的计划，那么英国很乐意用自己的全部海上力量来支持美国政府。这样，在 1823 年 12 月 2 日，门罗总统对议会发表了著名的宣言："任何同盟国想要在西半球的任何部分扩张势力的行为，将被美国视为对自身和平与安全的威胁。"他还进一步警告说，"美国政府将把神圣同盟的企图当作是对美国不怀好意的具体表现"。四个星期以后，"门罗主义"的全文在英国报纸上刊登了，这就迫使神圣同盟的成员们在帮助西班牙与得罪美国之间作出选择。

梅特涅犹豫了。从个人来说，他愿意去冒险得罪美国人（自 1812 年失败的美英战争后，美国的陆海军一直军备懈怠），不过坎宁满含威胁的态度以及欧洲大陆自身存在的麻烦使他不得不小心谨慎。于是，远征被迫搁浅，南美及墨西哥最终获得了独立。

至于在欧洲大陆，动乱则来得更加猛烈。1820年，神圣同盟派遣法国军队进入西班牙，充当和平卫士。不久之后，当意大利的"烧炭党"（烧炭工人的秘密会社）为建立统一的意大利大造声势，并最终发动了一场反抗那不勒斯的统治者斐迪南的起义时，奥地利军队开进了意大利，执行同样的"和平卫士"的命令。

此时，俄罗斯也传出了坏消息。亚历山大沙皇的去世引发了圣彼得堡革命的爆发。因为起义发生在十二月，所以也被称为"十二月革命"。这场短暂的流血斗争最后导致许多优秀的爱国者被绞死或流放西伯利亚。他们是亚历山大晚年的反动分子的眼中钉，因为他们竟想在俄罗斯建立一个立宪政府。

更糟糕的情况接踵而至。在艾克斯·拉·夏佩依、在特波洛、在莱巴赫，最后在维罗纳，梅特涅召开了一连串的会议，试探是否能够确保欧洲各君主国继续对他支持。各国的代表们一如既往地准时到达这些风景宜人的海滨胜地（这里是奥地利首相经常度夏的地方），共商"稳定"欧洲的大计。他们异口同声地承诺全力镇压起义，可每个人都显得有些底气不足。人民的情绪开始变得越来越躁动不安，尤其以法国为最，国王的宝座已经摇摇欲坠。

可是，真正的麻烦是从巴尔干半岛开始的，这里自古以来就是大陆的入侵者进入西欧的门户。骚乱首先爆发在摩尔达维亚。该地原为古罗马的达西亚行省，于3世纪脱离了罗马帝国。从那以后，摩尔达维亚就是一块迷失的土地，就像是亚特兰帝斯洲（传说中沉没于大西洋中的岛屿）。当地人民仍旧讲古罗马语言，称自己为罗马人，称他们的国家为罗马尼亚。1821年，一位年轻的希腊人亚历山大·易普息兰梯王子发动了一场反抗土耳其人的起义。他告诉自己的追随者，他们能够得到俄国的支持。梅特涅获悉后，立刻派特使风尘仆仆地赶往圣彼得堡，用"和平与稳定"的理论说服了沙皇，最终拒绝对罗马尼亚人施以援手。易普息兰梯被迫逃亡奥地利，并在那里度过了7年的监狱生活。

在1821年这个多事之秋，同年，希腊也发生了暴动。从1815年开始，一个秘密的希腊爱国者组织就一直为暴动作准备。他们出其不意地在摩里亚（古伯罗奔尼撒）先发制人，赶走了当地的土耳其驻军。接着，土耳其人以惯常的方式进行反击。他们逮捕了君士坦丁堡的希腊大主教，他是许多希腊和俄罗斯人心目中的教皇。1821 年的复活节，土耳其人把希腊大主教处以绞刑，同时被处死的还有多位东正教主教。希腊人则返回了摩里亚半岛首府特里波利，屠杀了那里所有的伊斯兰教徒。土耳其人也不甘示弱地袭击了希俄斯岛，屠杀了那里 2.5 万名基督徒，并将 4.5 万人卖到亚洲与埃及去做奴隶。

希腊人向欧洲各国宫廷发出了求援的呼声，但是梅特涅却说希腊人的坏话，称他们是"自作自受"（在此我并非使用双关语，而是直接引用那位殿下的原话，他对沙皇说："暴乱的烈火应该任其在文明的范围外自行熄灭"）。于是，欧洲通往希腊的边界被关闭，阻止各国的志愿者去援救为自由而战的希腊人民。在土耳其人的要求下，一支埃及部队登陆摩里亚。不久之后，土耳其的国旗又飘扬在雅典的古老堡垒——雅典卫城的上空。随即，埃及军队以"土耳其方式"平定了这个国家。梅特涅密切注视着事态的发展，以为这"破坏欧洲和平的企图"很快就会成为陈芝麻烂谷子的事。

梅特涅的计划再一次因英国人从中作梗而流产。英格兰最伟大之处并不在于它庞大的殖民地、令人羡慕的财富或者它天下无敌的强大海军，而是它数之不尽的独立市民以及他们心中根深蒂固的英雄主义情结。英国人向来遵纪守法，因为他们明白尊重他人的权利是文明社会与野蛮社会的根本区别。因此，他们从不违法乱纪，不过，他们也拒绝他人干涉自己的思想自由。如果他们认为政府在某件事情上做错了，他们就会挺身而出，大声说出自己的观点。而他们所指责的政府也懂得尊重他们，并会全力保护他们免遭暴徒的迫害。自苏格拉底时代开始，大众便热衷于迫害那些在思想、智慧及勇气上超群的人。只要世界上存在着某项正义的事业，无论距离多么遥远，无论多么不受人欢迎，总会有一群英国人成为这项事业的热切支持者。总的来说，英国民众与生活在其他国家的民众并没有什么区别。他们是现实主义者，为日常生计忙碌奔波，很少将时间和精力花在"不切实际的冒险活动"上。不过对那些敢于抛下一切去为亚洲或非洲的穷苦百姓而不惜牺牲一切的"古怪"邻居，虽然他们不能理解，但会抱以相当的敬慕。若这个邻居不幸战死异乡，他们会为他举行庄严盛大的公共葬礼，并以他英勇的骑士精神作为榜样来教育孩子们。

即使是神圣同盟无所不在的密探对这种根深蒂固的民族特性也无计可施。1824 年，伟大的拜伦勋爵扬起帆船的风帆，驶往南方去增援希腊人民。这位年轻的英国富家子弟曾以自己澎湃的诗歌让全欧洲人为之热泪盈眶。3 个月后，消息传遍了整个欧洲：他们的英雄死了，死在了迈索隆吉这最后一块希腊营地。英雄拜伦的壮烈牺牲，唤醒了欧洲人的激情与想象力。在整个欧洲，各个国家都自发成立了援助希腊人的团体。美国革命的老英雄拉斐特在法国为希腊人的自由事业大声疾呼。巴伐利亚国王派遣了数百

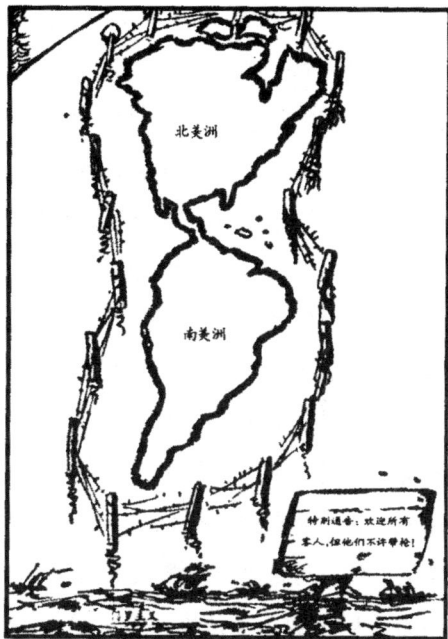

门罗主义

名官兵前往希腊。救济金和补给源源不断地运到迈索隆吉，支援那里正在忍饥受饿的起义英雄们。

在英国，乔治·坎宁挫败神圣同盟干涉南美革命的企图后，当上了英国首相。现在，他发现第二次挫败梅特涅的时机已经到了。此时，英国与俄罗斯的舰队早在地中海蓄势待发。他们的政府不敢继续压制人民支援希腊起义者的热情，因此他们派出了军舰。作为基督教的忠诚捍卫者（法国一厢情愿的想法），不甘落后的法国舰队也出现在希腊海面。1827 年 10 月 20 日，英、俄、法三国的军舰袭击了纳瓦里诺湾的土耳其舰队，将之一举摧毁。胜利的消息传来，引起了欧洲历史上空前热烈的欢呼。那些在本国享受不到自由的西欧人和俄国人，通过在想象中参与希腊人民的起义事业，心灵上得到极大的慰藉。1829 年，希腊和欧洲人民的努力得到了回报，希腊获得了独立，而梅特涅反动的"稳定"政策又一次以惨败而告终。

如果我在这么短的篇幅里向你们详述发生在各国的民族独立战争，那将是荒谬可笑的。关于这一主题，已经出版过大量优秀的著作。我之所以用一定篇

幅来描述希腊人民的起义，因为这是对维也纳会议构建的"维持欧洲稳定"的坚强堡垒的第一次成功的突破。虽然反动的堡垒依然存在，梅特涅等人还在继续发号施令，但他们的末日即将到来。

在法国，波旁王朝完全无视文明战争理应遵循的规则和法律，大力推行着几乎让人无法忍受的警察制度，想以此来消除法国大革命的影响。当路易十八于1824年去世时，可怜的法国人民已经饱受了9年所谓的"和平生活"。事实证明，屈辱的"和平生活"比帝国时代的10年战争更加悲惨。路易十八终于走了，他的王位由他的弟弟查理十世继承。

路易是著名的波旁家族的成员，这个家族尽管不学无术，可记仇心却大得出奇。路易永远记得那天早晨，他和兄弟被送上断头台，他既恐惧又悲愤。这一幕一直萦绕在他的记忆里，时时提醒他：一个不能认清形势的国王会有什么样的下场。与路易十八截然不同的是，查理十世是一个在未满20岁时就已欠下5000万巨债的花花公子，不仅记不住任何教训，而且对建功立业也没有什么期待。他刚即位，就迅速建立起一个"为教士所治、为教士所有、为教士所享有"的新政府。我们不能把说这话的惠灵顿公爵称为一个激进的自由派，然而，查理如此统治，甚至让这位最敬重既成法律和秩序的友人也深感厌恶。当他试图压制敢于批评政府的报纸，并解散支持言论自由的议会时，他的日子也快到头了。

1830年7月27日晚上，巴黎革命爆发了。同月30日，查理十世被迫逃往英国避难。这样，"十五年的著名闹剧"就以如此狼狈的方式草草收场了。波旁家族从此彻底退出历史舞台。他们的愚蠢实在无可救药。在当时，法国完全可以重新建立一个共和政府，但这是梅特涅不能容忍的。

欧洲的形势十分严峻。一簇叛乱的火焰越过法国边境，点燃了另一个充满民族矛盾的火药库。新的荷兰王国没有成功。比利时人与荷兰人少有共同之处，他们的国王奥兰治的威廉（"沉默者威廉"叔叔的后代）虽然也算个工作刻苦、为政勤奋的统治者，可他缺乏行之有效的统治政策，不能使两个水火不容的民族和平相处。法国爆发革命后，大批的天主教士逃难到比利时，信奉新教的威廉无论想做点儿什么来缓解局势，都会有一大群激动的市民大叫这是对"天主教会自由"的新一次挑衅。8月25日，布鲁塞尔发生了反对荷兰统治的暴动。

两个月以后，比利时正式宣布独立，维多利亚女王的舅舅——科堡的利奥波德当选为新国王。就这样，两个本就不该合二为一的国家就此分道扬镳。不过自此之后，它们倒能像体面的邻居一样，一直相安无事。

在那个年代，欧洲只有几条短短的铁路，所以消息的传播并不快。不过当法国和比利时革命者取得成功的消息传入波兰，立刻引发了波兰人民和他们的俄国统治者之间的冲突，并最终导致了一场持续1年的可怕战争，战争以俄国人的彻底胜利而结束。俄国人以他们众所周知的俄国方式，"重建了维斯图拉河沿岸地区的秩序"。1825年，尼古拉一世继任他的哥哥亚历山大的王位，成为俄国沙皇，他坚信自己的家族的"王权神授"。于是，成千上万逃到西欧的波兰难民目睹了这样一个事实，神圣同盟的原则在神圣沙皇那里并不是一纸空文。

在意大利，同样也有一段时期的动荡。帕尔玛女公爵玛丽·路易丝曾经是拿破仑的妻子，但她在拿破仑兵败滑铁卢战役后就毅然弃他而去。在一阵突发的革命浪潮中，她被自己的国家驱逐出境。而在这片教皇国，情绪激昂的人民尝试建立一个独立的共和国。可当奥地利军队开进了罗马城后，不久，一切就照旧了。梅特涅继续端坐在哈布斯堡王朝的外交大臣官郡——普拉茨宫，秘密警察重新回到他们的工作岗位，维护他们苦心经营的"和平"秩序。直到18年后，才出现第二次更为成功的尝试，彻底将欧洲从维也纳会议的阴影中解放出来。

法国当仁不让，再一次成为欧洲的革命风向标，率先发出起义的信号。著名的奥尔良公爵的儿子，路易·菲利普继任查理十世成了法国国王。奥尔良公爵曾经参加过雅各宾党，曾对其表兄国王的死刑判决，投了决定性的一票。在早期的法国大革命中，他起到非常重要的作用，享有"平等的菲利普"的美誉。后来，罗伯斯庇尔打算纯洁革命阵营，肃清所有"叛国分子"（这是他对所有异己的称呼）时，奥尔良公爵被处死，他的儿子也被迫逃亡异国他乡。从那以后，年轻的路易·菲利普四处流浪，曾在瑞士当过中学教师，也曾到辽阔的美国西部进行探险。拿破仑垮台后，菲利普返回巴黎。比起那些波旁表兄，他聪明多了。他生活简朴，腋下常常夹着一把红雨伞，到巴黎的公园散步。像天底下所有慈爱的父亲一样，身后总是跟着一群孩子。可惜他生不逢时，法国已经不再需要国王了，但路易·菲利普并不知道这一点。直到1848年2月24日清晨，人们涌进杜伊勒里宫，粗鲁地把菲利普陛下赶了出去，宣布法兰西为共和国。这时，他才明白了这一点。

当这一消息传到维也纳，梅特涅并不在意，他漫不经心地评论说，这只不过是"1793年闹剧"的重演。神圣同盟于是再次派联军前往巴黎，终止这场不体面的民主闹剧。可是，两个星期之后，他自己的奥地利首都也爆发了起义。梅特涅躲开愤怒的民众，穿过普拉茨宫的后门偷偷溜走了。奥皇斐迪南被迫向臣民们公布了一部宪法。梅特涅在过去33年里尽心竭力加以压制的革命思想终于重见天日。

这一次，整个欧洲都感觉到了革命的震动。匈牙利毅然宣布独立，并在路易斯·科苏特的领导下对哈布斯堡王朝宣战。这场力量悬殊的战争持续了1年多。最后，沙皇尼古拉一世的军队越过喀尔巴阡山，扑灭了革命的火焰，匈牙利的君主统治得以保全。随后，哈布斯堡王室成立了一个特别军事法庭，绞死了那些他们在公开战场上无法战胜的匈牙利爱国者。

至于意大利，西西里岛宣布脱离那不勒斯独立，并赶走了波旁国王。在教皇国，首相罗西被谋杀，教皇被迫逃亡。第二年，他在一支法国军队的保护下，才重返自己的国土。从此，法军不得不驻守罗马，以保护教皇的周全。直到1870年普法战争爆发以后，这支军队才撤出罗马，去对付普鲁士人，而罗马最终成为了意大利的首都。在北方，米兰和威尼斯在撒丁国王阿尔伯特的大力支持下，起而反抗奥地利统治者。老拉德茨基率领着一支强大的奥地利军队来到波罗流域，在库拉多扎和诺瓦拉附近打败了撒丁军队。阿尔伯特被迫传位给儿子维克多·伊曼纽尔，也就是后来统一意大利的第一个国王。

在德国，1848年发生了一场声势浩大的全国示威游行。人们呼吁政治统一，建立一个议会制政府。在巴伐利亚，国王由于将大量的时间与金钱浪费在一位自称是西班牙舞蹈家的爱尔兰女人身上（她叫洛拉·蒙特茨，死后葬在纽约的波特公墓），情绪激怒的大学生将国王赶下了台。在普鲁士，尊贵的国王被迫向巷战中的死难者脱帽致哀，并承诺组建一个立宪制政府。1849年3月，来自全国各地的550名代表聚集在法兰克福，召开德国座谈会，德高望重的普鲁士国王弗雷德里希·威廉被推举为统一的德意志德国的皇帝。

没过多久，情况就发生了逆转。昏庸无能的奥地利皇帝斐迪南让位给他的侄子弗朗西斯·约瑟夫。训练有素的奥地利军队依然效忠于他们的战争头子。刽子手们又忙个不停，素以偷偷摸摸的古怪天性闻名的哈布斯堡家族再度站稳脚跟，并迅速加强了东西欧的霸主地位。他们凭借灵活多变的外交手腕大玩国家间的政治游戏，利用其他日耳曼国家的嫉妒心，成功地阻止了普鲁士国王登上帝国皇帝的宝座。他们在长期失败的磨难中，不仅学会了忍耐，还学会了等待时机，他们变得成熟稳重了。与此相反，政治上极不成熟的自由主义者们正在夸夸其谈，四处演说。此时奥地利军队却在悄悄集结力量，准备着致命的一击。最终，他们突然解散了法兰克福议会，重新建立了无用的旧德国联盟，因为它正是处心积虑的维也纳会议试图强加给整个德意志世界的。

参加法兰克福议会的大多数人是充满幻想的爱国者，但是在这些人中，有一位心机深沉的普鲁士乡绅显得与众不同。他不动声色地观察着整个吵吵嚷嚷的会议，自己少有说话，但把一切熟记在心，此人名为俾斯麦。他是一位现实主义者，崇尚行动，反对空谈。他深知（其实每一个热爱行动的人都知道），空洞的演说没有任何意义。他以自己独特的方式报效祖国。俾斯麦曾经在那种老式外交学校接受过训练，为人精明，处世圆滑。他不仅能在外交上轻易蒙骗对手，就是在散步、喝酒、骑马等方面也高人一筹。

俾斯麦坚信，德意志成为欧洲强国的唯一之路，就是必须把目前许多小国组成的松散联盟变成统一而强大的日耳曼国家。出于根深蒂固的封建忠君思想，他认为应由忠心耿耿的霍亨索伦家族取代昏聩平庸的哈布斯堡家族来统治新德国。为达到这一目的，他必须首先清除奥地利对德意志世界的强大影响力。于是，他开始为施行这一痛苦的外科手术精心筹备。

与此同时，意大利已经成功地解决了自己的问题，摆脱其深受憎恨的奥地利人的统治。意大利的统一事业主要归功于3位杰出人士——加福尔、马志尼和加里波第。三人之中，这位佩戴钢丝边近视眼镜的建筑工程师加福尔是一位小心谨慎的政治导师。马志尼凭借出色的演讲才能，在奥地利警察无所不在的追捕中，圆满地完成了首席煽动家的历史使命；加里波第带着他的红衫骑士们，唤起民众的觉醒。

马志尼与加里波第都是共和制政府的忠实信徒，可加福尔主张君主立宪。

当时，由于两个同伴都对加福尔过人的政治才能深信不疑，于是接受了他的决定，宁愿放弃自己的雄心壮志。

就像俾斯麦寄希望于他所效忠的霍亨索伦家族一样，加福尔倾向于意大利的撒丁王室。他以极大的耐心和无比的精明，一步步引诱撒丁国王，直至把撒丁国王推上统治的宝座，担当起领导整个意大利民族的重任。欧洲其他地区的动荡局势为加福尔的胜利提供了很大的帮助。其中，为意大利统一贡献最多的，就是意大利值得信任的（通常也是最不值得信任的）老邻居法国。

1852年11月，在这个骚动不安的国家，执政的共和政府在人们的意料中突然垮台了。取而代之的前荷兰国王路易斯·波拿巴之子，伟大的拿破仑的小侄子拿破仑三世重建法兰西帝国，并自封为"得到上帝恩准和人民拥戴的"皇帝。

这位年轻人曾在德国受过教育，因此他的法语中带着一股刺耳的日耳曼喉音（就像拿破仑说法语时总是带着浓重的意大利口音一样），他竭力运用着拿破仑的声望和传统，来稳固自己的地位。由于树敌太多，对能否顺利戴上已经准备就绪的王冠，心中没底。他赢得了英国维多利亚女王的好感，想讨她的欢心并不是什么难事，因为这位女王毕竟是一位不够出色且极易被奉承话打动的人。至于欧洲其他君主，他们不仅以一种令人屈辱的高傲姿态来对待满脸谀笑的法国皇帝，还千方百计地鄙视这个一夜暴发的"好兄弟"。

为了消除邻居们的敌意，拿破仑三世不得不积极寻找出路，要么通过巴结，要么通过恐吓。他知道，"荣誉"一词对他的臣民仍具有吸引力。既然他无论如何都得为自己的王位赌上一把，他决定下个大赌注，将整个帝国的命运押上去。于是，俄国对土耳其发动的攻击为他找到了借口，挑起了克里米亚战争。法国与英国站在土耳其苏丹一边，共同对抗俄国的沙皇。这是一场代价沉重、得不偿失的战争。无论对俄国、英国、法国，都没有赢得多少荣耀或尊严。

不过克里米亚战争并非一无是处，它还是做了一件好事。它使得撒丁国王有机会自愿站在了胜利者一边。当战争结束后，加福尔就抓住时机向英国和法国索取回报。

加福尔充分利用国际局势，使撒丁王国成为公认的欧洲重要列强之一。1859年6月，这位聪明的意大利人又挑起了一场与奥地利的战争。他以有争议的萨伏伊地区和确实属于意大利的尼斯城作为交换条件，换取了拿破仑三世的支持。法意联军在马戈塔和索尔费里诺击败了奥地利人，原奥地利的几个省份及公国被纳入了统一的意大利版图。佛罗伦萨成为了这个新意大利的首都。到1870年，法国人才从罗马召回自己的军队来对付普鲁士人。驻守罗马的法国军队一离开，意大利人后脚就踏进了古老的罗马城。撒丁王室住进了古老的奎里纳宫——一位古代教皇在君士坦丁大帝浴室的废墟上修建而成的。

乔赛普·马志尼

　　此时，教皇只好渡过台伯河，在梵蒂冈的高墙大院内躲风避雨。自1377年那位古代教皇从阿维尼翁返回之后，这里就是历任教皇的居所。教皇陛下大声抗议意大利人公开抢夺其领地的专横行为，并向那些同情他的忠诚天主教徒们发出求助，他们对他的损失表示同情，附和者寥寥无几。因为人们普遍意识到：一旦教皇从世俗的国家事务中解脱出来，他就能将更多的时间与精力去关注精神问题。对教皇而言，摆脱欧洲政客们琐碎的纷争，教皇反而更有威信，这对教会的事业显然会大有帮助。从此，罗马天主教会成为了一股推进社会与宗教进步的国际力量，并且能够比大多数新教教派更为明智地认识现代经济问题。

　　维也纳会议将整个意大利半岛变为一个奥地利省份的企图最终没有得逞。

　　不过德国问题依然没有得到解决，而且看来问题十分棘手。1848年革命的失败导致了大规模的人口流动，大批精力充沛、思维活跃的德国人流亡国外。这些年轻人移居美国、巴西及亚非的新殖民地重新开始生活。他们未竟的事业由另一些不同类型的人去完成。

　　德国议会垮台，自由主义者建立一个统一国家的梦想破灭了。后来在法兰克福，又召开了一个新议会。其中代表普鲁士利益的是我们在前几页里讲到过的冯·奥托·俾斯麦。现在，他已经是普鲁士国王的心腹，这也是他正想要的，至于普鲁士议会或人民的意见，他丝毫没有兴趣。他曾目睹过自由主义者的失败。他深知，若想摆脱奥地利的控制，就必须发动一场战争。于是，他悄悄着手加强普鲁士军事力量。他的独断专行激怒了州议会，他们拒绝向他提供必要的资金。这根本难不倒俾斯麦。他继续自己的理想，用普鲁士皮尔斯家族及国王提供的资金来扩充军队。一切准备就绪后，他伺机挑起民族争端，以此达到在德国人民中间点燃巨大的爱国主义热情。终于，他找到了机会。

在德国北部，有两个公国，石勒苏益格与荷尔斯泰因。它们自中世纪起就一直是个多事之地。两个国家都住着一定数量的丹麦人和一定数量的德国人，两国虽然不在丹麦的版图内，但一直由丹麦国王统治，民族矛盾非常激烈，因此争端永不休止。我不是故意重提这个早被遗忘的问题，最近签署的《凡尔赛和约》似乎通过协议把它解决了。不过在当时，荷尔斯泰因的德国人对丹麦人的残酷统治愤愤不平，与此同时，石勒苏益格的丹麦人则拼命维护他们的丹麦传统。整个欧洲都在谈论这个话题。当德国男声合唱团和体育协会还在倾听"被遗弃的兄弟"的动人演讲，当许多内阁大臣还在试图调查事情的真相时，普鲁士已经先发制人，派军队去"收复国土"。作为日耳曼联盟的传统领袖，奥地利是坚决不允许普鲁士在这样重大的问题上单独行动的。哈布斯堡也把军队调动起来，和普鲁士军队一道杀入了丹麦的国土。丹麦人虽然进行了异常顽强的抵抗，但是奥德联军最终占领了石勒苏益格与荷尔斯泰因这两个公国。

随后，俾斯麦开始着手他的帝国计划的第二个步骤。他以分赃战利品不均为借口，挑起与奥地利的激烈争端。哈布斯堡家族中了俾斯麦的阴谋。俾斯麦及其将军们缔造的新型普鲁士军队成功挺进波西米亚，在不到6个星期的时间里，就在柯尼格拉茨和萨多瓦将奥地利军队全部歼灭，通向维也纳的大道就这样打开了。不过俾斯麦不想把事情做得太过分，因为他想在欧洲政治舞台上寻找一位新伙伴。他向战败的哈布斯堡家族提出了非常体面的议和条件，只要他们放弃日耳曼联盟的领导地位。不过对那些站在奥地利一边的德意志小国，俾斯麦一点儿也没有心慈手软。他毫不客气地将它们全部并入了普鲁士版图。这样，德意志北方的大部分国家组成了一个新的组织，即所谓的北日耳曼联盟。获胜的普鲁士自然成为了德意志民族的非正式领袖。

面对俾斯麦迅雷不及掩耳的扩张与吞并，欧洲人吃惊得喘不过气来。英国人并没有放在心上，但法国人则愤愤不平。拿破仑三世对人民的控制正在逐渐地放松。克里米亚战争耗资巨大，且毫无收获。

1863 年，拿破仑三世再度冒险。他派出军队，强迫墨西哥人民接受一位名叫马克西米安的奥地利大公做他们的皇帝。可当美国内战以北方的胜利而告终，法国的这次冒险行动又以惨败而告终，华盛顿政府迫使法军撤军，这样墨西哥人有机会清除国内的敌人，并处决了那位不受欢迎的外国皇帝。

我们有必要为拿破仑三世的皇冠再涂上一层荣耀的油彩。几年之内，北日耳曼联盟蒸蒸日上，成为法兰西危险的对手。因此，拿破仑三世认为，发动一场对德战争对他的王朝是大有益处的，于是他开始寻找开战的借口，饱受战争之苦的西班牙，正好为他提供了这样一个机会。

当时，西班牙王位正好虚位以待。王位本应由一直信奉天主教的霍亨索伦家族来继承，但是由于法国的反对，霍亨索伦家族委婉地拒绝了。不过此时的拿破仑三世已显病容，并且深受他的漂亮妻子欧仁妮·德·蒙蒂约的枕边风影响。欧仁妮的父亲是一位西班牙绅士，其祖父威廉·基尔克帕特里克是驻盛产葡萄的马拉加的一位美国领事。虽然她天资聪明，但是像当时大多数西班牙妇女一样，没有受过良好的教育。她完全受到一帮精神顾问的操纵，而这些人对普鲁士的新教徒国王深为憎恶。"要勇敢"，皇后对自己的丈夫这么说，但是她省略了这句著名的普鲁士格言的后半句"但绝不要鲁莽"。对自己的军队深信不疑的拿破仑三世写信告诉普鲁士国王，要求国王向他保证，"绝不允许霍亨索伦王族登上西班牙王位"。由于霍亨索伦家族刚刚放弃了这一荣耀，拿破仑三世是多此一举。俾斯麦如此照会了法国政府，但是拿破仑三世仍然心怀不满。

1870 年，威廉国王正在埃姆斯河游泳时接见了一位法国外交官，试图旧话重提。可国王愉快地回答说，今天天气不错，西班牙问题已经解决了，对这个议题没有什么好谈的了。作为一种程序，这次会晤的成果被整理成报告，通过电报发给负责外交事务的俾斯麦。俾斯麦将电文修改以后发给了普鲁士和法国的新闻界。许多人因此对他进行指责。俾斯麦辩解道，自古以来，修改官方消息一直是文明政府应有的权利。当这则经过"加工"的电报发表之后，柏林的善良人们感到他们留着白胡须可敬的老国王受到了矮小自负的法国人的戏弄，而巴黎的善良百姓同样怒气冲天，认为他们彬彬有礼的首相竟在一名普鲁士皇家奴仆面前碰了一鼻子灰。

这样，双方不约而同地诉诸战争。在不到两个月的时间里，拿破仑三世和他的大部分士兵都成了德国的阶下囚。法兰西第二帝国结束了，随之建立的第三共和国准备奋起保卫巴黎。战争持续了 5 个月之久，最终巴黎沦陷。就在该城陷落的 10 天前，普鲁士国王在巴黎近郊的凡尔赛宫——它由德国人最危险的敌人路易十四所建，正式宣布登上德意志皇帝的宝座。一阵轰天齐鸣的枪炮声告诉饥饿难耐的巴黎市民，一个新的德意志帝国诞生了，古老、弱小的条顿国家联盟已经成为了历史。

以这种粗鲁草率的方式，德国问题最终通过战争得到了解决。1871 年末，也就是著名的维也纳会议召开 56 年之后，它所有的成果都化为乌有。梅特涅、亚历山大、塔列朗本想赐予欧洲人一个持久稳固的和平乐园，可他们所采用的方式却导致了无穷的战争和革命。紧随 18 世纪的"神圣兄弟之情"而来的，是一个激烈的民族主义时代，它一直影响至今。

第五十七章

机器的时代

当欧洲人为民族独立而浴血奋战的时候，他们所生活的世界也因一系列的科技发明而发生改变。18世纪发明的古老笨重的蒸汽机成为了人类最忠诚、最高效的奴隶

人类最伟大的恩人在50多万年以前就去世了。虽然他是一种低眉毛、凹眼睛，长着沉重的下颚，牙尖嘴利的丑陋的长毛动物，但如果它有幸出现在一个现代科学家的聚会上，绝对会成为人们关注的焦点。因为他曾用石块砸开坚果，也曾用长棍撬起巨石。他发明了人类最早的工具——锤子和杠杆。他不仅比继他之后的任何人做的工作都多，而且为人类带来的巨大贡献也远远超过与他在这个美好世界里共享生机的任何动物。

从那时开始，人类就通过使用更多的工具来改善自己的生活。当世界上第一只轮子（用一棵老树制成的圆盘）在公元前10万年发明出来的时候，它在当时引起的震撼丝毫不比几年前产生的飞行器小。

在华盛顿流传这样一个故事，讲的是一位专利局长。他建议取消专利局，因为"所有可能发明的东西都已经发明出来了"。在史前时期，当第一张风帆升起在木筏上，人们无须划桨、撑篙或拉纤便能从一个地方去到另一个地方的时候，他们也肯定会被一种同样的喜悦之情所充满。

事实上，人类历史中最有趣的篇章，就是关于人类如何想尽办法让别人或别的东西为他工作，而他自己则可以优哉游哉地享受着闲暇的乐趣，坐在草地上晒晒太阳，或在大岩石上挥笔作画，或者耐心地将小狼、小虎训练成温顺的家畜。

当然，在远古时代，奴役一个弱小的民族，强迫他们去做那些令人不快的苦活累活，是一件很容易的事情。古希腊人、古罗马人和我们一样，拥有一个聪明的头脑，可他们没有发明出更有意义的机械来，原因之一就是由于奴隶制的普遍存在。如果能够去最近便的市场，毫不费力地以最低价格购买所需的全部奴隶时，一个伟大的数学家为什么要把时间耗费在线绳、滑轮、齿轮上呢？为什么他要把自己的屋子弄得烟雾腾腾、闹闹哄哄的呢？

在中世纪，尽管废除了奴隶制，取而代之以较为温和的农奴制，但行会不赞成使用机器，因为在他们看来这样会使大批行会兄弟失业。另外，中世纪的人们对大批量生产商品并不感兴趣。他们的裁缝、屠户和木匠只为满足他们所在小社区的直接生活需要而工作。他们不想同邻居竞争，也不想生产的商品超出社区的需要。

到文艺复兴时期，教会对科学研究的偏见已经不能像以往一样严格强加在人们头上了。许多人开始投身数学、天文学、物理学及化学的研究。在30年战争开始的前2年，苏格兰人约翰·内皮尔出版了一本小册子，论述了他对对数的新发现。在战争期间，莱比锡的戈特弗雷德·莱布尼茨完善了微积分体系。在结束30年战争的《威斯特伐利亚和约》签订的前8年，伟大的英国自然科学家牛顿诞生了，同年意大利天文学家伽利略去世了。30年战争几乎将中欧的繁荣彻底摧毁，当地突然兴起一股"炼金术"热潮，贪婪的人们希望通过它将普通金属变成黄金。炼金术是一门源于中世纪的伪科学，事实证明这也是不可能的，但是炼金术士们躲在自己诡秘阴暗的实验室里孜孜操劳时，他们碰巧也进

现代城市

发出一些新的思想。这对继他们之后的化学家们的研究工作，提供了极大的帮助。

　　所有这些人的工作为世界打下了一个坚实的科学基础，使复杂机器的发明成为可能。许多富有实际经验的人们充分利用这一机会。在中世纪，人们已经开始用木头制作为数不多的几种必要的机器，但是木头很不耐磨。铁是一种更好的材料，但是在整个欧洲，除了英格兰，铁非常稀少。于是，英格兰兴起了冶炼工业。冶铁需要高温猛火。一开始，人们用木材作燃料，所以英格兰的森林逐渐被砍个精光。后来，人们开始使用煤炭。你们知道，煤必须从很深的地下开采，运送到冶炼炉。并且，煤矿必须保持干燥，防止渗水。

　　这是当时亟待解决的两大难题。当时，人们可以用马拉煤，但是抽水问题必须要有一个特殊的机器才能完成。好几个发明家为这个难题而绞尽脑汁。他们都知道可以借助蒸汽作新机器的动力。"蒸汽机"的构想已经很古老了。早在公元前 1 世纪，亚历山大港的一位英雄，他曾向我们描述过几种蒸汽推动的机器。文艺复兴时期的人们设想过"蒸汽战车"。与牛顿同时代的渥斯特侯爵，在他有关发明的手册中，也曾经为人们详细讲述过一种蒸汽机。不久之后的 1698 年，英国人托马斯·萨弗里为自己发明的一种抽水机申请了专利。同时，荷兰人克里斯琴·海更斯正在为完善一种发动机而忙得不可开交。这种机器的内部用火药，引发之后可以连续不断地爆炸，类似我们今天用汽油内燃机来驱动汽车发动机。

　　整个欧洲的人们都为这个想法忙碌起来。法国人丹尼斯·帕平曾是海更斯的朋友和助手，他先后在几个国家进行过蒸汽机实验。他发明了用蒸汽驱动的小货车和小蹼轮。可正当他雄心勃勃，准备驾着自己的小蒸汽船试航时，船员工会却担心这种新机器的出现会抢走他们的饭碗，于是在帕平试航前向政府提出了控告。帕平的小船被没收了。他为了这项发明而倾尽全部家产，最后穷困潦倒地死于伦敦。不过，在他去世的时候，另一位名为托马斯·纽科曼的机械迷正在全力研究一种蒸汽泵。50 年后，一位格拉斯哥机器制造者詹姆斯·瓦特对他的机器进行了改进，1777 年，世界上第一台真正具有实用价值的蒸汽机在瓦特手里诞生了。

　　就在人们争相研制"热力机"的这几百年时间里，世界政治局势发生了翻天覆地的变化。继荷兰人之后，英国人成为海上贸易的新霸主和主要的运营商。

他们开辟了许多新的殖民地，并把殖民地的原料运往英国，在那里制成成品，然后将制成品出口到全世界的各个角落。在 17 世纪，北美佐治亚州和卡罗莱纳州的人们开始种植一种出产奇特毛状物质的新灌木，能长出白色的绒毛，当时人们称之为"棉毛"。这种棉毛采摘下来以后，便被运往英国，由兰开郡的人们织成布匹。起初，这种织布工作是由家庭作坊手工制作的。不久，有人对纺织工序作了一些改进。1730 年，约翰·凯发明了"飞梭"。1770 年，詹姆斯·哈格里夫斯为他发明的"珍妮纺纱机"申请了专利。一位名为伊莱·惠特尼的美国人发明了轧棉机，它能够自动将棉花和棉籽分开，在这之前，这项工作一直是手工完成，每天只能做约 453.6 克。最后，理查德·阿克赖特和埃德蒙·卡特赖特发明了水力推动的大型纺织机。到 18 世纪 80 年代，法国召开了著名的三级会议，提出彻底变革欧洲政体，此时瓦特发动机被用在阿克赖特的纺织机上，用蒸汽机的动力来带动纺织机工作。一场经济与社会的大变革由此展开，世界各地的人际关系也随之发生了重大变化。

固定式发动机发明成功之后，发明家们马上将注意力转向利用机械装置推动车、船的问题上。瓦特曾制定了研制"蒸汽机车"的计划，不过没等他来得及完善这一设想，1804 年，理查德·特里维西克制造的火车便载着 20 吨货物在威尔士矿区的佩尼达兰奔驰起来。

约翰·菲奇的这条汽船，在 1788 年首次进行了 32.2 千米的试航。1790 年，它在德拉华尔河上从事运输业务。（见 1790 年的费城档案）

第一艘汽船

　　同时，一位名为罗伯特·福尔顿的美国珠宝商兼肖像画家正在巴黎劝说拿破仑，他说如果采用他的"鹦鹉螺号"潜水艇以及他发明的汽船，法国就能摧毁英格兰的海上霸权。

　　福尔顿的"汽船"设想以前就有了，他显然抄袭了康涅狄格州机械天才约翰·菲奇的创意。早在1787年，菲奇建造的小巧汽船便在德拉维尔河上进行了处女航。然而，拿破仑和他的科学顾问们却用怀疑的眼光看待这种自动力汽船。虽然装配着苏格兰发动机的小船正喷着烟雾在塞纳河上欢畅来去，但是这位伟大的皇帝陛下还是错过了这种对他十分有利的强大武器。要知道，也许它能为他报特拉法尔海战的一箭之仇呢！

　　失望之余，福尔顿回到美国。他是一位实际的生意人，很快便和罗伯特·利文斯顿合伙组织起一家颇为成功的汽船公司。利文斯顿是《独立宣言》的签字人之一，当福尔顿在巴黎兜售自己的发明时，他是美国驻法国大使。这个新公司的第一艘汽船"克勒蒙特"号装备了英国的博尔顿与瓦特制造的发动机，于1807年开通了纽约与奥尔巴尼的定期航班业务。这条船在一段时间里垄断了纽约州所有水域的航运。

　　可怜的约翰·菲奇，他曾经是最早将"蒸汽船"用于商业运营的，现在却悲惨地死去。当他建造的第五条螺旋桨汽船不幸被毁时，菲奇已经落到倾家荡产、一贫如洗的地步。他疾病缠身，遭到邻居们无情的嘲笑，就像100年后人们嘲笑兰利教授发明奇怪的飞行器一样。可怜的菲奇一直希望为自己的国家开辟一条通往中西部大河的便捷途径，可他的同胞们却宁愿乘平底船或步行。1798年，菲奇在极度绝望中服毒自尽了。

　　但在20年后，载重1850吨的"萨瓦拉"号汽船以6海里/小时（即11.1千米/小时）时6海里（"毛里塔里亚"号只比它快三倍）的速度从萨瓦纳驶达利物浦，创造了25天横渡大西洋的新纪录。于是人们不再嘲笑，并热忱地把这一发明归功于不该领功的人头上。

　　6年后，为了能把煤运往炼炉和棉花加工厂，英国人乔治·斯蒂文森制造了著名的"移动式发动机"。他的发明不仅使煤价下跌70%，还使得曼彻斯特与利物浦之间第一条客运线路的开通成为可能。终于，人们能够以闻所未闻的每小时约 24 千米的高速，从一个城市飞奔向另一个城市。几十年过后，火车速度被提高到每小时约 32 千米。今天，任何一部性能良好的福特小汽车（19 世纪 80 年代的戴勒姆及内瓦莎小型车的直系后裔）都要比早期的那些"冒烟小船"棒得多。

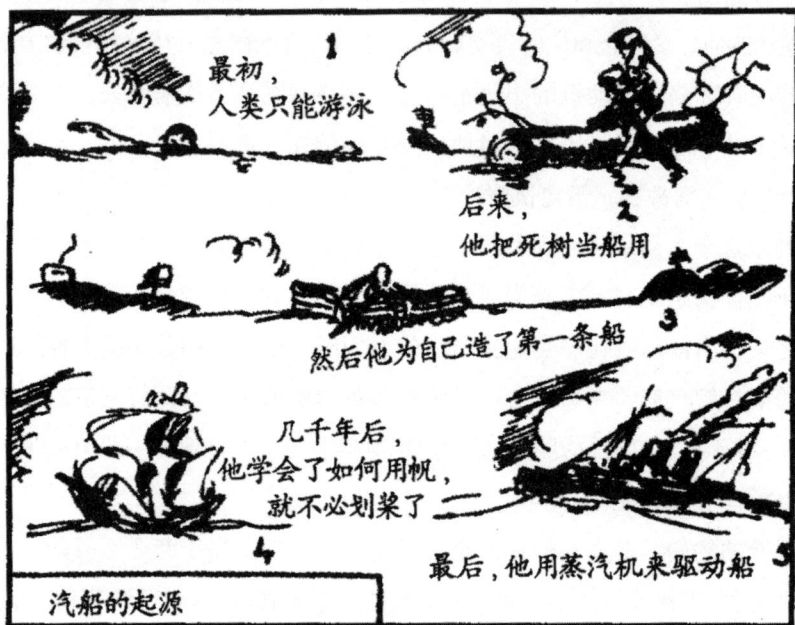

汽船的起源

当这些拥有实用思想的工程师们正专心致志地琢磨着他们的"热力机"时，另一群"纯"科学家们（就是那些每天花 14 个小时研究"理论性"科学现象的人们，没有这样的理论，任何机器的进步都没有可能）正沿着一条新的线索前进，这条线索有可能引领他们深入到大自然最神秘、最隐蔽的领域。

2000 年前，许多希腊与罗马哲学家（最著名的有梅里塔斯的泰勒斯及普林尼。公元 79 年爆发的维苏威火山淹没了罗马古城庞培和赫库兰尼姆，亲临现场观察的普林尼也不幸罹难）已经察觉到一个怪异的现象：如果用羊皮摩擦琥珀，就能在琥珀周围看到一些奇怪的稻草和羽毛。中世纪的经院学究们对这种神秘的"电"力现象并不感兴趣。在文艺复兴后不久，英国女王伊丽莎白的私人医生威廉·吉尔伯特就写了他那篇著名的论文，探讨磁的特点和习性。在30年战争期间，气泵的发明家、玛格德堡市长奥托·冯·格里克制造了世界上第一台发电机。在随后的一个世纪里，大批科学家投入对电力现象的研究。1795年，至少有3位科学家发明了著名的"莱顿瓶"。同时，世界闻名的美国天才本杰明·富兰克林，继本杰明·汤姆森（因亲英而逃离新罕布尔什，后以朗福德伯爵而闻名）之后，将注意力转向这一领域。他发现闪电与电火花同属于一种电力现象，他就为研究这个付出了毕生的精力。接下来就是伏特和他的"电堆"，还有迦瓦尼、戴伊、丹麦教授汉斯·克里斯琴·奥斯忒德、安培、阿拉果、法拉第等耳熟能详的名字。他们终其一生，勤奋不懈地探索着电力的本质。

他们把自己的发现无偿地献给了世界。塞缪尔·摩尔斯（同福尔顿一样最初是一名艺术家）认为，他能利用这种新发现的电流，把信息从一个城市传递到另一个城市。他打算采用铜线和自己发明的一个小机器来完成这项工作。人们当然给了他无情的嘲笑。摩尔斯不得不自己掏钱做实验，很快他就花光了自己所有的积蓄。人们对他的嘲笑声就更大了。摩尔斯请求国会帮助他，国会的一个特别财务委员会答应为他提供所需的资金。但是，国会议员对此毫无兴趣，他不得不苦苦等上12年，才最终拿到一小笔议会拨款。就这样，他在纽约和巴尔的摩之间建造了一条"电报"系统。1837年，在纽约大学的一个报告厅里，莫尔斯第一次成功地演示了"电报"。1844年5月24日，人类历史上第一个长途电报从华盛顿发至巴尔的摩。而今天，电报线覆盖了整个世界，我们将消息从欧洲发到亚洲只需要短短几秒钟的时间。23年后，亚历山大·格拉汉姆·贝尔利用电流原理发明了电话。又过去了半个世纪，意大利人马可尼对这种思想进行了改进，发明了一种传输信息的方法，完全不同于老式的金属线的讯息传送系统。

当新英格兰人摩尔斯为他的"电报"忙得不可开交时，约克郡人米切尔·法拉第于1831年发明了世界上第一台"发电机"。当时，欧洲因法国的七月革命而政局动荡，人们惶恐不安，根本没人留意到这项改变世界的发明。第一台发电机自诞生以来不断改进，到今天，它不仅能为我们提供热力、照明（你知道，爱迪生于1878年发明的小白炽灯泡就是在同世纪四五十年代英国及法国的实验基础上改进而来的），还为各种机器提供了强劲动力。如果我没有估计错的话，那么电动机将很快彻底取代蒸汽机，就像古代较高级的史前动物取代了他们生存效率低下的邻居们一样。

就我个人来说（在机械方面，我是一个门外汉），我将非常乐于见到这种情形的发生，因为用水力带动的发电机是人类清洁而健康的忠仆。而18世纪最大奇迹的"蒸汽机"则是一个充满噪音的肮脏玩意儿，它让我们的地球竖满无数荒谬可笑的大烟囱，没日没夜地倾吐着滚滚的灰尘与煤烟。并且，为了填满其"无底洞"的胃，数不清的人必须不惧艰险在地底深处挖煤，随时都会有生命危险。

如果我是一位可以随意发挥想象力的小说家，而不是一名尊重事实的历史学家，我一定会描述一下那快乐的一天。那天，最后一部蒸汽机车被送进自然历史博物馆，置于恐龙、飞龙及其他早已绝迹的动物的尸骨旁边。

第五十八章
社会革命

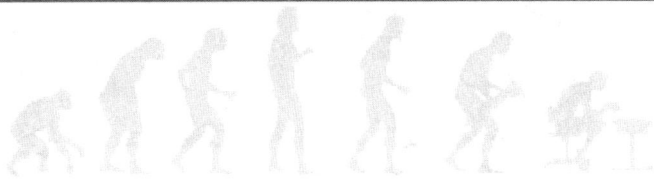

由于新的机器造价昂贵，只有富人买得起。古老行业中的木匠和鞋匠以前都是自己小作坊的主人，现在被迫出卖劳动，受雇于拥有大型机械工具的资本家。虽然他们挣的钱比过去更多，可他们同时也失去了以前的独立地位，他们并不喜欢这样。以前，世界上的工作都是由坐在自家门前的独立小作坊的工匠们完成的。他们有自己的劳动工具，可以由着性子教训自己的学徒。在行会规定的范围内，他们通常能随心所欲地经营自己的业务。他们过着简朴的生活，每天工作很长时间，但是他们是自己的主人。如果他们某天一早醒来，发现这是一个适合钓鱼的好天气，那么他们就可以外出钓鱼。没有人会对他们说"不许去"。

机器的使用改变了这一切。事实上，机器只不过是放大了的工具。一辆以每分钟约 1.7 千米的速度载着你飞驰的火车其实就是一双快速奔跑的腿，一台把沉重铁板砸平的气锤无非就是力拔山河的拳头。

可尽管我们每个人都能拥有一双好腿、一对有力的拳头，但是火车、气锤或棉花工厂都是非常昂贵的机器，它们不是个人能够拥有的，而是由一帮人共同拥有，他们都投资一定的份额，然后按投资的比例分享他们的铁路或棉纺厂赚取的利润。因此，当机器改进到十分实用并可以赢利时，这些大型工具的生产商便开始寻找能够以现金支付的买主。

在中世纪早期，土地就是财富的唯一象征，所以只有贵族才能称得上是有钱人。但我在前面章节已经告诉过你们，当时的社会流行物物交换，以奶牛交换马、以鸡蛋交换蜂蜜，所以贵族们手中的金银派不上多大的用处。到十字军东征时期，城市的小商贩从东西方之间再度复兴的贸易中聚敛了大量财富，于是他们成为贵族与骑士们的竞争对手。

汽车的起源

法国大革命彻底摧毁了贵族的财富，极大提高了中产阶级（或者说"布尔乔亚"阶级）的地位。在大革命后的动荡年代，许多中产阶级人士抓住了发财致富的好机会，使他们赚取了比他们理应得到的更多财富。教会的资产被国民公会没收并拍卖，其中贪污受贿的数额高得惊人，土地投机商窃取了近万平方千米肥沃的土地。后来在拿破仑战争期间，他们将资产投资在粮食和军火上，做起了投机买卖，牟取巨额暴利。到机器时代，他们拥有的财富已经远远超出他们日常生活所需，他们能够自己建造工厂，并雇佣男女工人来操纵机器。

这迫使成千上万人的生活发生了急剧性的变化。在短短几年内，许多城市的人口急剧增加。曾经是市民们真正"家园"的市中心，现在却充斥着各种各样廉价、肮脏的工人宿舍，这里就是那些每天在工厂工作 11 小时到 13 小时的工人们下班后的栖息地。只要一听到汽笛响起，他们又得从这里赶紧奔回工厂去工作。

修建雅典卫城时，需要一百个人才能搬动一块大石头。

现在，几小滴汽油就能做到，而且用时更短。

人的力量和机器的力量

乡村中的人们都在谈论着要到城里去赚大钱，于是他们纷纷涌进城市。这些可怜的人们早已习惯了自由自在的田园生活，在那些通风不畅、满布烟尘污垢的造汽车间里苦苦挣扎，他们很快就失去了往日的健康，最后不是在贫民窟就是在医院悲惨地死去。

当然，从农村到工厂的转变，并不是一帆风顺的。既然一台机器能抵100个人的工作，那么失业的99人肯定会心怀怨恨，因此捣毁工厂、焚烧机器的情形时有发生。然而早在17世纪，保险公司就已经出现了。根据规定，厂主们的损失通常总能得到充分的弥补。

不久之后，工厂里安装了更新更好的机器，工厂四周围上了高墙，暴乱随之停止了。在这个充满蒸汽与钢铁的新世界里，古老的行会是不可能生存的。行会慢慢就销声匿迹后，工人们试图成立规范的工会。可资本家们凭借他们的财富，能对各国的政要施加更大的影响力。他们迫使立法机关，通过了禁止组织工会的法律，借口是它干涉工人的"行动自由"。

工厂

通过"禁止工会成立"的法律的国会议员们并不是昏庸无能之辈，他们都是大革命时期真正的追随者。在大革命时期，人们张口闭口都在谈论"自由"，人们甚至常常因邻居们不够"热爱自由"而杀死他们。既然"自由"是人类的最高尚的品德，那就不应由工会来决定会员该工作多长时间、该索取多少报酬。必须保证工人们能随时"在公开市场上自由地销售自己的劳动力"，而雇主们也应该同样"自由地"经营他们的工厂。由国家控制整个社会工业生产的"重商主义"时代正走向消亡。新的"自由经济"观念认为，国家应该站在一边，应该让商业按其自身规律自由发展。

18世纪后半叶，既是一个对知识与政治的产生怀疑的时代，同时也是更加适应时代要求的新思想取代旧有的经济观念的时代。法国大革命发生的前几年，路易十六的屡遭挫折的财政大臣蒂尔戈曾宣告过"自由经济"的新理论。蒂尔戈所生活的国家，有太多的规章制度、太多的繁文缛节、太多的官员试图推行太多的法律。"取消官方的特权"，蒂尔戈写道，"让人民按自己的意愿行事，那么一切都会好起来的。"不久之后，他著名的"自由经济"理论成为团结经济学家们的著名战斗口号。

在同时期的英国，亚当·斯密正在撰写他的巨著《国富论》，再次为"自由"和"贸易的天然权利"大声疾呼。30 年后，当拿破仑政府倒台，欧洲的反动势力欣然聚首维也纳时，那个在政治上被拒绝赋予人民的"自由"，却在工业生活中强加在他们身上。

我在这一章开头就已经谈到过，事实证明，机器的普遍使用对国家大有帮助，大大增加了社会财富。机器甚至使英国凭一己之力就能承担拿破仑战争的所有费用。资本家（那些出钱购买机器的人们）赚取了巨额利润。他们的野心不断膨胀，开始想插手政治。他们试图与那些仍然控制着大多数欧洲政府的土地贵族们一决雌雄。

在英国，议会依然按照 1265 年的皇家法令选举议员，大批新兴的工业城市在议会中竟然连代表都没有。1832 年，资本家极力促成修正法案，对选举制度做了修改，使工厂主阶级获得了对立法机构的更大影响力。但是，此举也引发了成百万工人的强烈不满，因为他们在政府中没有一点点的发言权。工人们发动了争取选举权的运动。他们将自己的要求正式写在文件上，这就是后来广为人知的《人民宪章》。有关这份宪章的争论越来越激烈，一直持续到 1848 年欧洲革命的爆发。由于害怕爆发一场新的激进势力或流血革命，英国政府委任年逾八旬的惠灵顿公爵为军队指挥官，并开始征召志愿军。伦敦已经被四面包围，为镇压即将到来的革命做好了准备。

但是，宪章运动因其领导不力而自行夭折了，暴力事件并没有发生。新兴的富裕工厂主阶级（我不喜欢"资产阶级"这个词，因为它已经成为鼓吹社会新秩序的信徒们的陈词滥调）逐渐控制了政府的权力，大城市的工业生活环境继续蚕食着广大的牧场和麦地，将它们变为悲惨的贫民窟。正是这些贫民窟，在欧洲城市迈向现代化的过程中发挥了重要的作用。

第五十九章
奴隶解放

机器的普遍使用并未如亲眼见证铁路取代驿站马车的那一代人所预言的，带来一个幸福与繁荣的新世纪。人们提出了几项补救办法，可收效甚微

1831 年，就在第一个修正法案通过前夕，英国杰出的立法家，当代最务实的政治改革家杰里米·本瑟姆在给一位朋友的信中写道，"要想自己过得幸福就必须让别人过得幸福，要让别人过得幸福就必须去爱他们，爱的方式就是全心全意去做。"杰里米是一位诚实正直的人，他说的都是他认为正确的东西。他的观点得到了许多国人的赞同。他们觉得有义务使那些不幸的邻居们获得幸福，于是就尽最大能力去帮助他们。是啊，现在已经到了采取行动的时候了！

"自由经济"（蒂尔戈的"自由市场"）的理想在那个工业力量仍被中世纪的条条框框缚住手脚的时代，是一种十分必要的理想，因为那时中世纪的束缚阻碍了所有工业的发展。可将"行为自由"视为经济生活的最高准则，则导致了非常可怕的情形。工厂的工作时间延长到工人的体力极限。只要一位女工仍能坐在纺织机前，未因疲劳而晕过去，她就要不停地工作下去。五六岁的儿童被送到棉纺厂劳动，以免他们在街上发生危险或到处游荡。国家通过了一项法律，强迫穷人的孩子去工厂做工，否则就用铁链锁在机器上以示惩罚。作为对他们劳动的奖励，他们可以得到勉强维持他们生命的粗食劣菜和猪圈般的过夜之所。常常，他们因极度劳累而在工作时睡着了。为了让他们保持清醒，手拿皮鞭的监工们四处巡视，如果有必要让他们打起精神干活，这些监工们就会使劲地抽打他们的指关节。当然，在这样的恶劣环境下，成千上万儿童不断死去。这真是惨绝人寰。雇主也是人，当然也有恻隐之心，他们也真诚地希望能取消"童

工"制度，但是既然人是"自由"的，儿童们同样也可以"自由"地工作。再说，如果琼斯先生的工厂不用五六岁的童工，那么他的竞争对手斯通先生就可以雇到更多的小孩子到工厂做工，要是这样的话，琼斯先生很快就会破产。因此，在议会颁布法令禁止所有雇主使用童工之前，琼斯先生是不可能去冒这个险的。

可如今的议会已不再由原来的土地贵族（他们看不起那些揣着钱袋的暴发户，并公开对他们表示蔑视）掌握了，而转由来自工业中心的代表们把持。只要法律仍然禁止工人组织工会，事情就不会有什么进展。当然，那个时代的智者与道德家们对这种触目惊心的事情并非熟视无睹，只是他们也无计可施。机器以令人震惊的速度征服了世界，要让它真正变成人类的仆人而非人类的主人，还需要漫长的时间和许多高尚男女们的共同努力。

在当时世界上的每个地方，这种残酷的荒谬制度都是普遍存在的。很奇怪的是，对这个野蛮雇佣制度发起的第一次挑战的，竟是非洲和美洲的黑人奴隶。奴隶制最初是由西班牙人带进美洲大陆的。当时，他们曾尝试过用印第安人作农田和矿山的劳工，但是一旦脱离了野外的自由生活，印第安人便成批地死去。为使印第安人免遭灭绝的危险，一位好心的传教士建议从非洲带来黑人做工。黑人非常强健，能够适应恶劣的环境。并且，与白人的朝夕相处还可以给他们一个认识基督的机会，通过这种方式还可以拯救他们的灵魂。因此，无论从哪方面考虑，这对仁慈的白人和他们无知愚昧的黑人兄弟来说，都是项极好的安排。然而，随着机器的大规模使用，棉花的需求量日益增长，黑人的劳动比以往任何时候更加辛苦。他们也像可怜的印第安人一样，在严酷的监工虐待下陆续死去。

有关这些残暴行径的消息在欧洲各个国家不断地被传播，人们开始骚动起来，在许多国家积极开展废奴运动。在英国，威廉·维尔伯福斯和卡扎里·麦考利（他的儿子是一位伟大的历史学家，读过他的英国史，你就能体会到历史原来可以写得如此引人入胜）组织起一个废除奴隶制度的团体。首先，他们通过一项法律，规定"奴隶贸易"是非法的。1840年后，奴隶制在所有英属殖民地销声匿迹了。在法国，1848年革命结束了法国领土上的奴隶制。葡萄牙人于1858年通过了一项法律，确保20年后所有奴隶都可以获得自由。1863年，荷兰正式废除了奴隶制。同年，沙皇亚历山大二世也将200多年前被强行剥夺了的自由，重新归还了他的农奴。

在美国，事情进展得并不顺利，这一问题不仅引发严重的危机，还最终导致了一场漫长艰苦的战争。尽管《独立宣言》明确规定"人人生而平等"，可这条原则对那些长着黑色皮肤、在南部各州种植园内做牛做马的黑人奴隶并不适用。随着时间的推移，北方人对奴隶制的不满不断增加，而南方人则声称，如果没有奴隶劳动，他们便难以继续维持棉花种植业。就为这个问题，众议院和参议院的辩论一直持续了将近半个世纪。

北方人十分顽固，南方人也丝毫没有做出让步。当情况发展到无法妥协时，南方各州威胁说要脱离联邦。这是联邦历史上一个异常危险的时刻，许多事情都有可能发生，而它们之所以没有发生，主要归功于一个非常伟大、非常优秀的人物。

1860 年 11 月 6 日，自学成才的伊利诺伊州律师亚伯拉罕·林肯，被共和党人推上总统宝座。在反对奴隶制的各州中，共和党的势力十分强大。他深明人类奴役的罪恶性质。他深知，北美大陆绝对容不下两个敌对国家的存在。几个南方的州退出合众国，成立了"美洲国家联盟"，这时，林肯毅然接受了挑战。北方各州开始征召志愿军，几十万年轻人热烈响应号召，应征入伍。随之而来是 4 年艰苦的内战。南方蓄谋已久，在李将军和杰克逊将军的英明带领下，不断击败北军。不过，后来新英格兰与西部的雄厚工业实力开始发挥作用。名不见经传的格兰特将军异军突起，成为了这场伟大废奴战争中的查理·马特尔。他向南军发起了暴雨般的持续攻势，狠狠打击南方军并瓦解了南方阵线。1863 年年初，林肯总统发表了《解放奴隶宣言》，宣布所有奴隶获得自由。1865 年 4 月，李将军率最后一支骁勇善战的南方军在阿波马克托斯向北方投降。几天后，林肯总统在剧院被一名疯子暗杀。幸运的是，他已经完成了自己的使命。除了西班牙统治之下的古巴，奴隶制终于在文明世界消失了。

可正当黑人们享受着日益增长的自由时，欧洲的"自由"工人们的日子并不好过。对许多当时的作家和观察家来说，工人大众（即所谓的无产阶级）在极其悲惨的处境中竟没有整体灭绝，这实在是一个奇迹。他们住的是贫民窟肮脏阴暗的房子，吃的是难以下咽的劣质食物，他们接受的仅仅是能应付工作的教育。一旦发生死亡或遭遇不测，他们的家人就会衣食无着。可是酿酒业（即能对立法施加巨大影响力的行业）却在一个劲地向他们源源不断地提供廉价威士忌和杜松子酒，鼓励他们忘掉自己的烦恼。

19 世纪三四十年代开始发生的巨大进步，并不是某一个人努力的结果。为了把世界从机器时代带来的灾难性后果中拯救出来，两代人付出了坚持不懈的努力。他们并不想消灭资本主义制度，因为这样做无疑是愚蠢的。他们深知，对部分人积累的财富，若合理运用，将对整个人类大有益处。他们要反对这样一种观点，即那些认为在拥有产业和财富、可以随意将工厂关闭而不致挨饿的工厂主与不计工资多少都必须接受工作、否则便面临全家受饿的劳工之间存在着真正的平等。

他们努力引进了一系列法律，调和工人与工厂主的关系。在这一点上，各国的改革者不断地取得了胜利。到今天，大多数劳动者已能得到良好的保障：他们的工作时间下调到合理的 8 个小时，他们的子女被送进了学校，不再像以前一样送进矿井和梳棉车间。

然而，还有其他一些人，注视着冒着浓烟的高大烟囱，聆听火车夜以继日的隆隆作响，打量着被各种剩余物资塞满的仓库，不禁陷入了沉思。他们也想知道，这种巨大的能量究竟要把人类引向何方，会产生什么样的最终后果。他们知道，人类曾经在完全没有商业和工业竞争的环境中生活了几十万年，他们能改变现存的秩序，取消那种以人类幸福为代价而追逐利润的竞争制度吗？

这种对未来世界的美好渴望并不仅限于某一个国家。在英国，拥有多家纺织厂的罗伯特·欧文建立起一个所谓的"社会主义社区"，并获得了初步成功。遗憾的是，当欧文死后，他的"新拉纳克"社区的繁荣已开始衰落。法国新闻记者路易斯·布朗也曾尝试在全法国建立"社会主义车间"，但收效甚微。事实上，越来越多的社会主义知识分子很快就意识到，在正常的工业生活之外的单个小社区，根本成不了什么气候。在提出切实可行的补救措施之前，有必要先对整个工业体系和资本主义社会的基本规律做一番全面、深入的了解。

继罗伯特·欧文、路易斯·布朗、弗朗西斯·傅立叶这些实用社会主义者之后，出现了卡尔·马克思和弗里德里希·恩格斯这样的社会主义理论家。两人相比，马克思更为有名。他学识渊博，与家人长期在德国居住。马克思在听说欧文与布朗所做的社会实验后，开始对劳动、工资及失业等问题产生出浓厚的兴趣。可他的自由主义思想使他成为德国警察当局的眼中钉，他被迫逃往布鲁塞尔，后来他又来到伦敦。在那里，他成了《纽约论坛报》的一名记者，过着贫穷艰难的生活。

当时，很少有人关注他的经济学著作。不过在1864年，马克思组织了第一个国际工人协会。3年之后，也就是1867年，他又出版了著名的《资本论》第一卷。马克思认为，人类的全部历史就是"有产者"与"无产者"之间的漫长斗争史。机器的引进及大规模使用创造出一个新的社会阶级，那就是资产阶级。他们利用自己的多余的财富购买工具，再雇佣工人进行劳动以生产出更多的财富，再用这些财富去修建工厂，永无止境。根据马克思的观点，第三等级（资产阶级）将越来越富，而第四等级（无产阶级）将越来越穷。因此他大胆预言，这种资本的恶性循环发展到最后将出现全世界的所有财富都集中到一个人手里，而其他人都将沦为他的雇工，依靠他的善心才能生活。

为了防止这种情况的发生，马克思号召所有国家的工人联合起来，为各项政治、经济措施而斗争。在1848年，即最后一场伟大的欧洲革命发生那一年，他发表的《共产党宣言》中曾详细列举过这些措施。

各国政府对这种观点大为恼火。许多国家（尤其是普鲁士）制定了严厉的法律打击社会主义者。他们派警察驱散社会主义者的集会，逮捕演讲者。可迫害与镇压从来没有起到任何作用。烈士们是这场被认为不得人心的事业的最佳广告。在欧洲各地，信仰社会主义的人数在不断增加，而且不久人们便发现，社会主义者并不是在策划暴力革命，而是利用他们在各国议会里日渐成长的势力为劳工阶级谋取利益。社会主义者甚至担任起内阁大臣，与进步的天主教徒及新教徒一起同心协力，修复工业革命所带来的灾难，把由机器的引进和财富的增长所创造的利润更合理地平均分配。

第六十章
科学的时代

然而，世界还经历了一场比政治和工业革命更深刻、更重大的变革。在饱受几百年的压迫和迫害之后，科学家们终于获得了自由。现在，他们试图发现统治宇宙的基本规律

埃及人、巴比伦人、迦勒底人、希腊人、罗马人，他们都曾对早期科学的模糊观念及科学研究作出过自己的贡献。可4世纪的大迁徙摧毁了环地中海地区的古典世界，当时的基督教排斥人类的肉体，它们更加看重人类的灵魂，把科学看作是人类妄自尊大的表现形式。因为教会认为它试图窥探属于全能上帝领域内的神圣事务，因此科学与《圣经》宣告的7种死罪是紧密联系的。

虽然力量有限，但文艺复兴在有限的程度上打破了中世纪的偏见。然而，在16世纪早期，宗教改革运动取代了文艺复兴，它对"新文明"的思想充满了敌意。科学家们如果胆敢逾越《圣经》所划下的狭隘界线，他们将再度面临极刑的威胁。

我们的世界到处都是伟大将军的塑像，他们跃马扬鞭，率领欢呼的士兵取得光荣的胜利。偶尔，也矗立着一些沉静而不起眼的大理石碑，默默宣示着某位科学家在此找到了自己的长眠之所。1000年以后，我们对待这两者的态度可能会截然不同。那一代幸福的孩子们将懂得尊重科学家惊人的勇气和难以想象的献身精神。他们是抽象知识领域的先驱和拓荒者，这些知识让我们现代世界的存在成为可能。

这些科学先驱中的许多人饱受贫困、歧视和侮辱。他们住在破旧的阁楼上，死于阴暗的地牢里。他们不敢把自己的名字印在著作的封面上，甚至不敢在自

己的国家公开自己的研究结果，而是将手稿偷运到阿姆斯特丹或哈勒姆的某家地下印刷所秘密出版。新教教会和天主教会对他们都极端仇视，无数的布道者以他们为矛头，鼓动教区的人们用暴力去对付这些"异端分子"。

他们偶尔也能在这里或那里找到一个避难所。在最具宽容精神的荷兰，虽然政府对科学研究不屑一顾，但他们不愿去干涉别人的思想自由。于是，荷兰成了自由思想者的一个小型庇护所，法国、英国、德国的哲学家、数学家及物理学家们纷纷来到这里，享受到短暂的休息，呼吸一下自由的空气。

在此前的某个章节里，我曾经告诉过你们13世纪教会曾禁止当时世界上最伟大的天才罗杰·培根发表科学著作，他被迫辍笔多年，否则教会当局就会找他的麻烦。500年以后，伟大的哲学《百科全书》的编写者们也长期处于法国宪兵不断的监视之下。又过去了半个世纪，由于公开对《圣经》中所描述的创世故事提出质疑和有力反驳，达尔文在每个教堂的讲道坛上都被谴责为人类的公敌。

伽利略

甚至到今天，对那些冒险进入未知科学领域的人们的迫害仍未完全结束。就在我写这些东西的时候，布莱恩先生正在对群众大力宣讲"达尔文主义的威胁"，并告诫听众们去反对这位伟大的英国生物学家的谬论。

不过，所有这些统统是细枝末节。该做的工作还是无一例外地被科学家完成了。并且，科学发现与发明创造最终成了全人类的福祉，尽管这些高瞻远瞩的科学家曾是人们心目中不切实际的理想主义者。

在17世纪，科学家们依然喜欢研究遥远的宇宙，开始着手研究地球和太阳系的关系。即便如此，教会仍然反对这种不正当的好奇心。第一个证明太阳是宇宙中心的哥白尼直到临死前才敢发表他的著作。伽利略的一生大部分时间生活在教会的监视之下，但他坚持不懈地运用自己的小望远镜观察星空，为伊萨克·牛顿提供了大量的实际观察数据。这位英国数学家日后发现了所有物体下落时的有趣规律，也就是后来有名的万有引力定律，伽利略的数据提供了巨大的帮助。

哲学家

　　这一定律的发现至少在一段时期内减弱了人们对天体的兴趣，他们开始转而研究我们居住的地球。17 世纪后半叶，安东尼·范·利文霍克发明了便于操作的显微镜（一个奇特笨重的小东西），这方便人们研究导致人类患上多种疾病的"微"生物，同时为"细菌学"奠定了坚实的基础。多亏有这门科学，在 19 世纪的最后 40 年里，人们陆续发现多种引起疾病的微生物，从而挽救了许多的患者。显微镜还使得地理学家能够仔细研究不同的岩石和从地层深处挖掘出来的生物化石（史前动植物的遗体）。这些研究证明，地球远比《创世纪》中所描述的要古老得多。1830 年，查理·莱尔爵士发表了他的《地质学原理》，否认了《圣经》讲述的创世纪的故事，还详细描述了地球发展演化的进程。

　　与此同时，拉普拉斯（法国天文学家、数学家）正在研究一种有关宇宙形成的新理论，这种理论把地球说成是形成行星系的浩瀚的星云海洋中的一朵小浪花。此外，还有邦森与基希霍夫在透过分光镜观测我们的好邻居太阳的化学构成，而首先发现太阳黑子的人是伽利略。

　　同时，在与天主教和新教教会进行过一场艰苦卓绝的斗争后，解剖学家与生理学家最终获得了许可，可以解剖尸体。他们终于能够以对于我们的身体器官及特性的正确知识来取代中世纪江湖医生的胡乱猜测了。

　　自人类第一次遥望星空，思索为什么星星会在天上出现，几十万年的时间已经过去了。然而在不到一代人的时间里（从 1810 年到 1840 年），科学的各个领域所取得的进步超过了此前的几十万年。对于那些在旧式教育下长大的人们来说,这一定是一个非常可悲的时代。我们可以理解他们为什么忌恨拉马克和达尔文等人。虽然这二人并未明确宣告,人类是"猴子的后裔"(这曾是对我们的祖辈进行人身攻击的最好、最有力和武器),可他们确实暗示了骄傲的人类是由长长的一系列祖先进化而来,其家族的源头可以追溯到我们行星的最早的生物——水母。

19世纪的富有的中产阶级建立起自己充满尊严的世界。他们欣然使用着煤气、电灯,接受伟大科学发现所带来的全部实用成果。可那些纯粹的研究者,那些致力于"科学理论"(没有这些理论,就没有任何进步)的人们仍然得不到信任。直到今天,他们的贡献才最终被承认。如今,那些过去将财富用于修建教堂的富人们开始修建大型实验室。在这些寂静的战场里面,一些沉默寡言的人们正在与人类隐蔽的敌人进行着殊死搏斗。这些人的精英为未来的人们能享受到更幸福健康的生活,奉献出了自己的一切甚至生命。

这个世界上的很多的疾病在我们祖先看来是不可避免的"上帝的行为",而实际上,这些仅仅是由于我们自身的无知与疏忽。今天的每一个儿童都知道,只要注意喝清洁的饮水,就能避免患伤寒症,但是医生们是在经过长期的努力之后,才使得人们相信这一简单事实。对口腔内的微生物的研究,使我们有可能预防蛀牙。如果必须拔掉一颗坏牙不可,我们也会满不在乎地深吸一口长气,然后高高兴兴去找牙医了。1846年,美国报纸报道了利用"乙醚"进行无痛手术的消息以后,欧洲的很多人都不相信。在他们看来,人逃避应该承受的疼痛,此举近乎对上帝意志的公然违背。此后又经过了很长时间,在外科手术中使用乙醚和氯仿才被普遍接受。

可追求进步的战役还是胜利了。偏见之墙上的裂缝越来越大。随着时间的流逝,古代的愚昧之石终于坍塌,急于追求新生活的人们勇往直前。可突然之间,他们发现自己面前又横亘着一道新的障碍。在旧时代的废墟中,另一座反动堡垒矗立了起来。为摧毁这最后一道防线,无数人献出了宝贵的生命。

第六十一章

艺术

艺术的一章

　　若一个婴孩身体非常健康，他吃饱睡足后，就会哼哼出一个小曲，向世界宣示他是多么快乐。对成年人来说，这些哼哼声毫无意义。它听起来像是"咕嘟，咕嘟，咕咕咕咕……"，可对婴儿来说，这就是美妙的音乐，是他对艺术的第一个贡献。

　　一旦他（或她）稍微长大一点儿，能够坐起来了，玩泥巴的时代便开始了。成人对这些泥饼当然不会有多大的兴趣。这个世界上有成百上千万的婴孩，他们同一时刻捏着成百上千万的泥饼。然而对于这些小宝贝们来说，这代表他们迈向艺术的欢乐王国的又一次尝试。现在，孩子已经是雕塑家了。

　　到三四岁的时候，小孩的双手开始服从大脑的使唤，这时他就成了一名画家。温柔的妈妈给他一盒彩色画笔，不久之后，每一张纸片上便布满了奇怪的钩形和胡乱的图画，分别表示他们心目中的房子、马、

飞艇

可怕的海战，等等。

可没过多久，这种随机"创作"的快乐便告一段落。学校生活开始了，孩子们的大部分时间都花在学习上了。生活的事情，或者说是"谋生"的事情，变成了每个小男孩小女孩生命中最重要的大事。在背诵乘法表和学习法语不规则动词的过去分词形式之余，孩子们很少有从事"艺术"的时间，除非这个孩子出于纯粹的快乐而创造某种东西的欲望非常强烈，而又不求现实的任何回报。孩子长大之后，他会完全忘掉自己生命的前5年是那么醉心于艺术的。

各个民族的发展历程与小孩子非常相似。当穴居人逃脱了漫长冰河的种种致命危险，重建好家园之后，他便开始创作一些他认为美的东西，尽管这些东西在他与丛林猛兽的搏斗时派不上什么用途。他在岩洞四壁画上许多他捕获的大象和鹿的图案，他还用一块石头雕刻出自己觉得最迷人的女人的雕像。

当埃及人、巴比伦人、波斯人以及其他东方民族在尼罗河和幼法拉底河两岸建立起各自的小国家时，他们就开始为他们的国王修筑华丽的宫殿，为他们的女人制造闪闪发光的首饰，并种植奇花异草、用斑斓色彩来装扮他们的家园。

我们的祖先是遥远的亚洲牧场上的游牧部落，也是热爱自由生活的猎人与战士。他们谱写过许多歌谣来赞颂部族领袖的伟大业绩，他们创作出来的诗歌形式一直流传至今。1000年后，当他们成为希腊大陆的永久居民，并建立起自己的"城邦"国家，他们又修建古朴庄严的神庙、制作雕塑、创作悲剧和喜剧，并发展各种能想到的艺术形式，来表达心中的喜怒哀乐。

跟他们的对手迦太基一样，罗马人由于过分忙于统治其他民族与经商赚钱，对"既无用又无利可图"的精神活动没有丝毫的热情。他们征服过大半个世界，架桥铺路，但是他们的艺术完全是希腊艺术的翻版。他们创造出几种实用的建筑格局，满足了那个时代的实际需要。不过，他们的雕塑，他们的历史，他们的镶嵌工艺，他们的诗歌，统统是希腊原作的拉丁翻版。如若没有那种模糊不清的、难以界定的东西，也就是世人称之为"个性"的素质，便不可能产生出好的艺术。罗马世界正好是排斥这种"个性"的。帝国需要的是勇敢的士兵和精明的商人，像写作诗歌或画画这样的工作都留给外国人去做了。

接下来，"黑暗时期"来临了。野蛮的日耳曼部族就像闯进西欧瓷器店的一头狂暴的公牛。对他来说，不理解的东西就是毫无用处。用1921年的标准来说，他对印着漂亮封面女郎的通俗杂志爱不释手，却把自己继承的伦勃朗名画随手扔进了垃圾堆。不久，他似乎有所感悟，于是想弥补几年前造成的损失。可垃圾堆已经没有了，伦勃朗的名画随之消失了。

不过到了这个时期，他从东方带来的艺术已经发展成为非常优美的"中世纪艺术"，弥补了他过去的无知和对"中世纪艺术"的漠视。对北欧而言，所谓的"中世纪艺术"主要是一种日耳曼精神的产物，很少借用希腊和拉丁艺术，与埃及和亚述的艺术形式完全没有瓜葛，更不用提印度和中国了（在那个时代，人们根本就不知道印度和中国）。事实上，北方民族受他们南方邻居们的影响非常有限，所以他们自己发展的建筑格式完全不被意大利人理解，并长期遭到他们的蔑视。

你们可能听说过"哥特式"这个词。看到这个词，你可能会联想到一幅美丽古老的大教堂，教堂的尖顶高耸入云的画面。但是，这个词的真正含义到底是什么呢？

它其实意味着"粗俗的""野蛮的"东西——是对来自蛮荒之地的"粗野落后民族"——"未开化的哥特人"的蔑称。在南方人眼里，他们对已经确立的经典艺术形式毫不尊重，不把古罗马广场和雅典卫

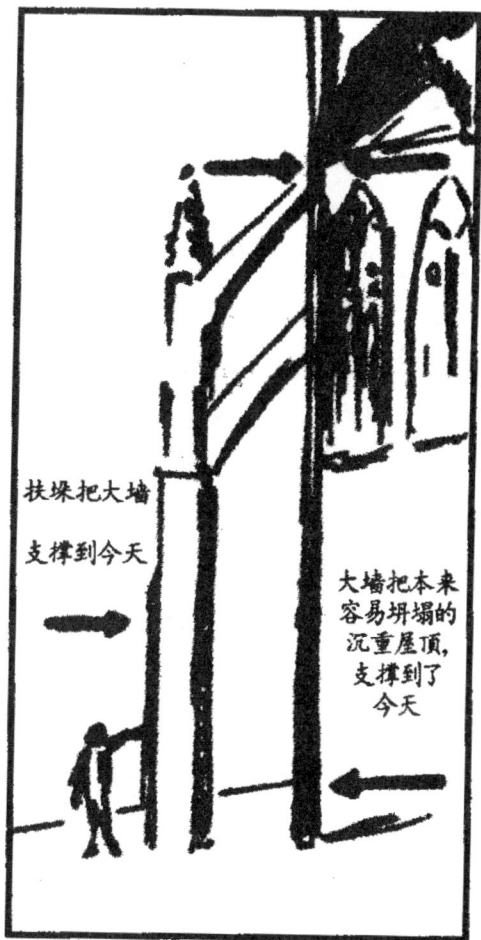

扶垛把大墙支撑到今天

大墙把本来容易坍塌的沉重屋顶支撑到了今天

哥特式建筑

城模式放在眼里，他们只知道造起一些"可怕的现代建筑"来满足自己的低级趣味。

然而，这种哥特式建筑形式却是艺术真情的最高表达，一直激励着整个北部欧洲大陆长达数百年。你应该还记得前一章中讲过的中世纪晚期人们是如何生活的。除了居住在乡村的农民之外，就是城市公民或古拉丁语意义上的"部落公民"。在古拉丁语中，"城镇"的意思就是部落。事实上，这些住在高大城墙与宽阔水深的护城河之内的善良自由民们是真正的部落成员，凭借着整个城市的互助制度，有难同当，有福共享。

在古希腊和古罗马城市中，建有神庙的广场曾经是市民生活的中心。到了中世纪，教堂——上帝的家，成了这样的中心。我们现代的新教徒，每个星期只去一次教堂，呆上几小时，所以我们很理解中世纪的教堂对一个社区有多大的意义。那时，当你出生还不到一星期，就会被送到教堂接受洗礼。小时候，你常常去教堂听讲《圣经》中的神圣故事，长大以后，你就自然成了一名教徒。如果你有足够的钱，你就可以为自己建一座小教堂，里面供奉自己家族的守护圣人。神圣的教堂日夜开放，从某种意义上讲，它就是现代的一个俱乐部，为市内的所有居民服务。你很可能在教堂与自己心爱的姑娘一见钟情，她日后成了你美丽的新娘，在高高的祭坛前跟你举行隆重的婚礼。最后，当你的生命走到了尽头，你会被安葬在这座熟悉的建筑的石头下面。你的子孙会到你的墓前悼念，直到最后的审判日到来的那一天。

由于中世纪教堂不仅是上帝的家，而且是所有市民的日常生活的中心，因此它的式样应当不同于此前所有的任何建筑形式。埃及人、希腊人、罗马人的神庙只是当地的一个神殿，由于祭司们无需在奥塞里斯、宙斯或朱庇特的塑像前布道，因此用不着能容纳大量公众的内部空间。在古代地中海地区，人们习惯在露天进行所有的宗教活动，但是在北方，阴冷潮湿，天气恶劣，因而大部分宗教活动只能在教堂内进行。

几百年来，建筑师们一直探索着如何建造空间足够大的建筑物。罗马的传统告诉他们，要建造厚重的石墙，上面开一个小窗，以免墙体承受不住自身重量而垮塌。可到了12世纪，十字军东征开始之后，欧洲的建筑师们看到了伊斯兰建筑的尖拱结构，受此启发，他们构想出一种新的建筑风格，使他们第一次有机会造出适合当时频繁的宗教生活所需的那种建筑物。然后，他们在被意大利人轻蔑地指为"哥特式"或"野蛮的"建筑的基础上，进一步发展这种奇特的风格。为了达到目的，他们发明出一种由"肋骨"支撑的拱顶，可是这样一个拱顶如果过重的话，很容易把墙壁压垮，个中的道理就如同一张儿童摇椅坐上了一个136千克重的大胖子一样，肯定会被压垮的。为解决这个问题，一些法国建筑师决定用大批沉重的石块来加固墙壁的支撑力，这样，制成屋顶的墙壁就可以靠在上边。后来，为进一步保证屋顶的安全，建筑师们又发明了所谓的"飞拱"来支撑屋脊。这是一种非常简易的建筑方法，你一看我的插图就会明白。

这种新的建筑物允许开大扇的窗户。在12世纪，玻璃还是一种非常珍稀的奢侈品，私人建筑安装玻璃窗的非常少，就连贵族的城堡也四壁洞开，因而阻挡不了穿堂风的长驱直入，这就是为什么那时的人们在室内室外都穿毛皮衣服的原因。

幸运的是，古代地中海人民熟悉的制作彩色玻璃的技术并未完全失传，此时又重新兴起。不久之后，哥特式教堂的窗户都安上了这种小块的彩色玻璃，拼成了《圣经》中的故事，并用长长的铁框固定起来。

就这样，辉煌壮丽的上帝新家，挤满了如饥似渴的信众，这使得宗教重新焕发了空前绝后的生命力。为打造这"上帝之家"和"人间天堂"，人们不惜使用最好的、最昂贵的、最惊奇的材料。那些从罗马帝国毁灭后就长期失业的雕塑家们，现在又小心谨慎地重返他们高贵的艺术事业。正门、廊柱、扶垛与飞檐上，满满地刻着上帝和圣人们的形象。绣工们也开始制作装饰墙面的挂毯，珠宝商用他们最精湛的手艺装点圣坛，使之无愧于信徒们的最虔诚的崇拜。画家们尽了自己最大的努力，可惜因为找不到适当的作画材料，他们只能扼腕长叹。

正因如此，一段故事留传下来。

在基督教初期，罗马人用小块彩色玻璃拼成图案，以此装点他们的庙宇房屋的墙和地，但是这种工艺难度很大，这让画家们难以表达自己的情感。所有尝试过用彩色积木拼图的孩子们都体会过与这些画家相同的感受。因此，镶嵌工艺在中世纪除了俄罗斯之外，便已失传了。在君士坦丁堡陷落后，拜占庭的镶嵌画家纷纷逃往俄罗斯，继续为东正教的教堂作装饰，直到布尔什维克革命后，一切教堂的修建都停止为止。

当然，中世纪的画师们可以把彩色颜料用熟石膏水调制，涂在教堂的墙上。这种用"新鲜石膏"作画的新方法（通常称为"石膏壁画"）流行了好几个世纪。今天，它就像手稿中的微型风景画一样稀有。现代城市几百个画家中，也许只有一个可以成功调制这种颜料的。但是，在中世纪，没有别的选择，画家们无一例外地都成了石膏壁画的画工。可是，这种调料法存在着一个致命的缺陷。用不了几年，要么石膏从墙壁上脱落，要么湿气破坏了整个画面，就像湿气会损坏我们的墙纸一样。人们绞尽脑汁，试验了各种各样的介质来取代石膏涂料。他们曾经用酒、醋、蜂蜜、鸡蛋清等来调制颜料，但是效果都不能令人满意。这些尝试一直持续了1000多年。中世纪画家能够很成功地在羊皮纸手稿上绘画，但是如果在大面积的木料或石块上作画，颜料就会发黏，这使他们一筹莫展。

在15世纪上半叶，这一困扰画家们多年的难题终于被荷兰南部的扬·范艾克与胡伯特·范艾克解决了。这两位著名的弗兰芒兄弟用特制的油调兑颜料，这使得他们能够在木料、帆布、石头或其他任何材质的底版上放心地作画。

不过这一时期，中世纪初期的宗教热情已经成为了过去。富裕的城市自由民已取代教会的主教，成了艺术的保护者。由于艺术通常为谋生服务，于是艺术家们开始为这些世俗的主子们工作，给国王、大公、富裕的银行家们作画。没用多长时间，新的油画技法风靡整个欧洲。几乎每个国家都发展出自己独特的画派，这些画派的肖像画和风景画反映当地人民独有的艺术趣味。

比如在西班牙，有贝拉斯克斯在描绘宫廷小丑、皇家挂毯厂的纺织女工及所有跟国王和宫廷有关的人物和主题。在荷兰，伦勃朗、弗朗斯·海尔斯及弗美尔却在描画商人家中的仓房、他衣衫不整的妻子和健康肥胖的孩子，以及为他带来巨大财富的船只。在意大利，那是另一番气象，由于教皇陛下依然是艺术的最大支持者，米开朗基罗和柯雷乔仍在全力刻画着圣母玛利亚和圣徒们。在英国，贵族是最有钱有势的阶层；在法国，国王高于一切，所以在这两个国家，艺术家就为国王陛下美丽的女友和官场上的显贵作肖像画。

因教会的衰微及一个社会新阶级的崛起会给绘画带来的巨大变化，同时在其他所有形式的艺术方面也得到了充分的反映。印刷术的发明，使得作家们有可能通过为大众写作而赢得声誉。这样就产生了作家和插图画家这样的职业。不过，有钱买得起新书的，并非那种整夜闲坐在家或望着天花板发呆的人。他们需要更多的娱乐。中世纪的吟游诗人已经不能满足他们对娱乐的要求。从早期希腊城邦迄今，2000多年过去了，职业剧作家终于有机会在这一行业大显身手了。在中世纪，人们只知道戏剧仅仅是某些宗教庆典的捧场角色。13世纪和14世纪的悲剧讲述的是耶稣受难的故事，但是到了16世纪，世俗的戏剧又重新出现。不过，在最开始，职业剧作家和演员们的地位并不高。威廉·莎士比亚曾被视为马戏团里小丑一样的角色，以他的悲剧和喜剧给邻人逗乐解闷。不过当这位大师于1616年去世的时候，他开始赢得周围人的尊重，而戏剧演员也不再是警察监视的对象。

与莎士比亚同时代的还有洛佩德·维加。这位出色的西班牙人一生中共写出了400部宗教剧本和1800多部的世俗剧本。作为一个贵族，他的作品得到教皇的特许。100年以后，法国人莫里哀因不可思议的喜剧才华被认为是路易十四的好伙伴。

从那时起，戏剧日益受到群众的喜爱。今天，"剧院"已经成为任何一座治理有序的城市必不可少的风景之一，而无声电影也渗透到乡村的每个角落。

然而，还有一种最受欢迎的艺术形式，那就是音乐。大部分古老的艺术形式都需要高超的技巧才能掌握。想要我们笨拙的双手听从大脑的指挥，将脑海中的形象准确再现于帆布或大理石上，那需要多年的练习。要学习如何表演或写出一部好的著作，有些人则需要一生的时间。对于群众来说，只有经过大量的训练才能更好地欣赏绘画、小说或雕塑的精品。但是，只要不是聋子，几乎任何人都能跟唱某支曲子，或从音乐里享受到一定的乐趣。中世纪的人们可以听到的音乐不多，而且它们全是宗教音乐。那些圣歌必须严格遵守一定的节奏与和声法则，很容易让人感到单调乏味。另外，这些圣歌也不适合在大街和集市上演唱。

文艺复兴改变了这一切。音乐再度成为人们的最好的朋友，陪着他们一起欢乐，一起忧伤。

行吟诗人

埃及人、巴比伦人及古代的犹太人都曾是酷爱音乐的民族。他们甚至能将不同的乐器组合成一个正规的乐队。可希腊人对这些野蛮的外国噪音大皱眉头。他们喜欢聆听别人朗诵荷马和品达的恢弘诗歌。朗诵中，他们允许用里拉（古希腊的一种竖琴，所有弦乐器里最不好听的一种）伴奏，不过这也仅仅是在不引起公众反对的情况下才能使用。可罗马人正好相反，他们喜欢在晚餐和聚会中伴以管弦乐，而且我们现在所使用的大部分乐器，多数都是他们发明的。早期的教会并不喜欢罗马音乐，因为它带有太多刚刚被摧毁的异教世界的邪恶气息。由全体教徒诵唱的几首圣歌，就是三四世纪的所有主教们所能容忍的几首歌曲。由于没有乐器伴奏，教徒们很容易唱跑调，因此教会允许使用风琴伴奏。这是 2 世纪的发明，由一组排箫和一对风箱构成。

接下来是大迁徙的时代。最后一批罗马音乐家要么被杀，要么沦为走村串巷的流浪艺人。他们在大街上表演，从一个城市流浪到另一个城市，像现代渡船上的竖琴手一样讨几个铜板为生。

到中世纪晚期，一个更世俗化的文明在城市里复兴了，这对音乐家提出了新的需求。一些如羊角号一类的乐器，本来仅用于作战争和狩猎中发送信号的，此时经过不断改进，可以在舞厅或者宴会中演奏出心旷神怡的乐曲。有一种以马鬃为弦的弓就是老式的吉他，它是所有弦乐器里面最古老的一种，其历史可以追溯到古代埃及和亚述时代。到中世纪晚期，这种六弦乐器发展成我们现代的四弦小提琴，而在 18 世纪的斯特拉迪瓦利及其他意大利小提琴制作家手里，变得更加完美。

　　最后，现代钢琴被发明出来了。它是所有乐器里最为普及的一种，曾跟随热爱音乐的人们来到野外或格陵兰岛的冰天雪地。风琴是所有键盘乐器的始祖。当风琴乐手演奏时，需要另一个人在旁拉动风箱与之配合（如今这项工作已由电力来帮忙完成）。于是，当时的音乐家开始寻找到一种简便而不受环境影响的乐器，帮助他们培训诸多教堂唱诗班的学员。在伟大的 11 世纪，阿雷佐（诗人彼特拉克的诞生地）的一个名为奎多的本尼迪克派僧侣发明了一个现代音乐的注释体系，而且一直沿用到现在。在 11 世纪的某个时期，当人们对音乐的兴趣日益广泛，第一件键弦合一的乐器应运而生。它发出的叮咚的声音，想必和现代任何一家玩具店都可以买到的儿童钢琴发出的悦耳声音一样。在维也纳，中世纪的流浪音乐家们（他们曾被视为变戏法的人、玩纸牌的人的同类）于 1288 年首次组织了独立的音乐家行会。也就是在这里，小小的一弦琴被改进成现代斯坦威钢琴的直接前身，当时它被通称为"击弦古钢琴"（因为它配有琴键）。它从奥地利传入意大利，在意大利被改进成"斯皮内特"，即钢琴。其得名源自它的发明者——威尼斯人乔万尼·斯皮内特。到了 18 世纪（大约在 18 世纪的 1709 年至 1720 年间），巴尔托洛梅·克里斯托福里发明出一种"键盘式乐器"，使演奏者能同时奏出强音和弱音，在意大利语中，就是"pi-ano"和"forte"。这种乐器几经改进就变成了我们现代的钢琴"pianoforte"或者"piano"。

　　这样，世界上第一次出现了一种在几年之内就能掌握的便于演奏的乐器。它不像竖琴和提琴一样需要不断调音，而且比中世纪的大号、单簧管、长号和双簧管的音色要好听得多。正同留声机使成百上千万的人们迷上音乐一样，早期的钢琴也把音乐知识传播到更广阔的圈子。音乐成了每个有教养的人的必修课，王公和富商还拥有自己的私人乐队。音乐家也不再是四处流浪的"行吟诗人"，他们的社会地位得到了很大的提高，在社会中备受尊敬。后来，戏剧演出也配上了音乐，这样现代歌剧也就诞生了。最初，只有少数非常富有的王公贵族付得起"歌剧团"的费用。可随着人们对这一娱乐的兴趣日渐增加，许多城市纷纷建起自己的歌剧院。先是意大利人的，后是德国人的歌剧给全体民众无尽的乐趣。只有少数极为严格的基督教教派仍对这一新艺术持有怀疑态度，认为歌剧造成的过分欢乐会腐蚀人们的心灵。

到 18 世纪中叶，欧洲的音乐生活进入了全面繁荣时期。此时，产生了一位最伟大的音乐家。他名叫约翰·塞巴斯蒂安·巴赫，是莱比锡市托马斯教堂的一位普通的风琴师。巴赫为各种乐器创作了许多音乐，从喜剧歌曲、流行舞曲到最庄严的圣歌和赞美诗，为我们所有的现代音乐奠定了基础。1750 年他去世以后，莫扎特继承他的事业。他创作出优美动听的旋律，常常让我们联想起由节奏与和声编织的美丽花边。接下来就是路德维西·冯·贝多芬，他是一个充满悲剧性的人物。他给我们带来了现代交响乐，遗憾的是他自己却无缘聆听自己伟大的作品，因为贫困岁月的一场感冒使他失去了听力。

经历过法国大革命的贝多芬，对一个新的辉煌时代充满了憧憬，他把一首自己创作的交响乐献给拿破仑，此举却让他抱憾终生。1827 年，他去世的时候，昔日叱咤风云的拿破仑已退出历史舞台，令人热血沸腾的法国大革命早已成过眼云烟。蒸汽机的问世，使整个世界充满着一种与《第三交响乐》所营造的梦境截然不同的声音。

事实上，蒸汽机、铁、煤和大工厂构成的世界新秩序根本用不上任何艺术，油画、雕塑、诗歌及音乐毫无用处。旧日的艺术保护者，中世纪与十七八世纪的主教们、王公们、商人们都已经荡然无存。工业世界的新贵们忙于挣钱，受到的教育又少，根本没有心思去研究蚀刻画、奏鸣曲或象牙雕刻品之类的东西，更不用说去关注创造这些东西而对社会毫无实际用处的人们了。车间里的工人们整日听到的是机器的轰鸣声，也丧失了对他们的农民祖先发明的长笛或提琴乐曲的鉴赏力。艺术成了新工业时代的弃子，与现实生活格格不入。幸存下来的一些绘画，无非是在博物馆里慢慢地等死。音乐则变成一小撮"艺术鉴赏家"的专利，他们将音乐带离普通人的家庭，带进了音乐厅。

虽然非常缓慢，但是艺术还是逐渐恢复了原来的面貌。人们终于开始意识到，伦勃朗、贝多芬和罗丹才是本民族真正的先知与领袖，一个没有艺术和欢乐的世界，就像一个没有儿童的咯咯笑声的托儿所一样。

第六十二章
殖民扩张与战争

这一章本该为你讲述最近 50 年中的政治改革的信息，但实际上它包含的是几点说明和几分歉意

　　如果早知写一部世界历史如此困难，我就不会贸然接受这项工作。当然，任何人如果足够勤奋，有足够的毅力，乐意花上五六年时间泡在图书馆的旧书堆里面，他都能编出一部记载每个国家，每个世纪发生的重大事件，但这不是我出本书的宗旨。出版商希望出版一部富于节奏感的书——一个精神抖擞跳跃的而不是蜗牛般的缓慢爬行的历史书。现在，当这本书即将完成时，我发现有些章节生动流畅，有些章节却好像在久已遗忘的年代的荒凉沙漠中蹒跚跋涉，时而毫无进展，时而过分沉溺于富有动感和浪漫色彩的爵士乐中。我并不喜欢这样。建议将整部手稿毁掉，从头再写过，但出版商并不同意这样做。

　　还有解决难题的第二个方法，我将打出的手稿带给几位乐于助人的朋友，请他们阅读之后，帮忙提出宝贵意见。可这个方法同样令人失望，因为每个人都有自己的偏见、喜好与至爱。他们都想知道，为什么我没有提及他们最喜欢的国家、最崇敬的政治领袖、甚至他们最喜欢的罪犯。对其中的某些人来说，拿破仑和成吉思汗是应该受到最高评价，而在我看来，两者远不如乔治·华盛顿、古斯塔夫·瓦萨、汉谟拉比、林肯及其他的许多人。我解释说我已经尽最大的努力保持对拿破仑的公正性，由于篇幅有限，我只能用短短的几段进行描写。至于成吉思汗，我只承认他在大规模屠杀方面表现出来非凡的能力，因此我不打算为他费更多的笔墨。

　　"到目前为止你写得很好，"另一个批评家说道，"但是你为什么没有提及清教徒？我们正在庆祝清教徒抵达普利茅斯300周年。他们应该占有更多的版面。"我的回答是，如果我写的是一部美国史，那么我一定会用前十二章的一半篇幅来介绍清教徒。可这本书是一部"人类的历史"，而清教徒登陆普利茅斯的事情，直到好几个世纪以后才具有深远的国际意义。再说，美利坚合众国最初是由13个州共同组建的；并且，美国头20年历史中出现的杰出人物大多来自弗吉尼亚、宾夕法尼亚、尼维斯岛，而不是马萨诸塞。因此，用一页的篇幅和一幅地图来讲述清教徒的故事，已经足够了。

随后，史前学家站出来了。他们以恐龙的名义质问我，这是史前期专家的质问：为什么没有给神奇的克罗马努人进行更多的描述？因为早在10万年前，他们就已经创造了相当高级的文明了。

是的，为什么没有描写他们呢？原因很简单。我并不像某些最著名的人类学家那样对早期人类的成就那么有兴趣。卢梭和一些18世纪的哲学家创出"高贵的野蛮人"一词，他们构想了这么一群生活在创世之初的幸福境界中的人类。我们的现代科学家把这些误为我们的祖父辈所喜爱的"高贵的野蛮人"扔掉了，并开始对法兰西谷地的"优秀的野蛮人"顶礼膜拜。他们在3.5万年前结束了矮眉毛、低等的尼安德特人和其他日耳曼邻居的原始野蛮的生活方式，还向我们展示了克罗马农人的绘画和雕刻的作品。因此，我们在他们面前必须极尽溢美之词。

拓荒者

我并不是说科学家的研究有什么错误。可我认为，我们对这一时期的了解还非常肤浅，要想精确描述早期的欧洲社会是非常困难的。所以我宁愿闭口不谈某些事情也比瞎编乱造好得多。

　　另外还有一些批评者，他们直言不讳地指责我在叙述中的不公平。为什么我不提爱尔兰、保加利亚、暹罗（泰国的旧称），却硬把荷兰、冰岛、瑞士这样的国家拉进来？我的回答是本人并没有将哪个国家硬拉进来，是由于当时形势的主流将它们推向了我，我根本无法将它们排除在外。为了让大家理解我的选择，请允许我申明这本历史书在选择那些主要成员时的依据。

　　原则只有一条，那就是"某个国家或个人是否倡导了推动文明发展的新思想或者进行了某些影响历史进程的活动。"这不是个人的好恶问题。凭借的完全是客观冷静、几乎是数学运算般精确的判断。在历史上，从来没有哪个种族扮演过比蒙古人更形象化、更为独特的角色，但是从成就和知识进步的角度来说，每个民族都不输给其他民族。

　　亚述国王提拉华·毗列色的一生充满了戏剧性色彩。可对我们来说，很可能不存在他这个人。同样，荷兰共和国的历史这样吸引人，也并不是因为德·鲁伊特（17 世纪荷兰海军上将）的士兵曾经在泰晤士河中垂钓过，而是因为北海边的这块弹丸小国竟成为无数纷繁复杂的逃亡人士的避难所，这些奇怪的人们在这里讨论着不受欢迎的话题，发表奇怪的看法。

　　全盛时期的雅典或佛罗伦萨，其人口也只不过是堪萨斯城的十分之一。可如果这两个地中海小城中只要一个不曾存在过，我们目前的文明就会是另外一种景象。密苏里河畔的繁华大都市堪萨斯城显然没有如此高的历史地位（我谨此向怀安特县的好人们致以诚挚的歉意）。

　　由于我仅代表我个人的观点，请允许我讲述另一个事实。

　　当我们准备去看医生的时候，我们必须事先弄明白他到底是外科医生、门诊医生、顺势疗法医生或者信仰疗法医生，因为我们要清楚他会从哪个角度来为我们治病。我们在为自己选择历史学家时，也该像选择医生那样谨慎。我们常常这样认为，"好呀，历史就是历史"，于是抓起一本历史书就乱读一气。可一个在苏格兰偏远落后、受严格长老会教派教养长大的作者，和一个从小就被领去听不相信任何魔鬼存在的罗伯特·英格索尔的精彩讲演的邻居，他们看待人类关系中的每一个问题的态度是截然不同的。到了一定的时候，即使他们后来早就忘记了早期的教育，也不再踏足教堂或讲演厅，但是童年时代在他们身上烙下的早年的印象会一直跟随他们，在他们的言谈举止和写作中无可避免地流露出来。

在本书的前言中，我曾告诉你们，我并不是没有错误的历史向导。现在本书将近尾声，我还是要重复这一点。我生长在一个老派的自由主义家庭，在这个对达尔文及其他19世纪科学先驱持宽容态度的环境中成长。我的童年生活几乎是和我的叔叔一起度过的，他收藏了16世纪伟大的法国散文作家蒙田的全部著作。因为我出生在鹿特丹，在高达市求学，不断接触到埃拉斯穆斯这位伟大的宽容者，出于某种自己也弄不清楚的原因，这位"宽容"的伟大倡导者征服了并不宽容的我。后来，我发现了阿那托尔·法朗士（法国小说家），而我与英语的第一次接触是偶然看到一本萨克雷的《亨利·埃斯蒙德》。在所有的英文作品中，这部小说留给我的印象最为深刻。

如果我出生在一个舒适的中西部城市，也许会对童年听过的赞美诗情有独钟。可我对音乐的最早记忆，要追溯到童年的一个午后，我母亲第一次带我去听巴赫的赋格曲。这位伟大的清教徒音乐大师完美乐章征服了我纯洁的心灵，以致一旦我听到祈祷会上普通的赞美诗，对我来说就是一种严厉的惩罚，令我苦不堪言。

征服西部

如果我出生在意大利，从小就享受着阿尔诺山谷温暖和煦的阳光，那么我也会热爱绚丽夺目、光线明亮的图画。可我现在对这些之所以毫无感觉，那是因为我早期的艺术熏陶来自于一个天气阴沉的国度。那里少有阳光，天空灰蒙，极少会有雨过天晴的时候，偶尔投下的阳光猛烈照射着大地，使一切都呈现黑白分明的景色。

我特意举出这些事实，好让你们了解这本历史书的作者本人的倾向。这样也许你们能更好地理解他的观点。

说过这段简短但必要的题外话之后，让我们回到最近50年的历史上来吧。这期间发生了许多事情，但似乎都不是那么至关重要。大多数强国不再仅仅是政治机构，他们还变成了大型商业企业，他们修筑铁路，他们开辟并资助通往世界各地的新航线。他们发展电报事业，将自己与不同的属地联系起来。并且，他们稳步扩充着在各大陆的殖民地。每一块可能的亚、非领土都被这些敌对强国中的某一个所占有。法国宣布阿尔及利亚、马达加斯加、安南（今越南）及东京湾（今北部湾）是他的领地。德国声称对西南及东部非洲的一些地区拥有所有权。他不仅在非洲西海岸的喀麦隆、新几内亚及许多太平洋岛屿上建立了定居点，还以几个传教士被杀作为冠冕堂皇的借口霸占了中国黄海边上的胶州湾。意大利人阴谋将阿比尼西亚（埃塞俄比亚）据为己有，结果被尼格斯（埃塞俄比亚国王）的黑人士兵打得惨败，只好从土耳其苏丹手里夺取了北非的的黎波里聊以自慰。俄国占领了整个西伯利亚，又强占了中国的旅顺港。在1895年的甲午战争中，日本击败中国，强占了台湾岛，1905年又宣布朝鲜国是他的殖民地。1883年，世界上空前强大的殖民帝国——英国，对埃及采取"保护"措施。他竭尽全力完成这项任务，并且掠取了这个被忽略的国家的物质财富。1886年苏伊士运河开通以后，埃及就一直处于外国侵略的威胁之中。英国卓有成效地实施着自己的"保护"计划，同时攫取巨大的物质利益。在接下来的30年时间里，英国发动了一系列殖民战争。1902年，经过3年苦战，他征服了由德瓦士兰和奥兰治自由州组成的布尔共和国（即现在的南非）。与此同时，他还鼓励野心勃勃的殖民者塞西尔·罗兹为一个巨大的非洲联邦打下基础。这个国家从非洲南部的好望角一直延伸到尼罗河口，还一个不漏地把没有欧洲主子的岛屿和省份都纳入自己的囊中。

1885 年，比利时精明的国王利奥波德利用探险家亨利·斯坦利的发现，建立了刚果自由政府。这块幅员辽阔的热带土地最初是一个君主专制的大帝国，但是由于多年的治理不善，比利时人将其吞并，1908 年沦为他的殖民地，并废除了这位肆无忌惮的皇帝所纵容的官僚腐败现象。只要能获得象牙与天然橡胶，这位皇帝可是顾不上土著居民的命运的。

至于美利坚合众国，因为他们的本土已经非常广阔，所以扩张领土的欲望并不强烈。不过西班牙人在古巴（西班牙在西半球的最后一块领地）实行残酷统治，这实际上迫使华盛顿政府再也不能袖手旁观。经过一场短暂而毫不起眼的战争，西班牙人被赶出了古巴、波多黎各及菲律宾，后两者则成美国的囊中之物。

当然世界格局以这样一种方式发展自有道理。英国、法国、德国的工厂数量的急剧增加，这迫切要求更多的原料。同时，欧洲工人的不断增加，食品的需求量也与日俱增。到处都在呼吁开辟更多更丰富的市场，发现更容易开采的煤矿、铁矿、橡胶种植园和油田，增加小麦和谷物的供应。

欧洲大陆的单纯政治事件在人们眼里已经变得无关紧要了，这些人正计划开通维多利亚湖的汽船航线或修筑山东省内的铁路。他们知道欧洲仍然留有许多问题亟待解决，但他们漠然置之。由于纯粹的冷漠或疏忽，他们为子孙们留下了一笔充满仇恨与痛苦的可怕遗产。不知从何时起，欧洲的东南部一直是刀光剑影，血流不断，惨不忍睹。在 19 世纪 70 年代期间，塞尔维亚、保加利亚、门的内哥罗（今黑山）及罗马尼亚的人民再次打响了自由保卫战，却遭到土耳其人（在众多西方列强的支持下）的残酷镇压。

1876 年，保加利亚发生了极其残暴的大屠杀，俄国人民终于忍无可忍，俄罗斯政府被迫出面干涉，这种情形就像麦金利总统不得不出兵古巴，制止惠勒将军的行刑队在哈瓦那的暴行一样。1877 年 4 月，俄国军队越过多瑙河，直取希普卡要塞。接着，他们攻克普列夫那，然后挥师南下，一直打到君士坦丁堡的城门下。土耳其急忙向英国求援，英国政府站在土耳其苏丹一边，遭到许多英国人的谴责，但是首相迪斯雷利决定出面干涉。他刚刚把维多利亚女王扶上印度女皇的宝座，他喜欢活泼的土耳其人，讨厌在国内残酷虐待犹太人的俄国人，决定进行武装干涉。俄国被迫于 1878 年签署了《圣斯蒂芬诺和约》，巴尔干问题则留给同年六七月的柏林会议上解决。

这次著名的会议完全操控在迪斯雷利手里。这位聪明的老头，卷曲的头发梳得油光发亮，态度高傲却又带有一种玩世不恭的幽默感和天才的恭维本领，甚至连以强硬著称的俾斯麦都要甘拜下风。在柏林，这位英国首相费尽心机地呵护着他的土耳其盟友的利益。门的内哥罗、塞尔维亚、罗马尼亚宣布为独立的王国。保加利亚在沙皇亚历山大二世的侄子、巴腾堡的亚历山大亲王的统治下获得半独立地位。然而，由于英国过分关心土耳其苏丹的命运（英国视土耳其为自己阻止俄国西进的重要门户），这几个国家均未获得充分发展自己的政治和经济的机会。

更糟的是，柏林会议允许奥地利从土耳其手中接管波斯尼亚及黑塞哥维那，作为哈布斯堡王朝的领地加以统治。虽然奥地利把这两块长期被忽视的地区打理得井井有条，但这里的居民大多数都是塞尔维亚人。这里早年曾是斯蒂芬·杜什汉创建的大塞尔维亚帝国的一部分。早在 14 世纪初期，杜什汉成功抵御过土耳其人，使西欧免遭入侵。塞尔维亚首都乌斯库勃在哥伦布发现新大陆一个半世纪前已经是一个文化中心。塞尔维亚人对自己昔日的光荣刻骨铭心。他们对出现在这两个省内的奥地利人充满了仇恨，因为他们觉得从传统的各方面权利来说，这里是他们自己的领土。

1914 年 6 月 28 日，奥地利王储斐迪南在波斯尼亚首都萨拉热窝被刺身亡。暗杀者是一名塞尔维亚学生，他这样做纯粹是出于爱国动机。

不过，这次可怕的灾难虽然不是第一次世界大战的唯一原因，但是它是那场战争的直接导火索。我们不能归咎于那个狂热的塞尔维亚学生或他的奥地利受害者。其根源应该追溯到著名的柏林会议，那时的欧洲过分忙于物质文明的建设，无暇顾及古巴尔干半岛的某个角落里，那个被遗忘的古老民族的渴望与梦想。

第六十三章
一个崭新的世界

第一次世界大战实际上是为建立一个新的、更美好的世界所进行的斗争

　　在应对法国大革命爆发负责的那些人中有一小群正直的拥护者，而德·孔多塞侯爵是人格最高尚的人物之一。他为救助穷苦和不幸人们的事业献出了自己的生命。作为德·朗贝尔和狄德罗编纂著名的《百科全书》的助手之一，在大革命爆发的最初几年，他还是议会中温和派的领袖。

　　国王和保皇分子的叛国阴谋使得激进分子有了可乘之机，他们控制政府并大肆屠杀反对派人士的时候，孔多塞侯爵的宽容、善良和坚定的平民意识使他沦为了被怀疑的对象。孔多塞被宣布为"不受法律保护的人"，或者说是非法分子，任何一个所谓的爱国主义者都可以把他处死。他的朋友愿意冒着生命危险把他隐藏起来，但孔多塞不愿意连累他们。他偷偷逃出巴黎，试图回到老家，那里或许是一处安全之地。经过整整3天风餐露宿的生活后，已经奄奄一息的他不得不到一家小旅店要些食物充饥。警惕的乡民对他进行搜身，找出一本他随身携带的古拉丁诗人贺拉斯的诗集。这证明他们的俘虏是一个受过良好教育的人（当时，身份尊贵或受过教育的人都被视为革命的敌人），但他不该无故地的到处乱跑。乡民们将孔多塞捆绑起来，塞住他的嘴，将他扔进乡村拘留所。但是当第二天早上，当士兵们要把他押回巴黎斩首的时候，孔多塞已经死了。

　　这个人为人类的幸福奉献了一切，却落得如此悲惨的下场，他有充分的理由对这个冷漠无情的世界绝望。他曾经写过一段话，到今天仍然与130年前一样铿锵在耳。在这里，我为你们摘录下来：

　　"自然赋予人类无限的希望。现在，已经冲破了愚昧的牢笼的人类正在以

坚定的步伐追求真理、美德和幸福。这一美好图景足以使哲学家在数之不尽的谬误、罪恶和不公正中得到莫大的安慰。"

我们身处的世界刚经历了一场大灾难，与之相比，法国大革命只不过是一起偶然的小冲突。这次打击如此之大，以至于它扑灭了成百上千万人心中的最后一线希望。他们日夜唱着歌颂进步的赞美诗，可随着他们的和平祈祷而来的，却是 4 年残酷的战争。"这值得吗？"他们问道，"为这些尚未超越穴居阶段的人类拼命工作，这些究竟是不是值得？"

答案只有一个。

那就是"值得"。

战争

第一次世界大战无疑是一场可怕的灾难，可它并不代表着世界末日。正好相反，它是一个新时代的开始。

要写一部关于古希腊、古罗马或中世纪的历史是非常简单的。因为那个时代早已逝去，在那个早被遗忘的历史舞台上扮演角色的演员们都已经作古，我们可以冷静地评判他们。在台下鼓掌呐喊的观众也已经烟消云散，任何评论都不会对他们造成伤害。

可是，要对现代发生的事件作出真实的评述却是异常困难的。许多难题不仅让我们同代人疑惑不解，也让我们感到心有余而力不足。它们或者伤害我们太深，或者取悦我们太过，让我们难以用写作历史所必需的公正态度进行叙述。可历史并非宣传，应该做到公正。无论如何，我还是要告诉你们我非常佩服孔多塞对美好明天所持有的坚定不移的信念。

过去，我经常提醒你们注意这种划分所造成的错误印象。我们通常把人类历史划分为四个阶段，即古代、中世纪、文艺复兴和宗教改革时代及现代，而最后一个阶段的称谓是最具危险性的。"现代"一词仿佛在暗示我们，20 世纪的我们已经处于人类发展的最高峰了。50 年前，以格莱斯顿为首的英国自由主义者们认为，第二次大改革法案已经完全解决了一个真正的民主政府的问题，该法案规定所有的工人都享有了和雇主同等的政治权利。当迪斯雷利与他的保守派朋友批评此举是"暗夜中的瞎闯"时，自由党人回答说"不是"。他们对自己的事业深具信心，并相信从今往后，社会各个阶级将通力合作，使他们共同的政府朝着良性的方向发展。自那以后发生了解许多事情，那些还在世的自由主义者开始明白他们所犯的错误。

任何历史问题都没有一个确定的答案。

每一代人都必须重新奋斗，否则就会像那些进化迟缓的史前动物一样永远消失。

一旦你掌握了这一伟大的真理，你将获得一种新的、更开阔的人生视野。然后，你不妨再往前跨一步，设想你处于公元 1 万年时你的子孙们的位置。他们同样要学习历史，可他们对于我们用文字记录下来的短短 4000 年的行动与思想会有什么想法？他们会把拿破仑与亚述征服者提拉华·毗列色置于同一个时代，也有可能把他同成吉思汗或马其顿的亚历山大混为一谈。刚结束的第一次世界大战会被他们当作是罗马与迦太基为争夺地中海霸权所进行的长达 128 年的商业战争。在他们看来，19 世纪巴尔干半岛上的骚乱（塞尔维亚、保加利亚、希腊和门的内哥罗为争取自由而进行的战争）就像是大迁徙时代的混乱状态的继续。他们看着昨天刚刚被德国枪炮摧毁的兰斯教堂的照片，如同我们打量 250 年前在土耳其与威尼斯的战争中被毁的雅典卫城的照片一样。他们将把在许多人中普遍存在的对死亡的恐惧看成是幼稚的迷信，这对直至 1692 年还在把女巫施以火刑的某个种族来说，也许是极自然的事。甚至连我们最引以为傲的医院、实验室和手术室，在他们眼中也不过是稍加改进的中世纪炼金术士和江湖郎中的作坊而已。

为什么会出现这么离谱的情况呢？原因非常简单。我们所谓的现代人其实一点儿都不"现代"，正相反，我们仍然属于穴居人的最后几代。新时代的地基只是在不久前奠定的。只有当人类有勇气去质疑一切，并以"知识与理解"作为创造一个更理性、更宽容的人类社会时，人类才第一次有机会变得真正"文明"起来。第一次世界大战正是这个新世界所经历的"成长中的阵痛"。

在未来的很长一段时间里，人们会写出一本又一本的书籍来证明，是这个或那个人导了这场战争。社会主义者也会纷纷发表著作，谴责"资本家"们为"商业利益"而发动了这场战争。资本家们会极力反驳，他们在战争中失去的远远多于他们的所得——他们的子女最先奔赴战场并战死。他们还会证明，各国银行家是如何为阻止战争的爆发而倾尽全力。法国历史学家会严厉谴责从查理曼大帝时代一直到威廉·霍亨索伦统治时期德国人所犯的滔天罪行。德国历史学家同样会还以颜色，痛斥从查理曼时代到布思加雷首相执政时期的法兰西的深重罪孽，然后他们自我满足地指责对方"引发了这场战争"。各国的政治家们，无论是已故的还是健在的，他们都拿起打字机，解释说他们如何尽力阻止战争爆发，而那邪恶的对手又是如何迫使他们卷入战争，等等。

100 年后的历史学家会对那些道歉和辩白不屑一顾，他们将会看透外表下面的真实动机。他会明白，个人的野心、邪恶或贪婪与战争的最终爆发关系不大。造成这一切灾难的根源，其实早在我们的科学家忙着创造一个由钢铁、化学和电力组成的新世界时就已经种下了。他们忘记了人类的思想比众所周知的乌龟还要缓慢、比出名的树獭还要懒惰，跟随一小撮胆大妄为的领导后面从 100 年走到 300 年。

披着羊皮的祖鲁人依然是祖鲁人；一只会骑自行车、会抽烟的狗，也依然是狗。同样的道理，一个有着 16 世纪思维的商人，即使他开着 1921 年的新款罗尔斯·罗伊斯汽车，他依然是只有 16 世纪商人思维的人。

如果你们还不明白这一道理，不妨多读几遍。你们就会明白最近 6 年为什么会发生这样的事情。

也许我应该给你们举一个你们更熟悉的例子，来告诉你们我的意思。在电影院里，银幕上常常会出现笑话和滑稽的解说词。下一次进影院的时候，你注意观察一下观众的反应。一些人似乎很快就理解了笑话的意思，哈哈大笑起来。

他们用了不超过 1 秒的时间。有一些人则慢了一拍，他们要花上二三十秒才笑出声来。最后，就是那些勉强能识几个字的人，他们在反应快的开始破译下一段话时才对上一段若有所悟。正如我要向你们说明的是，人类的生活也是如此。

在前面的章节里，我曾经告诉过你们，罗马最后一位皇帝去世整整 1000 年后，罗马帝国的概念依然并未随之消失。它导致无数"帝国复制品"层出不穷。它使得罗马主教有机会成为整个教会的首脑，因为他们正好代表罗马教廷最高权力这一理念。它驱使许多原本善良的蛮族酋长卷入一种充满犯罪和无休止杀戮的生涯，因为他们被这个富有魔力的"罗马"一词迷住了心窍。所有这些人，无论教皇、皇帝还是普通士兵，他们与我们本无多大差异。只不过他们生活在一个罗马传统笼罩下的世界，而传统是某种永不磨灭的东西，代代相传。所以，他们殚精竭虑，耗费终生，为了一种今天很难寻觅的无可取代的事业而战。

在前面另一章里，我还告诉过你们，宗教改革一个世纪后，规模空前的宗教战争爆发了。如果我们将关于 30 年战争那一章和有关发明创造的章节作个对比，就会发现这场血腥的大屠杀正好发生在第一台笨重的蒸汽机在法国、德国和英国的科学家的实验室里诞生的时候，但是世界上大多数人对这些奇特的机器毫不理会，依然沉浸在那些庞大而空洞的神学问题的争执中。在今天，这些只会令人打哈欠，但不会让人生气。

事情就这样发展着。1000 年后，历史学家将会用同样的词句来描述已经过去的 19 世纪的欧洲。他们会发现，当大部分人们致力于可怕的民族战争时，在他们身边的各实验室里全是一些对政治毫不关心的人，这些人只想更多地揭示自然的众多奥秘。

慢慢地，你们就能理解这番话的用意。在不到一代人的时间里，工程师、科学家、化学家已经让欧洲、美洲及亚洲遍布他们发明的大型机器、电报、飞行器和煤焦油产品。他们创造了一个崭新的世界，在这个世界里，时间和空间变得无足轻重。他们发明出各式各样的新产品，并降低价格，几乎每一个家庭都能买得起。我已经给你们讲过了这些，但我认为值得在这里重复一下。

为了让不断增加的工厂持续开工，那些已经成为国家主人的工场主们需要更多的原材料和煤，尤其是煤。同时，大部分人的思维还停留在 17 世纪，依然固守着将国家视为一个王朝或政治团体的旧观念。这一僵化的中世纪体制突然面临一大堆机械和工业世界的现代化的难题，它只能根据几个世纪前的游戏规则，尽力而为。各国分别创建了庞大的陆军和海军，用来夺取远方的土地。哪里尚有一小块无主的土地，哪里就会出现英国、法国、德国或俄国的殖民地。若当地居民起来反抗，他们就会惨遭屠杀，但很少有人反抗。殖民地有一条原则：只要当地人不妨碍自己开采钻石、煤矿、油田或橡胶园，就能过上和平安宁的生活，并且还能从外国人的占领中捞到不少好处。

有时，刚好有两个正在寻找原料的国家同时看中了同一块土地，于是便导致了战争。这种事发生在15年前，俄国与日本为争夺属于中国的土地，就曾大打出手。不过，这样的冲突只是个例外，因为没人愿意打仗。事实上，对于20世纪初的人们来说，大规模使用士兵、军舰和潜艇进行相互杀戮是非常荒谬的。暴力在他们看来，只限于把不受限制的君权和钩心斗角的王朝联系在一起。每天，他们在报纸上读到的是各种新奇的发明创造，或看到一组组英国、美国、德国的科学家们通力合作，投身于某项医学或天文学的重大进步。他们终日忙碌在商业、贸易和工业的世界里。只有少数人注意到制度的发展（在这个人们抱有共同理想的大社会中）已经落后了几百年。他们试图提醒其他人，但那些人只专注于自己眼前的事务。

我已经用了太多的比喻，请原谅我再用一个。埃及人、希腊人、罗马人、威尼斯人以及17世纪商业冒险家们的"国家之舟"（这个古老而可信的称谓总是那么生动和形象）是一条坚固无比的船，使用非常好的木材建造，并由熟悉船员和船只性能的领导者指挥。对于祖先传下来的导航术的局限性，他们了如指掌。

随后到来的是钢铁与机器的新时代。先是这只老船的一部分，后来是整个国家之舟都全然变样了。它的体积增大许多，蒸汽机取代了船帆。客舱的条件大为改观，可更多的人被迫下到锅炉仓去。尽管工作很安全，报酬也不断增加，但是人们并不喜欢它，就像不喜欢以前操纵帆船索具的危险工作一样。后来，不知不觉地，古老的木船变成了焕然一新的大游轮。但是，船长和船员没有任何改变。他们仍照100年前的方式被任命或被选举上来。他们所学的航海术还是 15 世纪的老式航海术，他们的船舱内悬挂的是路易十四和腓特烈大帝时代的航海图和信号旗。总之，他们已经无法胜任这项工作，尽管他们本身并没有过错。

国际政治的海洋并不辽阔。当众多帝国与殖民地的船只在这片狭窄海域中相互竞逐时，就注定要发生事故，而且也确实发生了。如果你冒险经过那片海域，你就可以看到失事的残骸。

这个故事的道理其实很简单。当今的世界迫切需要那些能担负起新的领导职责的人才。他们具备远见和胆识，能清醒意识到我们的航程才刚刚开始，必须学习一套全新的航海艺术。

他们将经过多年的学徒阶段，必须排除种种反对和阻挠才能达到自己的顶峰。当他们抵达指挥塔时，那些嫉妒的船员也许会发生哗变，杀死他们，但是总会有那么一天，会有一个人脱颖而出，带领船只驶进平安港，他将成为新时代的英雄。

第六十四章

继往开来

　　"我越是思考我们生活中的问题，我越坚信我们应选择'讽刺和怜悯'作为我们的陪审团与法官，就像古代埃及人为他们的死者呼唤女神伊西斯和内夫突斯一样。"

　　"'讽刺'和'怜悯'是最好的人生顾问，前者以微笑让人生充满愉悦，后者用泪水使生活变得圣洁。"

　　"我所祈求的讽刺并不是残酷的女神。她既不嘲笑爱情，也不讥讽美丽。她温柔仁慈，她的微笑消除了我们的怒气。正是她教会了我们嘲笑无赖与傻瓜，假如没有她，我们在那些人面前是如此软弱，敢怒而不敢言。"

　　我引用伟大法国作家法朗士的这些睿智言辞，作为对你们的临别赠言吧。

漫画年表

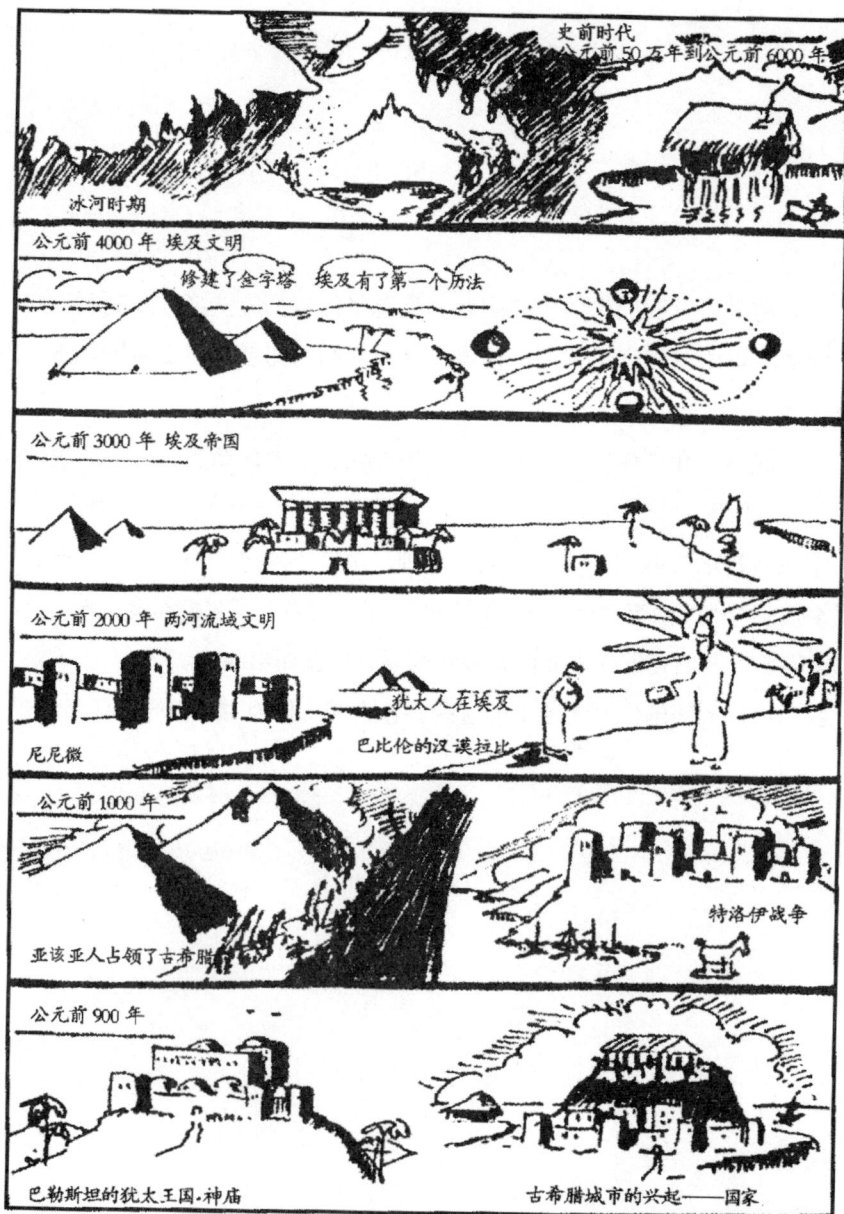

史前时代
公元前50万年到公元前6000年

冰河时期

公元前4000年 埃及文明

修建了金字塔 埃及有了第一个历法

公元前3000年 埃及帝国

公元前2000年 两河流域文明

尼尼微 犹太人在埃及 巴比伦的汉谟拉比

公元前1000年

亚该亚人占领了古希腊 特洛伊战争

公元前900年

巴勒斯坦的犹太王国·神庙 古希腊城市的兴起——国家

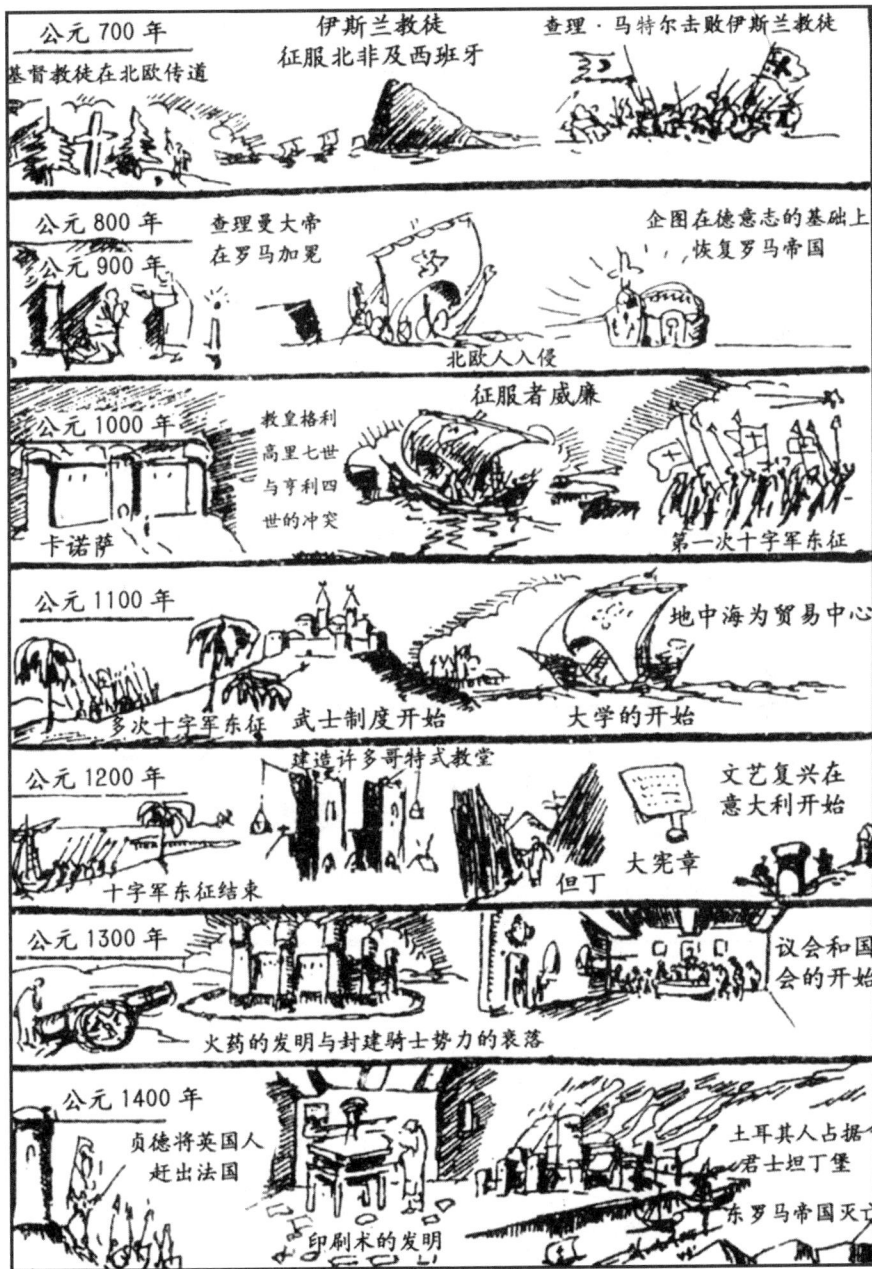

公元1500年　麦哲伦　宗教改革　反对宗教改革　无敌舰队被击败
大发现的时代　　洛约拉与耶稣会
埃拉斯穆斯、茨温里、路德、梅兰克送、加尔文　英国伊利莎白女王
荷兰人反抗西班牙　第一次要求海洋自由开放　菲利普二世公开放弃主权

公元1600年　宗教战争　文艺复兴结束
三十年战争　瑞典的古斯塔夫·阿道尔夫斯　科学的兴起 伽利略、牛顿　莎士比亚
世界各地的欧洲殖民地　查理一世被处死　莫里哀 克伦威尔
英国革命

公元1700年　普鲁士成为世界强国　哲学家：斯宾诺莎、笛卡儿、狄德罗、伏尔泰、康德、歌德、巴赫、莫扎特
俄罗斯成为世界强国　美国革命
路易十四与奥兰治的威廉王势均力敌　华盛顿、富兰克林、杰斐逊
法国革命　路易十六被送上断头台　法兰西共和国

公元1800年　卫生学与社会研究　废除奴隶制
拿破仑之兴起与灭亡　神圣同盟 大反动时代 蒸汽机的发明　现代医学　铁路　亚伯拉罕·林肯　电的发明
汽轮船
南美洲西班牙殖民地的叛乱 欧洲民族独立斗争　重建德意志帝国　贝多芬 瓦格纳

公元1900年
内燃机的完善　大量生产　军备竞赛　世界大战　国际联盟
世界各地经济不稳定 许多新国家成立　商业竞争　德意志与俄罗斯帝国的告终

公元2000年　继续至无穷

大结局